Lothar Bär

Wörterbuch für den CE-Koordinator

Inhalt

1 Wörterbuch 3
2 Anhang 211
   2.1 Abkürzungen 211
   2.2 Literaturverzeichnis 212
   2.3 Gesetze, Richtlinien, Verordnungen 215

1 Wörterbuch

Ableseentfernung	Begriff aus der Ergonomie. Bezeichnet die Distanz zwischen dem Auge des Betrachters und dem Sehobjekt. [Vgl. **Schmidtke 2013**, S.653]
Abmessungen	Die Abmessungen eines Produktes sind verpflichtend in der Betriebsanleitung des Produktes zu nennen. Üblicherweise im Kapitel Technische Daten. Bei einfachen Produkten reicht die Angabe der Abmessungen in Textform mittels Angabe von Breite, Tiefe und Höhe aus. Bei komplexeren Produkten ist es sinnvoll eine Zeichnung mit eingetragenen Maßen, bzw. ein Maßblatt in einem eigenen Abschnitt des Kapitels Technische Daten abzubilden.
Abnahme	Ist eine rechtsverbindliche Bestätigung, bei welcher ein Auftraggeber eines Produktes (z. B. Maschine, Anlage etc.) erklärt, dass das Produkt (oder ein definierter Teil des Produktes) einer Reihe zuvor definierter Kriterien genügt. Mit der Abnahme des Produktes ist auch dessen Gefahrübergang verbunden. Zumeist ist die CE-konforme Betriebsanleitung des Produktes eines der Kriterien und deshalb ist die Abnahme häufig zugleich der Erstellungsendzeitpunkt für die Betriebsanleitung. Einige Beispiele für Kriterien bei einer Abnahme: Überprüfung der Vollständigkeit des Produktes, Funktionsprüfung einschließlich der Prüfung der Sicherheitseinrichtungen, Leistungsprüfung. [Vgl. **Hompel 2011**, S.3] [Im Projektmanagement ist die Abnahme folgendermaßen definiert:] Unternehmerische Entscheidung des Auftraggebers, dass ein (Teil-)Ergebnis den Vereinbarungen und Erwartungen entspricht und somit als Grundlage für nachfolgende Prozesse verwendet werden kann und muss. [**DIN 69901-5**:2009-01]
Abnahmeprüfung	→ Abnahme
Absaugeinrichtung	Ist eine technische Einrichtung zur Absaugung der bei Bearbeitungsvorgängen (z. B. Schleifen) an Bauteilen freigesetzten Stäube, Nebel oder Dämpfe.
Abweichung	Bezeichnet den Unterschied zwischen einem ermittelten, beobachteten oder gemessenem Wert und dem theoretisch festgelegtem, spezifizierten oder berechneten Wert.
abweisende Schutzeinrichtung	→ Schutzeinrichtung, abweisende
Achtung	→ Signalwort, Achtung
adaptive Steuerung	→ Steuerung, adaptive

Adsorption	Begriff der Gefahrenstoffforschung. Bezeichnet die Anlagerung von Gasen oder gelösten Stoffen an der Oberfläche eines Festkörpers (z. B. Aktivkohle). [Vgl. **Bender 2013**, S.577]
AFNOR, Association Française de la Normalisation	Französische Normungsorganisation mit Sitz in Paris. Mitglied des Europäischen Komitees für Normung und der ISO (International Organization for Standardization).
AGB, Allgemeine Geschäftsbedingungen	Alle für eine Vielzahl von Verträgen vorformulierten Bedingungen, die eine Partei einer anderen stellt (§1 AGB-Gesetz). Umfang und Form der Verträge sind dafür unerheblich. Sie sind üblich im Geschäftsverkehr zwischen Kaufleuten und privaten Verbrauchern. Grundlagen und Grenzen der Rechtswirksamkeit sind geregelt im AGB-Gesetz (Gesetz zur Regelung des Rechtes der allgemeinen Geschäftsbedingungen). [**Hennig Tjarks-Sobhani 1998**, S.21]
AGW	→ Arbeitsplatzgrenzwert
Akkreditierung	[Ist nach Produktsicherheitsgesetz die] Bestätigung durch eine nationale Akkreditierungsstelle, dass eine Konformitätsbewertungsstelle die in harmonisierten Normen festgelegten Anforderungen und gegebenenfalls zusätzliche Anforderungen, einschließlich solcher in relevanten sektoralen Akkreditierungssystemen, erfüllt, um eine spezielle Konformitätsbewertungstätigkeit durchzuführen [**ProdSG** vom 08.11.2011]
Akkreditierungsstelle	Befugte Stelle, die Akkreditierungen [..] durchführt ANMERKUNG Die Befugnis einer Akkreditierungsstelle leitet sich im Allgemeinen von hoheitlichen Stellen ab. [**DIN EN ISO/IEC 17000**:2005-03]
Aktor	Aktoren sind die signalwandlungsbezogenen Gegenstücke zu Sensoren. Ein Aktor ist ein Antriebselement, welches ein elektrisches Signal (z. B. von der Steuerung) in mechanische Bewegung, Druck oder Temperatur umsetzt und dazu aktiv in einen Prozess eingreift. In der Praxis findet man Aktoren häufig in Form von Motoren, Hydraulik- oder Pneumatikzylindern, sowie als elektromechanische Hub- und Verstellsysteme, welche oft in der Lineartechnik Anwendung finden. In einem sicherheitsgerichteten System, ist ein Aktor ein Teil, welches in den Prozess eingreift, um das System in einen sicheren Zustand zu überführen.
aktive optoelektronische Schutzeinrichtung	→ Schutzeinrichtung, aktive optoelektronische
aktiver Fehler	→ Fehler, aktiver

akustische Gefahrensignale	→ Gefahrensignale, akustische
akustisches Notsignal	→ Notsignal, akustisches
akustisches Notsignal für Räumung	→ Notsignal, akustisches für Räumung
akustisches Warnsignal	→ Warnsignal, akustisches
Alarm	Bewusst deutlich die Aufmerksamkeit fordernder Hinweis auf das Vorhandensein von einem Umstand, der menschliches Eingreifen erfordert, um den Verlust von Leben, Gütern oder Einrichtungen zu vermeiden. Ein Alarm wird über ein Alarmsignal, optisch oder akustisch oder beides gleichzeitig, angezeigt.
Alarmanlagen-Schema	Schema, das die Bauweise einer Alarmanlage in vereinfachter Weise zeigt [DIN EN ISO 10209:2012-11]
Alarmsignal	Warnung vor einer bestehenden oder bevorstehenden Gefahr. [DIN EN ISO 9921:2004-02]
allgemein anerkannte Regeln der Technik	→ Regeln der Technik, allgemein anerkannte
allgemeine Baugruppenzeichnung	→ Baugruppenzeichnung, allgemeine
Allgemeine Geschäftsbedingungen	→ AGB, Allgemeine Geschäftsbedingungen
Allgemeine Grundsätze für die Abfassung der Betriebsanleitung für Maschinen	[Von der Maschinenrichtlinie werden folgende Allgemeinen Grundsätze für die Abfassung der Betriebsanleitung für Maschinen vorgegeben:] a) Die Betriebsanleitung muss in einer oder mehreren Amtssprachen der Gemeinschaft abgefasst sein. Die Sprachfassungen, für die der Hersteller oder sein Bevollmächtigter die Verantwortung übernimmt, müssen mit dem Vermerk „Originalbetriebsanleitung" versehen sein. b) Ist keine Originalbetriebsanleitung in der bzw. den Amtssprachen des Verwendungslandes vorhanden, hat der Hersteller oder sein Bevollmächtigter oder derjenige, der die Maschine in das betreffende Sprachgebiet einführt, für eine Übersetzung in diese Sprache(n) zu sorgen. Diese Übersetzung ist mit dem Vermerk „Übersetzung der Originalbetriebsanleitung" zu kennzeichnen. c) Der Inhalt der Betriebsanleitung muss nicht nur die bestimmungsgemäße Verwendung der betreffenden Maschine berücksichtigen, sondern auch jede vernünftigerweise vorhersehbare Fehlanwendung der Maschine. d) Bei der Abfassung und Gestaltung der Betriebsanleitung für Maschinen, die zur Verwendung durch Verbraucher bestimmt sind, muss dem allgemeinen Wissensstand und der Verständnisfähigkeit Rechnung getragen werden, die vernünftigerweise von solchen Benutzern erwartet werden können. [MRL 2006/42/EG, Anhang I]

Altstoff	Sind Stoffe, die bereits vor dem 18.09.1981 erstmalig in Verkehr gebracht wurden; vor dem Inkrafttreten der nationalen Chemikaliengesetze. Diese Stoffe sind in der Altstoffinventarliste EINECS (European INventory of Existing Commercial chemical Substances) gelistet.
Anbieter	Organisation, die ein Produkt oder eine Dienstleistung bereitstellt. Beispiele für Anbieter sind: Hersteller, Vertriebseinrichtung, Einzelhändler, Verkäufer eines Produkts oder einer Dienstleistung. Ein Anbieter kann der Organisation angehören oder ein Außenstehender sein. In einer Vertragssituation wird ein Anbieter manchmal als „Auftragnehmer" bezeichnet. [Vgl. **DIN EN ISO 9000**:2015-11]
	Bekommt von der Organisation den Auftrag zur Anlieferung von Teilumfängen, die die Organisation zur Herstellung des Produktes benötigt. [**VDI 4003**: 2007-03]
	In dem Bereich des Zertifizierungsrechtes gilt der Begriff Anbieter für diejenige Seite, welche verantwortlich ist sicherzustellen, dass die Produkte den Anforderungen, auf denen die Zertifizierung beruht, entsprechen.
Änderungs- anforderung	Teil des Änderungsmanagements. Eine Änderungsanforderung beschreibt einen standardisierten Antrag zur Durchführung einer Änderung. [**Reiss 2014**, S.409]
Änderungs- dienst	Verfahren für die gezielte Anpassung von Dokumenten an den aktuellen Stand eines Produktes. Technische Dokumentation muss auch nach Fertigstellung und Auslieferung gepflegt werden. Deshalb ist ein Dokumentationsprojekt selten endgültig abgeschlossen. Veränderungen über die Lebenszyklusdauer eines Produktes müssen entsprechend auch in der zugehörigen Technischen Dokumentation berücksichtigt werden. Gründe für Änderungen der Technischen Dokumentation sind neben Produktänderungen und Herstellermodifikationen auch Änderungen der gesetzlichen Grundlagen und Anpassung der Produkte an neue Normen. [Vgl. **Böcher Thiele 2012**, S.16f]
Änderungs- hinweis	Teildokument oder separates Dokument, das alle Änderungen eines Produktdokumentes registriert. [**DIN EN ISO 11442**:2006-06]
Anerkannte Regeln der Technik	→ Regeln der Technik, allgemein anerkannte
Anerkennung der Konformitäts- bewertung	Akzeptieren der Gültigkeit eines Konformitätsbewertungsergebnisses, das von einer anderen Person oder Stelle vorgelegt wird. [**DIN EN ISO/IEC 17000**:2005-03]

Anfangswert	Wert, mit dem der Anzeigebereich einer Skala beginnt [**Schmidtke 2013**, S.657]
Anforderung	Erfordernis oder Erwartung, das oder die festgelegt, üblicherweise vorausgesetzt oder verpflichtend ist. [**DIN EN ISO 9000**:2015-11]
Anforderungen an die Technische Dokumentation	Hauptanforderung an die Technische Dokumentation ist die Erfüllung der Kriterien der Maschinenrichtlinie und anderer Rechtsvorschriften. So fordert die Maschinenrichtlinie, dass jeder Maschine eine Betriebsanleitung in der Sprache des Auslieferungslandes mitgeliefert wird. Desweiteren ist es Aufgabe der Technischen Dokumentation folgenden beispielhaften Einzel-Anforderungen zu entsprechen: a) umfassende Aufführung von Sicherheitsvorkehrungen am Produkt, entsprechend der zuvor durchgeführten Risikobeurteilung; b) Aufführung der produkthaftungsrechtliche und anderer in Zusammenhang mit dem Produkt stehenden rechtlichen Bestimmungen, sowie Erfüllung dieser; c) Übersichtlichkeit und Vollständigkeit der technischen Darstellung des Produktes; d) Gewährleistung der gesetzlich vorgeschriebenen Aufbewahrungszeit für die Technische Dokumentation; e) Gewährleistung eines Änderungsdienstes der Technischen Dokumentation für den Fall von technischen Änderungen an dem Produkt, wie auch für gesetzliche Änderungen im Laufe des Produktlebenszyklus.
Anforderung, festgelegte	Erfordernis oder Erwartung, das oder die niedergelegt ist. ANMERKUNG Festgelegte Anforderungen können in normativen Dokumenten wie Rechtsvorschriften, technischen Spezifikationen niedergelegt sein. [**DIN EN ISO/IEC 17000**:2005-03]
Anforderungsanalyse	Methode zur Erfassung der für die Arbeitsausführung notwendigen psychophysischen Fähigkeiten, Fertigkeiten und Kenntnisse basierend auf einem Katalog von eindeutigen, messbaren bzw. bewertbaren und diagnostizierbaren Merkmalen. [**Schmidtke 2013**, S.657]
Anforderungsmanagement	Form des Managements, bei welcher Anforderungen des Auftraggebers analysiert werden. Oft unter Verwendung von allgemeinen Anforderungskatalogen, für den Zweck allgemeine und spezifische Anforderungen an einen Gegenstand oder einen Prozess festzuschreiben.
Anforderungsspezifikation	Anforderungen des Unternehmens, des Kunden, der Märkte und der Behörden werden in dem Dokument Anforderungsspezifikation zusammengestellt und bewertet. [Vgl. **ISO 29845**:2011-09]

Angebot	Schriftliches Angebot für die Ausführung eines Auftrages zur Lieferung von Gütern oder Dienstleistungen oder zur Ausführung von Arbeiten unter gegebenen Bedingungen zu einem festgelegten Preis oder Einheitspreis [**DIN EN ISO 10209**:2012-11]
Angebots-leistungs-verzeichnis	Dokument, das zu jedem Zeitpunkt den entsprechenden Bedarf und die Ziele, die Mittel des Kunden und des Nutzers, den Zusammenhang des Projektes und entsprechender Planungsanforderungen, innerhalb derer alle späteren Anweisungen (wenn erforderlich) und Gestaltungsmöglichkeiten stattfinden können, festlegt [**DIN EN ISO 10209**:2012-11]
Anlage	Gesamtheit der technischen Einrichtungen und Vorrichtungen zur Bewältigung einer festgelegten technischen Aufgabe Anmerkung: Eine Anlage umfasst Apparate, Maschinen, Instrumente, Geräte, Transportmittel, Steuerungsausrüstung und andere Betriebseinrichtungen. [**DIN ISO/TS 16952-10**:2010-01] Im Gegensatz zu dem Begriff Maschine bezeichnet der Begriff Anlage eine Zusammenstellung verschiedener Systeme die einem Zweck untergeordnet und an einem Ort installiert sind. Die Anlage ist dabei, im üblichen Sprachgebrauch, ein räumlich ausgedehntes, kompliziertes und zugleich komplexes Arbeitsmittel, das als Ganzes betrachtet wird und aus verschiedenen funktionell gekoppelten Apparaten, Maschinen und Geräten besteht.
Anlagen-dokumentation	Gesamtheit aller Dokumente, die zur technologischen, technischen, baulichen und sicherheitlichen Beschreibung der Anlage dienen. [**Weber 2008, S.297**]
Anlagen-kennzeichen	Identifikator für eine bestimmte Anlagenkomponente/Bauteil. [**Weber 2008, S.297**]
Anlagen-komplex	Anzahl einzelner oder miteinander verbundener verfahrenstechnischer Anlagen mit den dazugehörigen Gebäuden [**DIN EN ISO 10209**:2012-11]
Anlagenlayout	→ Layout von Anlagen
Anlagenteil	Ausrüstungsteil z. B. einer verfahrenstechnischen Anlage – wie z. B. Behälter, Wärmeaustauscher, Pumpe, Kompressor [**DIN EN ISO 10209**:2012-11]
Anlagen und Einrichtungen, automatische	→ Automatische Anlagen und Einrichtungen

Anlage, ortsfeste	[Eine] besondere Kombination von Geräten unterschiedlicher Art und gegebenenfalls weiteren Einrichtungen, die miteinander verbunden oder installiert werden und dazu bestimmt sind, auf Dauer an einem vorbestimmten Ort betrieben zu werden [**RICHTLINIE 2014/30/EU**]
Anlage, verfahrenstechnische	Für die Durchführung eines Verfahrens notwendigen Einrichtungen und Bauten [**DIN EN ISO 10209**:2012-11] Anlage zur Durchführung von Stoffänderungen und/oder Stoffwandlungen mit Hilfe zweckgerichteter physikalischer und/oder chemischer und/oder biologischer Wirkungsabläufe [**Weber 2008**, S.311]
Anlage, überwachungsbedürftige	[Nach dem Produktsicherheitsgesetz] sind überwachungsbedürftige Anlagen a) Dampfkesselanlagen mit Ausnahme von Dampfkesselanlagen auf Seeschiffen, b) Druckbehälteranlagen außer Dampfkesseln, c) Anlagen zur Abfüllung von verdichteten, verflüssigten oder unter Druck gelösten Gasen, d) Leitungen unter innerem Überdruck für brennbare, ätzende oder giftige Gase, Dämpfe oder Flüssigkeiten, e) Aufzugsanlagen, f) Anlagen in explosionsgefährdeten Bereichen, g) Getränkeschankanlagen und Anlagen zur Herstellung kohlensaurer Getränke, h) Acetylenanlagen und Calciumcarbidlager, i) Anlagen zur Lagerung, Abfüllung und Beförderung von brennbaren Flüssigkeiten. Zu den überwachungsbedürftigen Anlagen gehören auch Mess-, Steuer- und Regeleinrichtungen, die dem sicheren Betrieb dieser überwachungsbedürftigen Anlagen dienen [**ProdSG** vom 08.11.2011]

Das Produktsicherheitsgesetz gilt auch für die „Errichtung und den Betrieb überwachungsbedürftiger Anlagen". Von bestimmten Anlagentypen können Gefahren für Beschäftigte und Dritte ausgehen. Daher werden spezifische Vorschriften für die Errichtung, die Montage und den Betrieb solcher „überwachungsbedürftiger" Anlagen erlassen. Vereinfacht formuliert kann man von zunehmenden Anforderungen sprechen, von technischen Arbeitsmitteln über Verbraucherprodukte bis zu überwachungspflichtigen Anlagen. [**Schlagowski 2015**, S.721] |
Anlage, verkettete	Eine verkettete Anlage ist eine Kombination von Anlagen und Hilfseinrichtungen, die als integrierte Produktionseinheit arbeiten und eine gemeinsame Steuerung besitzen. [**DIN EN 12921-1**:2011-02]
Anlaufsperre	Einrichtung, die einen automatischen Maschinenanlauf verhindert, wenn die Stromversorgung der berührungslos wirkenden Schutzeinrichtung [..] eingeschaltet oder unterbrochen und wieder eingeschaltet wird. [**DIN EN 61496-1**:2014-05]
Anlauf, unbeabsichtigter	→ Anlauf, unerwarteter

Anlauf, unerwarteter	Jeder unvorhergesehene Anlauf, der zu einer Gefährdung führt. ANMERKUNG 1 Dies kann z. B. verursacht werden durch: einen Befehl zum Ingangsetzen, der durch einen Ausfall in der Steuerung oder einen äußeren Einfluss auf die Steuerung bewirkt wird; einen Befehl zum Ingangsetzen durch unpassende Handlung an einer Anlaufsteuerung oder anderen Teilen der Maschine, wie einem Messfühler oder Leistungssteuerungselement; Wiederherstellung der Energieversorgung nach einer Unterbrechung; äußere/innere Einflüsse (Schwerkraft, Wind, Selbstzündung bei Verbrennungsmotoren usw.) auf Teile der Maschine. ANMERKUNG 2 Der Anlauf einer Maschine beim normalen Ablauf eines automatischen Arbeitszyklusses ist nicht unbeabsichtigt, kann aber im Verständnis der Bedienperson als unerwartet angesehen werden. In diesem Fall schließt die Vermeidung von Unfällen technische Schutzmaßnahmen mit ein. **[DIN EN ISO 12100:2011-03]**
Anleitung	Vom Hersteller/Lieferer zu erstellende ausführliche Beschreibung über die zweckmäßige und empfehlenswerte Nutzung der Geräte und ihren bestimmungsgemäßen Gebrauch. Der Hersteller/Lieferer hat alle Erfahrungen mit dem Einsatz der Geräte bei den verschiedenen Anwendungen auszuwerten und zielgruppenbezogen weiterzugeben. **[VDI 4500 Blatt 1:2006-06]** Die Bezeichnungen für Anleitungen sind vielfältig und letztgültige Definitionen in der Praxis immer noch im Fluss. In der wichtigsten Norm zum Thema Erstellung von Anleitungen DIN EN 82079 wird bereits im Titel der Begriff „Anleitung" verwendet. Nachfolgend einige Anleitungsbezeichnungen, wobei es bezüglich der Begrifflichkeiten bisher keine eindeutigen Regelungen gibt. Es gibt auch Mischformen oder Kombinationen der aufgeführten Anleitungsarten: ■ Gebrauchsanleitung oder Bedienungsanleitung für Konsumgüter ■ Betriebsanleitung mit folgenden Einzelkomponenten bzw. -dokumenten: - Installationsanleitung - Inbetriebnahmeanleitung - Bedienungsanleitung - Wartungs-/Reparaturanleitung ■ Montageanleitung für unvollständige Maschinen ■ Gebrauchsanweisung für Medizinprodukte ■ Onscreen-Dokumentationen für Software-Produkte Desweiteren lassen sich für verschiedene Aufgaben auch verschiedene Typen von Anleitungen unterscheiden. Einige Beispiele: ■ Betriebs-/Montageanleitung als sogenannte Vollanleitung (für Maschinen, Anlagen, unvollständige Maschinen entsprechend den Vorgaben der Maschinenrichtlinie) ■ Sofort-/Schnellanleitung (z. B. für Feuerlöscher) ■ Kurzanleitung (z. B. als Erinnerungsstütze) ■ Lernanleitung (aufgabenorientiert) ■ Nachschlageanleitung (z. B. Referenzhandbuch)

	■ Online-Hilfe (Software) [Vgl. **Böcher Thiele 2012**, S.17ff]
Annahme	Beim Kaufvertrag die Übergabe der bestellten Ware mit Gefahrenübergang und unverzüglicher Prüfpflicht auf ordnungsgemäße Ausführung entsprechend den Bedingungen der Bestellung. Sie ist Voraussetzung für das Ausüben des Rügerechtes. [**Hennig Tjarks-Sobhani 1998**, S.25]
Annahmeprüfung	Qualitätsprüfung zur Feststellung, ob ein Produkt wie bereitgestellt oder geliefert annehmbar ist. [**DIN 55350-17**:1988-08]
Anschlagmittel	→ Lastaufnahmemittel, LA
Anschlüsse	In einem eigenen Abschnitt der Anleitung sind die Anschlüsse des Produktes, Medien wie auch Energiequellen, zu beschreiben. Aus den Abbildungen und dem beschreibenden Text muss hervorgehen, wo sich die Anschlüsse für Medien und Energiequellen wie z. B. Stromanschluss, Pneumatikanschluss, Hydraulikanschluss, Anschluss für die Absaugung oder auch Anschlüsse für Zubehör am Produkt konkret befinden und wie sie anzuschließen sind. Hierzu gehört auch die Angabe von Verbrauchswerten, sowie wenn nötig von Qualitätsanforderungen. Speziell zu verwendende Anschluss-elemente, wie Stecker oder Kupplungen müssen in diesem Abschnitt festgeschrieben werden.
Anschluss-punkt, elektrischer	(Schematisch) Anschlusspunkt, der für die Verbindung zu einer Darstellung eines elektrischen Netzwerks vorgesehen ist [**DIN EN 81714-2**:2007-08]
Anschluss-punkt, stofflicher	(Schematisch) Anschlusspunkt, der für die Verbindung zur Darstellung eines Netzwerks vorgesehen ist, das für den Transport von Stoffen bestimmt ist [**DIN EN 81714-2**:2007-08]
ANSI	Abkürzung für American National Standards Institute. US-amerikanisches Normeninstitut, vergleichbar mit den europäischen Normeninstituten CEN, CENELEC oder den deutschen Normeninstituten DIN und VDE. [**Börcsök 2009**, S.3]
ANSI Z535	Standard von ANSI zur Gestaltung von Warn- und Sicherheitshinweisen. [**Hennig Tjarks-Sobhani 1998**, S.26]
	Obwohl die ANSI Z535.6 eine amerikanische Norm ist, findet sie im europäischen Raum zunehmend Verbreitung. In vielen Punkten widerspricht die ANSI-Norm dem europäischen Verständnis und kann zu Missverständnissen führen. So müssen in Deutschland Warnhinweise immer deutlich kenntlich gemacht werden, wohingegen die ANSI-Norm in den Text eingebettete Warnhinweise zulässt. Bei der Strukturierung eines Warnhinweises nach ANSI Z535.6 müssen alle Informationsarten berücksichtigt werden: Der Hinweistext von Sicherheits- und Warnhinweisen besteht […] aus den

	drei wesentlichen Informationen [...] Art und Quelle der Gefahr („type of the hazard") [,] mögliche Folgen bei Nichtbeachtung („consequences of not avoiding the hazard") [und] Maßnahmen zur Vermeidung der Gefahr („how to avoid the hazard") [**Thiele 2011, S.170**]
Anspruchs-grundlage	Rechtliche Grundlage zum Geltendmachen eines Anspruchs. Wer einen Anspruch erhebt, hat die Grundlagen seines Anspruchs eindeutig und vollständig zu beweisen, so dass sie vom Gericht, geprüft werden können. [**Hennig Tjarks-Sobhani 1998, S.26**]
Antrieb	→ Antriebseinheit
Antriebseinheit	Die Antriebseinheit kann sowohl auf elektrischer, hydraulischer oder pneumatischer Basis aufgebaut sein. Varianten hierfür sind bestehend aus Elektromotoren, Verbrennungsmotoren, Hydraulikmotoren, Pneumatikzylinder, Hydraulikzylinder, Luftmotoren etc.; welche je nach Einsatzbedingungen Anwendung finden. [Vgl. **DIN EN 1829-1**:2010-05]
Anweisung	Verbindliche Vorgabe des Arbeitgebers an seine weisungsgebundenen Mitarbeiter zum Benutzen, Warten, Pflegen und Instandhalten von Maschinen und Anlagen unter Auswertung der Informationen des Herstellers/Lieferers. Über die Anleitungen des Herstellers/Lieferers hinaus sind dabei unternehmensbezogene Erkenntnisse/Erfahrungen über den Einsatz und die vorteilhafte Nutzung der jeweiligen Maschinen/ Anlagen gezielt auszuwerten. Das Einhalten von Anweisungen ist Teil der Arbeitspflichten der Mitarbeiter. Verstöße hiergegen oder Nichtbeachtung sind wesentliche Verstöße gegen bindende Verpflichtungen der Mitarbeiter aus ihrem Arbeitsvertrag. [**VDI 4500 Blatt 1**:2006-06]
Anwender-Logik	Funktionale Ausrichtung für die Erstellung von Technischer Dokumentation. Bei Erstellung von Dokumentation nach Anwender-Logik wird diese primär nach den Zielen der Anwender ausgerichtet; Funktionsabläufe des Produkts (Produkt-Logik) sind dabei sekundär und werden untergeordnet behandelt. [Vgl. **Hennig Tjarks-Sobhani 1998, S.26**]
Anzeige	Technische Einrichtung, die als Teil eines Produktes, in optischer, akustischer oder tastbarer Form digitale, alphanumerische oder analoge Informationen darstellt, bzw. übermittelt; oft durch vom Menschen lesbare Texte oder Grafiken. [Vgl. **Schmidtke 2013, S.658**; Vgl. **DIN EN 82079-1**:2013-06]
Anzeige der Betriebs-bereitschaft	Informationsübermittlung (oft mittels einer optischen Leuchtanzeige) über die Bereitschaft des Produktes mit dem Anfahren zu beginnen.

AOPD	→ Schutzeinrichtung, aktive optoelektronische
Arbeitsablauf	Räumliche und zeitliche Abfolge des Zusammenwirkens von Bedienpersonen, Arbeitsmitteln, Materialien, Energie und Informationen innerhalb eines Arbeitssystems [**DIN EN ISO 6385**:2004-05]
Arbeits- anleitung	Beschreibt detailliert die einzelnen Handlungsschritte und Tätigkeiten eines Prozesses. Hierbei kann es sich u. a. um textliche Beschreibungen, Checklisten, Mustervorlagen, Formulare und Fragenkataloge handeln. Arbeitsanleitungen sind an einen Prozess bzw. ein Verfahren gebunden und regeln tätigkeitsbezogen Abläufe. Im allgemeinen Sprachgebrauch werden sie auch als Arbeitsanweisungen oder Arbeitshilfen bezeichnet. [Vgl. **Reiss 2014**, S.409]
Arbeits- anweisung	Detaillierte Beschreibung, wie eine Aufgabe auszuführen und aufzuzeichnen ist. [**Graebig 2010**, S.17]
Arbeits- bedingungen	Der Begriff beschreibt die für ein Arbeitsverhältnis relevanten und im Arbeitsvertrag, sowie in gesetzlichen (Betriebsverfassungsgesetz) und tariflichen Vorgaben, geregelten Konditionen. [Vgl. **Schmidtke 2013**, S.660]
Arbeitsbereich	Raum, der einer Person oder mehreren Personen im Arbeitssystem zur Erfüllung der Arbeitsaufgabe zugeordnet wird [**DIN EN ISO 11064-2**:2001-08] [Bei Werkzeugmaschinen:] Raum, in dem die Bearbeitungseinrichtungen angeordnet sind und in dem die Bearbeitungsprozesse stattfinden [**DIN EN 14070**:2009-07] Die Arbeitsabläufe zur Be- und Verarbeitung oder Herstellung von Arbeitsgegenständen werden in diesem Bereich ausgelöst, beobachtet und gesteuert. Der Arbeitsbereich wird in der Betriebsanleitung üblicherweise bei der Angabe der Maschinen- und Gefahrenbereiche, bzw. bei dem Kapitel Bedienung aufgeführt.
Arbeitsbühne	Umwehrte ortsveränderliche, höhen- und neigungsverstellbare sowie ggf. schwenkbare technische Einrichtungen zur Positionierung von Arbeitspersonen an nicht unmittelbar zugängliche Stellen, zur Ausführung von Montage-, Reparatur-, Wartung-, Instandhaltung-, Überwachung- oder ähnlichen Arbeiten an der Maschine oder Anlage. [Vgl. **Schmidtke 2013**, S.660; Vgl. **DIN EN 280**:2014-02]
Arbeitsdruck, maximaler	Maximaler Druck der pneumatischen Einheit der Maschine oder Anlage, welcher der Einstellung des Überdruckventils entspricht. Im Unterschied zum Betriebsdruck. [Vgl. **DIN EN 528**:2009-02] Der maximale Arbeitsdruck einer Maschine oder Anlage wird in den Technischen Daten der Betriebsanleitung angegeben.

Arbeitsmittel	Ist das zentrale Element des Arbeitssystems mit dem Personen auf den Arbeitsgegenstand einwirken, um ihn gemäß der Arbeitsaufgabe zu verändern. [**Neudörfer 2011**, S.530] Als Arbeitsmittel eingesetzt werden, können: Werkzeuge, einschließlich Hardware und Software, Maschinen, Fahrzeuge, Geräte, Möbel, Einrichtungen und andere im Arbeitssystem benutzte (System-) Komponenten. [**DIN EN ISO 6385**:2004-05]
Arbeitsplatz	Platz, an dem Personen ihre Arbeitsaufgaben verrichten. [**DIN EN 528**:2009-02] Die Kombination und räumliche Anordnung der Arbeitsmittel innerhalb der Arbeitsumgebung unter den durch die Arbeitsaufgaben erforderlichen Bedingungen. [**DIN EN ISO 6385**:2004-05]
Arbeitsplatzanalyse	Analysiert werden die Anforderungen, die ein Arbeitssystem an den arbeitenden Menschen stellt. Hierbei stehen dem körperlichen und geistigen Leistungsangebot eines bestimmten Benutzers technische, wirtschaftliche, organisatorische und soziale Anforderungen gegenüber, die definiert werden durch den Arbeitsablauf, die Arbeitsmittel, die Arbeitsumgebung bzw. die Arbeitsaufgabe. Der häufigste Verwendungszweck einer Arbeitsplatzanalyse und -bewertung liegt immer noch in der Entgeltdifferenzierung. Mit stark ansteigender Tendenz sind heute aber oftmals auch sicherheitsrelevante Aspekte bezüglich der Arbeitsgestaltung Auslöser derartiger Untersuchungen. Nachteilige Wirkungen auf das Befinden und das Verhalten des Menschen im Arbeitssystem sollen vermieden, verringert oder ausgeglichen werden. U. a. sind davon betroffen Bildschirmarbeitsplätze gemäß der EU-Richtlinie zur Bildschirmarbeit 90/270/EWG bzw. deren Umsetzung in nationales (deutsches) Recht, der Bildschirmarbeitsverordnung. Mit Bezug zusätzlich auf das Arbeitsschutzgesetz §5 muss der Arbeitgeber die Sicherheits- und Gesundheitsbedingungen bei Bildschirmarbeitsplätzen ermitteln, beurteilen und ggf. verbessern. Im Mittelpunkt der Analyse stehen Gefährdungen des Sehvermögens, körperliche Probleme und psychische Belastungen bei der Bildschirmarbeit. [**Hennig Tjarks-Sobhani 1998**, S.27f]
Arbeitsplatzgrenzwert	Ist der Grenzwert für die zeitlich gewichtete durchschnittliche Konzentration eines Stoffs in der Luft am Arbeitsplatz in Bezug auf einen gegebenen Referenzzeitraum. Er gibt an, bis zu welcher Konzentration eines Stoffs akute oder chronische schädliche Auswirkungen auf die Gesundheit von Beschäftigten im Allgemeinen nicht zu erwarten sind. [**GefStoffV vom 26. November 2010**, Stand 2015, §2 Begriffsbestimmungen]
Arbeitsraum	Raum, der einer oder mehreren Personen innerhalb des Arbeitssystems zur Durchführung der Arbeitsaufgabe zugeordnet wird [**DIN EN ISO 6385**:2004-05]

Arbeitsschutz	Maßnahmen des Arbeitsschutzes [...] sind Maßnahmen zur Verhütung von Unfällen bei der Arbeit und arbeitsbedingten Gesundheitsgefahren einschließlich Maßnahmen der menschengerechten Gestaltung der Arbeit. [**ArbSchG vom 7. August 1996**, §2 Begriffsbestimmungen] Die Gesamtheit sozialpolitischer und technischer Maßnahmen zum Schutz der Beschäftigten vor berufsbedingten Gefahren und daraus entstehenden Personenschaden (Verletzungen, Berufskrankheiten und sonstigen gesundheitlichen Schaden) sowie zum Schutz vor schädigenden Belastungen (Über- und Unterforderung) [**Hammer 1996**]
Arbeitsschutzgesetz	Kurz: ArbSchG. Das Arbeitsschutzgesetz vom 7. August 1996 behandelt die Durchführung von Maßnahmen des Arbeitsschutzes zur Verbesserung der Sicherheit sowie des Gesundheitsschutzes von Beschäftigten bei der Arbeit.
Arbeitsschutzvorschriften und Unfallverhütungsvorschriften	Arbeitsschutz- und Unfallverhütungsvorschriften (UVV) sind von den Berufsgenossenschaften (z. B. Chemie, Eisen- und Stahlerzeugung, Großhandel) herausgegebene rechtlich bindende Verhaltensvorschriften für Unternehmer und Mitarbeiter dieser Industriebereiche zum Vermeiden von Unfällen und zum Erhöhen der Arbeitssicherheit. Das Einhalten der UVV kann durch Geldbußen erzwungen werden. [**VDI 4500 Blatt 1**:2006-06]
Arbeitssicherheit	Zustand der Gefahrenfreiheit akzeptierten Niveaus in einem Arbeitssystem, bezogen auf die in ihm arbeitenden Menschen, unter Berücksichtigung von Einwirkungen auf deren körperliche Unversehrtheit. [**Neudörfer 2011**, S.530] Der Vergrößerung der Arbeitssicherheit dienlich sind das Studium und/oder die Einführung von Prinzipien, Methoden und technischen Hilfsmitteln, welche dazu dienen, Gefahren zu erkennen und Unfälle im arbeitsbezogenen Umfeld zu verhüten. [Vgl. **Schmidtke 2013**, S.663]
Arbeitssicherheitsgesetz	Gesetz über Betriebsärzte, Sicherheitsingenieure und andere Fachkräfte für Arbeitssicherheit. Es schreibt Betrieben definierter Größe vor, Fachkräfte für Arbeitssicherheit mit dem Ziel zu bestellen, Arbeitsschutz- und Unfallverhütungsmaßnahmen einzuleiten und zu überwachen. [**Schmidtke 2013**, S.663]
Arbeitsspannung	[Ist eine elektrische Größe. Der Begriff beschreibt den höchsten] Effektivwert der Wechsel- oder Gleichspannung über einer bestimmten Isolierung, der auftreten kann, wenn das Gerät mit einer Spannung versorgt wird, für die das Gerät bemessen ist [**DIN EN 61010-1**:2011-07] Effektivwert der Wechsel- oder Gleichspannung, welcher an einer betrachteten Isolierung anliegen kann, wenn das Gerät mit der Bemessungsspannung versorgt wird. Die Arbeitsspannung einer Maschine oder Anlage mit elektrischen Komponenten wird in den

	Technischen Daten der Betriebsanleitung angegeben.
Arbeitsstätten-Verordnung	Verordnung, die den Arbeitgeber verpflichtet, die Arbeitsstätte sowohl nach den in der Verordnung niedergelegten Vorgaben als auch nach den sonstigen Arbeitsschutz- und Unfallverhütungsvorschriften und den allgemein anerkannten sicherheitstechnischen, arbeitsmedizinischen, hygienischen und arbeitswissenschaftlichen Erkenntnissen einzurichten und zu betreiben. [**Schmidtke 2013**, S.663]
Arbeitsstoffe, gefährliche	→ Gefahrstoff
Arbeitsstoffverordnung	Verordnung über den Umgang mit gefährlichen Arbeitsstoffen. [**Schmidtke 2013**, S.663]
Arbeitsumgebung	Satz von Bedingungen, unter denen Arbeiten ausgeführt werden. Die Bedingungen umfassen physikalische, ökologische, organisatorische, psychologische, kulturelle und anderer Faktoren (z. B. Lärm, Temperatur, Feuchtigkeit, Beleuchtung, Anerkennungsprogramme, Ergonomie oder Wetter). [Vgl. **DIN EN ISO 9001**:2015-11; Vgl. **DIN EN ISO 6385**:2004-05]
Arbeitsunterweisung	Maßnahmen, um den Arbeitenden mit den Kenntnissen und Erfahrungen vertraut zu machen, die zur rationellen, menschengerechten und sicheren Durchführung einer Arbeit erforderlich sind. [**Schmidtke 2013**, S.663]
Arbeitsvertrag	Rechtsgültiger Vertrag, zwischen einem Arbeitgeber und einem Arbeitnehmer, der ein Arbeitsverhältnis begründet. Der Arbeitsvertrag unterscheidet sich vom Dienstleistungsvertrag /Dienstvertrag dadurch, dass aus der sozialen Einordnung in das Unternehmen weitergehende gegenseitige Rechte und Pflichten entstehen (z. B. Weisungsbefugnis, Fürsorgepflicht, Sozialansprüche wie Arbeitsschutz und Urlaub). [**Hennig Tjarks-Sobhani 1998**, S.28]
Arbeitsvorbereitung	Maßnahmen, die der Auftragserfüllung mit festgelegten Arbeitsverfahren und der Bereitstellung von Mitarbeitern, Betriebsmitteln und Werkstoffen dienen. [**Schmidtke 2013**, S.664]
Arbeitszyklus	Zeitabschnitt zwischen dem Beginn des Prozesses an einem Werkstück und dem Beginn des Prozesses am nächsten Werkstück ANMERKUNG Dieser Zeitabschnitt wird durch die längste Einzelzeit in einer Station bestimmt. [**DIN EN 14070**:2009-07] Abfolge von Teiltätigkeiten (eines Menschen oder einer Maschine/Anlage), die immer in derselben Weise, als eine wiederholende Bewegung, bzw. Prozess, ausgeführt werden. Der Arbeitszyklus beinhaltet alle Vorgänge, die während des Prozesses ausgeführt werden. Bei Werkzeugmaschinen z. B. wird dabei ein Werkstück bearbeitet. Startpunkt ist normalerweise eine Ausgangsstellung. Die Abfolge von Tätigkeiten wird bis zu einem definierten Umkehrpunkt

	ausgeführt. [Vgl. **DIN EN 1005-5**:2007-05]
Arbeits-zykluszeit	Für einen Arbeitszyklus benötigte Zeit. Bei Werkzeugmaschinen z. B.: Zeitabschnitt zwischen dem Beginn des Prozesses an einem Werkstück und dem Beginn des Prozesses am nächsten Werkstück. Die Arbeitszykluszeit wird als Arbeitszyklus in den Technischen Daten der Betriebsanleitung angegeben. Bei einer Anlage mit mehreren Stationen ist die Arbeitszykluszeit derjenige Zeitabschnitt mit der längsten Einzelzeit in einer Station. [Vgl. **DIN EN 14070**:2009-07]
Archiv	Möglichkeit der langfristigen, strukturierten und statischen Aufbewahrung von Dokumenten. [**Weber 2008**, S.297]
Archivexemplar	Dokumentenkopie für die Langzeitspeicherung in einem vertrauenswürdigen Codier-Format [**DIN EN ISO 11442**:2006-06]
Archivierung	Die Technische Dokumentation muss entsprechend den gesetzlich vorgegeben Verjährungsfristen, wegen z. B. entstehender Schadensersatzansprüche, über viele Jahre aufbewahrt, bzw. archiviert werden. Die Lagerung der Daten sollte dabei sowohl Ansprüchen der Fehlerlosigkeit der abgespeicherten Daten, mittels der Erstellung von Mehrfachkopien, als auch des Abspeicherns von Versionsständen und der Auffindbarkeit von Daten und Dokumenten genügen. Verlässliche und zeitgemäße Varianten hierfür sind die Nutzung von MODs (Magneto-optical Drives) oder Festplattenverbundsystemen. Die Nutzung von CD'S oder DVD's kann den Ansprüchen an Haltbarkeit über die benötigte Zeit eher nicht gerecht werden, und ist auch nicht mehr zeitgemäß. Wichtig betreffend einzuhaltender Verjährungsfristen ist u. a. das Produkthaftungsgesetz. Nach ProdHaftG §13 Abs. 1 ProdHaftG erlöschen zehn Jahre nach dem Inverkehrbringen des Produktes mögliche Schadensersatzansprüche. Auch von einer Reihe von EG-Richtlinien wird eine Archivierungszeit der technischen Unterlagen von zehn Jahren verlangt. Bei schweren Personenschäden aber gelten in Deutschland entsprechend dem Bürgerlichen Gesetzbuch sogar bis zu 30 Jahre Schadenersatzpflicht. Deshalb sollten Herstellern von Produkten mit bestehenden Personengefährdungen eine Archivierungszeit der Technischen Dokumentation von 30 Jahren zugrunde legen. In einigen Bereichen, wie dem Anlagenbau, Schiffbau oder der Energietechnik, können auch noch längere Zeiträume verlangt werden. Zum Teil bis hin zu 100 Jahren. Bei solch langen Zeiträumen entstehen neue Probleme für die Archivierung. Ein Problem ist z. B. die Nutzbarkeit von Dateiformaten über einen so langen Zeitraum. So ist keines der in den 80er Jahren benutzten Dateiformate heute noch ohne weiteres einsehbar. Das PDF-Format bietet dabei zurzeit die größte Sicherheit auch in etlichen Jahren noch ohne großen Aufwand nutzbar zu sein. Eine zusätzliche Sicherheit in dieser Hinsicht bietet das ergänzende Aufbewahren der Dokumente auf haltbarem Papier.

Archivierungspflicht	Für rechtliche Fragen relevante Unterlagen von Unternehmen dürfen nicht ausschließlich in ausgedruckter Form aufbewahrt werden. Über die Dauer der Aufbewahrungspflicht der Unterlagen sind unterschiedliche Angaben aus unterschiedliche Gesetzen und Richtlinien geltend. Es gilt jeweils die längste Aufbewahrungsfrist. Bei der Recherche der Aufbewahrungspflicht sind zu berücksichtigen: das Bürgerliche Gesetzbuch, das Produkthaftungsgesetz, die Maschinenrichtlinie, die ATEX-Produktrichtlinie und weitere Gesetzte und Richtlinien.
Archivierungssoftware	Archivierungssoftware hilft beim Erstellen von automatischen Sicherungen von kompletten Datenbeständen oder auch von ausgewählten Teilsicherungen in regelmäßigen Zeitabständen auf MODs (Magneto-optical Drives), Festplattenverbundsystemen oder ähnliche Sicherungsmedien. Technische Dokumente sind kaum über Zeiträume von Jahrzehnten reproduzierbar, deswegen kann auch beim Einsatz von Archivierungssoftware auf Zwischenkonvertierung der Datenbestände in aktuelle Formate nach jeweils mindestens einem Jahrzehnt nicht verzichtet werden.
Archivzeichnung	Bestandszeichnung, die bestimmten Anforderungen an die Archivierfähigkeit entspricht [**DIN EN ISO 10209**:2012-11]
Association Française de la Normalisation	→ AFNOR, Association Française de la Normalisation
Assoziationen	Verbinden von früheren und aktuellen Wahrnehmungen, Verknüpfen von Vorstellungen. [**Hahn 1996**, S.202]
asynchron	Gegensatz zu synchron, der besagt, dass etwas nicht im selben Takt läuft.
Asynchronbetrieb	Betrieb- oder Übertragungsart, die nicht zeitgebunden ist und unabhängig von anderen Abläufen arbeitet. [**Kief 2013**, S.591]
asynchrone Steuerung	→ Steuerung, asynchrone
Asynchronmotor	Begriff aus dem Bereich Antriebstechnik. Der Asynchronmotor mit Kurzschlussläufer zählt zu den am weitesten verbreiteten Motortypen. Asynchronmotoren sind Elektromotoren für 3-Phasen-Drehstrom, dessen Rotor lastabhängig langsamer läuft, als das über die Wicklungen erzeugte Drehfeld. Zwei Haupttypen sind zu unterscheiden: Kurzschlussläufer und Schleifringläufer. Der Rotor des Kurzschlussläufers besteht aus an beiden Rotor-Enden kurzgeschlossenen Kupfer- oder Aluguss-Stäben und das Drehmoment entsteht durch die Induktionsströme, die das rotierende Drehfeld im Rotor erzeugt. Bei Schleifringläufern ist der Rotor mit drei Wicklungen ausgelegt, die über drei Schleifringe und drei Kohlebürsten angeschlossen sind. Asynchronmotoren können direkt am Drehstromnetz angeschlos-

sen werden. Asynchronmotoren alleine sind nicht ausgelegt für Drehzahlregelungen während des Betriebes. Um trotzdem eine Drehzahlregelung zu ermöglichen, muss dem Motor ein Frequenzumrichter vorgeschaltet werden. Im Unterschied hierzu sind heutige Asynchron-Servomotoren Spezialausführungen von Asynchronmotor, welche einen großen Regelbereich ermöglichen. [Vgl. **Kief 2013**, S.591]

Atmosphäre, explosionsfähige	→ explosionsfähige Atmosphäre
ätzende Stoffe	[Stoffe], wenn sie lebende Gewebe bei Kontakt zerstören können [**GefStoffV vom 26. November 2010**, Stand 2015, §3 Gefährlichkeitsmerkmale]
Audit	Begriff aus dem Qualitätsmanagement. Im Zusammenhang der Konformitätsbewertung beschreibt der Begriff einen systematischen, unabhängigen, dokumentierten Prozess zur Erlangung von Aufzeichnungen (Auditnachweisen), Darlegungen von Fakten oder anderen relevanten Informationen und deren objektiver Begutachtung (Auswertung), um zu ermitteln, inwieweit festgelegte Anforderungen (Audit-Kriterien) erfüllt sind. Während der Begriff „Audit" für Managementsysteme gilt, wird der Begriff „Begutachtung" für Konformitätsbewertungsstellen und darüber hinaus als Allgemeinbegriff verwendet. Audits werden von einem speziell hierfür geschulten Auditor durchgeführt. [Vgl. **DIN EN ISO/IEC 17000**:2005-03; Vgl. **Graebig 2010**, S.19f]
	Interne Audits werden von der Organisation oder Firma selbst oder in ihrem Auftrag für eine Managementbewertung und andere interne Zwecke durchgeführt. Sie können die Grundlage für eine Konformitätserklärung einer Organisation bilden. In vielen Fällen, insbesondere bei kleinen Organisationen, kann die Unabhängigkeit dargelegt werden, durch die Freiheit von Verantwortung für die zu auditierenden Tätigkeiten. Externe Audits schließen ein, was allgemein Zweit- oder Drittparteien-Audits genannt wird. Zweitparteien-Audits werden von Parteien, die ein Interesse an der Organisation haben, wie z. B. Kunden oder von Personen in deren Auftrag, durchgeführt. Drittparteien-Audits werden von externen unabhängigen Organisationen durchgeführt, wie z. B. solchen, die eine Registrierung oder Zertifizierung der Konformität mit ISO 9001 oder ISO 14001 anbieten. [Vgl. **Graebig 2010**, S.19]
Aufbewahren	Für den Zweck einer erstmaligen Verwendung oder einer Wiederverwendung wird etwas zwischengelagert.

Aufbewahrungsfrist technischer Unterlagen	[Die] technischen Unterlagen sind für die zuständigen Behörden der Mitgliedstaaten nach dem Tag der Herstellung der Maschine – bzw. bei Serienfertigung nach dem Tag der Fertigstellung der letzten Einheit – mindestens zehn Jahre lang bereitzuhalten. **[MRL 2006/42/EG, Anhang VII]** Der Hersteller einer Maschine oder sein Bevollmächtigter hat das Original der EG-Konformitätserklärung nach dem letzten Tag der Herstellung der Maschine mindestens zehn Jahre lang aufzubewahren. Der Hersteller einer unvollständigen Maschine oder sein Bevollmächtigter hat das Original der Einbauerklärung nach dem letzten Tag der Herstellung der unvollständigen Maschine mindestens zehn Jahre lang aufzubewahren. **[MRL 2006/42/EG, Anhang II]**
Aufbewahrungsort der Betriebsanleitung	[Für den Aufbewahrungsort der Betriebsanleitung, bzw. der Montageanleitung als Teil der Maschine, bzw. unvollständigen Maschine gilt Folgendes:] Es muss auch klar festgelegt werden, wo die Anleitung aufbewahrt werden muss, damit der Zugang für alle relevanten Nutzerkreise möglich ist. Wenn es ein spezielles Fach für die Anleitung gibt, dann sollte es an dieser Stelle erwähnt werden. Falls nicht, hilft auch ein allgemeiner Hinweis, wie z. B.: „Die Anleitung ist Bestandteil der Maschine und muss in unmittelbarer Nähe der Maschine für das Personal jederzeit zugänglich aufbewahrt werden." **[Kothes 2011, S.70]**
Aufbewahrungsort technischer Unterlagen	[Folgende Angaben macht die Maschinenrichtlinie zum Aufbewahrungsort technischer Unterlagen:] Die technischen Unterlagen müssen sich nicht unbedingt im Gebiet der Gemeinschaft befinden und auch nicht ständig körperlich vorhanden sein. Sie müssen jedoch von der in der EG-Konformitätserklärung benannten Person entsprechend der Komplexität der Unterlagen innerhalb angemessener Frist zusammengestellt und zur Verfügung gestellt werden können. [...] Werden die technischen Unterlagen den zuständigen einzelstaatlichen Behörden auf begründetes Verlangen nicht vorgelegt, so kann dies ein hinreichender Grund sein, um die Übereinstimmung der betreffenden Maschine mit den grundlegenden Sicherheits- und Gesundheitsschutzanforderungen anzuzweifeln. **[MRL 2006/42/EG, Anhang VII]**
Aufgabe	Tätigkeit, die im Laufe der Lebensdauer einer Maschine, bzw. Anlage von einer oder mehreren Personen an dieser durchgeführt wird.
Aufgabenprogrammierung	→ Teachen
aufgeschobene korrektive Instandhaltung	→ Instandhaltung aufgeschobene korrektive

Aufklärungspflicht	Pflicht zum neutralen, nicht parteigebundenen Aufklären des (meist unterschiedlichen) rechtlichen und tatsächlichen Sachverhalts eines Einzelfalls. Besondere Anforderungen z. B. an Verwaltungen, Ärzte, Richter. [**Hennig Tjarks-Sobhani 1998**, S.31]
Auftrag	Der Begriff bezeichnet im deutschen Zivilrecht ein Rechtsgeschäft. Ein Auftrag besteht aus einer oder mehreren Auftragspositionen und der jeweiligen Menge eines Artikels. Kundenaufträge enthalten zusätzlich u. a. Lieferbedingungen, Termine und Ausführungsdetails. [**Hompel 2011**, S.17]
Aufzug	[Ein] Hebezeug, das zwischen festgelegten Ebenen mittels eines Lastträgers verkehrt, der sich an starren, gegenüber der Horizontalen um mehr als 15° geneigten Führungen entlang fortbewegt, oder Hebeeinrichtungen, die sich nicht zwingend an starren Führungen entlang, jedoch in einer räumlich vollständig festgelegten Bahn bewegen [**RICHTLINIE 2014/33/EU**]
Augmented Reality	Bedeutet erweiterte Realität und ist eine Technik für computergestützte Wahrnehmung, bei der sich reale und virtuelle Welt vermischen. Es werden reale Bilder der tatsächlichen Umgebung mit Informationen in Textform oder als Grafik überlagert. Interessant könnte dies z. B. für Instandhaltungstechniker werden, die durch Einblendung von technischen Informationen zu den Arbeitsschritten der Instandhaltungstätigkeit und durch Einblendungen zu möglichen Gefahrenquellen sicherer und zuverlässiger ihre Arbeit ausführen können.
Außerbetriebnahme	Beabsichtigte unbefristete Unterbrechung der Funktionsfähigkeit einer Einheit. [**DIN 31051**:2012-09] Außerbetriebnahme ist die Überführung einer Maschine oder Anlage in den Endzustand. Damit ist die Außerbetriebnahme eine beabsichtigte endgültige Beendigung der Funktionsfähigkeit eines technischen Systems. Der Außerbetriebnahme schließt sich üblicherweise die Entsorgung an. Die Außerbetriebnahme samt Sicherheitsaspekte wird, als Teil des Lebenszyklus einer Maschine oder Anlage, in der zugehörigen Betriebsanleitung beschrieben.
Außerbetriebsetzung	Beabsichtigte befristete Unterbrechung der Funktionsfähigkeit einer Einheit während der Nutzung. [**DIN 31051**:2012-09] Außerbetriebsetzung ist eine geplante Überführung einer Maschine oder Anlage aus dem regulären Betriebszustand in einen längerfristigen Stillstand. Damit ist eine Außerbetriebsetzung eine beabsichtigte unbefristete Unterbrechung der Funktionsfähigkeit des technischen Systems. Die kann z. B. nötig sein zur ganzheitlichen Anlagenprüfung innerhalb der Instandhaltung oder auch für Großreparaturen der Maschine oder Anlage.

Ausfall	Beendigung der Fähigkeit einer Einheit, eine geforderte Funktion zu erfüllen [...] Nach einem Ausfall hat die Einheit einen Fehler. [...] Der „Ausfall" ist ein Ereignis, im Unterschied zum „Fehler", der einen Status wiedergibt. [**DIN EN ISO 12100**:2011-03]
	Funktionsfähigkeit einer Einheit ist im Rahmen der zugelassenen Beanspruchung beendet. Dieser Ausfall führt zum Versagen der geforderten Funktion bei Verlangen. [**VDI/VDE 3698**:1995-07]
Ausfälle aufgrund gemeinsamer Ursache	Ausfälle verschiedener Einheiten aufgrund eines einzelnen Ereignisses, wobei sich diese Ausfälle nicht gegenseitig beeinflussen ANMERKUNG Ausfälle aufgrund gemeinsamer Ursache sollten nicht mit gleichartigen Ausfällen verwechselt werden. [**DIN EN ISO 12100**:2011-03]
Ausfälle, gleichartige	Ausfälle von Einheiten, die durch den gleichen Ablauf gekennzeichnet sind ANMERKUNG Gleichartige Ausfälle sollten nicht mit Ausfällen aufgrund gemeinsamer Ursache verwechselt werden, da die gleichartigen Ausfälle unterschiedliche Ursachen haben können. [**DIN EN ISO 12100**:2011-03]
Ausfall, gefahrbringender	Jede Fehlfunktion in der Maschine oder in deren Energieversorgung, die das Risiko erhöht [**DIN EN ISO 12100**:2011-03]
	Ausfall der das Potential hat, das sicherheitsbezogenes Teil einer Steuerung in einen gefährlichen Zustand oder eine Fehlfunktion zu bringen. Ob dieses Potential bemerkt werden kann oder nicht, hängt von der Architektur des Systems ab; in einem redundanten System wird ein gefährlicher Hardwareausfall weniger wahrscheinlich zu einem gefährlichen Ausfall des Gesamtsystems führen. [Vgl. **DIN EN ISO 13849-1**:2008-12]
	[Bei berührungslos wirkenden Schutzeinrichtungen:] Ausfall, der verhindert oder verzögert, dass alle Ausgangsschaltelemente in den AUS-Zustand wechseln und/oder verbleiben, als Reaktion auf eine Bedingung, die im bestimmungsgemäßen Betrieb dazu führen würde, dass sie dies tun [**DIN EN 61496-1**:2014-05]
ausfallsicher	Begriff bezeichnet ein Sicherheitsmerkmal für eine technische Einheit oder Teileinheit. Bei einem ausfallsicheren Bauteil ist nicht mit einem Fehler zu rechnen, der das Risiko einer Gefährdung verursachen könnte. Bei Prüfungen von Geräten, Maschinen oder Anlagen unter Fehlerbedingungen, gilt ein ausfallsicheres Bauteil als nicht ausfallanfällig.
Ausfall, sicherer	Ist ein Ausfall einer Teileinheit eines technischen Systems, welches nicht das Potenzial hat, eine Gefährdung zu verursachen. [Vgl. **DIN EN 62061**:2013-09]

ausfallsichere Sicherheitsverriegelung → Sicherheitsverriegelung, ausfallsichere

Ausfall, systematischer	Bezeichnet einen Ausfall mit kausalem Bezug zu einer bestimmten Ursache, der nur durch Änderung der Gestaltung oder des Herstellerprozesses, Betriebsverfahrens, Dokumentation oder zugehörenden Faktoren beseitigt werden kann. [**Neudörfer 2011**, S.530]
Ausfallwahrscheinlichkeit	Die Wahrscheinlichkeit, dass die Lebensdauer einer betrachteten Betriebsdauer seit Anwendungsbeginn nicht erreicht wird. [**VDI/VDE 3698**:1995-07]
	Begriff bezeichnet eine statistische Größe. Die Ausfallwahrscheinlichkeit ist die Wahrscheinlichkeit, dass eine materielle Einheit während einer festgelegten Betriebsdauer unter definierten zulässigen Betriebsbedingungen ihre bestimmungsgemäße Funktion verliert.
Ausgesetzt sein	Nach Gefahrstoffverordnung sind Arbeitnehmer Stoffen ausgesetzt, wenn eine über die Luftverunreinigung der Umgebungsluft hinausgehende inhalative Belastung oder wenn ein Hautkontakt gegenüber hautgefährdenden, hautresorptiven oder hautsensibilisierenden Gefahrstoffen besteht. [**Bender 2013**, S.578]
Ausrüstung	Komponenten und Teile, die für einen bestimmten Zweck angewendet oder benötigt werden. [**DIN EN 61355**:1997-11]
Ausrüstung, auswechselbare	[Ist] eine Vorrichtung, die der Bediener einer Maschine oder Zugmaschine nach deren Inbetriebnahme selbst an ihr anbringt, um ihre Funktion zu ändern oder zu erweitern, sofern diese Ausrüstung kein Werkzeug ist. [**9. ProdSV** vom 15.12.2011], [**MRL 2006/42/EG**]
Ausrüstungsteile, druckhaltende	Einrichtungen mit einer Betriebsfunktion, die ein druckbeaufschlagtes Gehäuse aufweisen [**RICHTLINIE 2014/68/EU**]
Ausrüstungsteile mit Sicherheitsfunktion bei einem Druckgerät	Einrichtungen, die zum Schutz des Druckgeräts bei einem Überschreiten der zulässigen Grenzen bestimmt sind, einschließlich Einrichtungen zur unmittelbaren Druckbegrenzung wie Sicherheitsventile, Berstscheibenabsicherungen, Knickstäbe, gesteuerte Sicherheitseinrichtungen [..] und Begrenzungseinrichtungen, die entweder Korrekturvorrichtungen auslösen oder ein Abschalten oder Abschalten und Sperren bewirken wie Druck-, Temperatur- oder Fluidniveauschalter sowie mess- und regeltechnische Schutzeinrichtungen [**RICHTLINIE 2014/68/EU**]
Aussagefähigkeit, technische	Ist ein Rechtsbegriff. Beschreibt die nachgewiesene direkte Auswertbarkeit der Ergebnisse technischer Prüfungen für die voraussichtliche Leistung und Sicherheit unter allen vorhersehbaren Anwendungen. Die technische Aussagefähigkeit von Prüfungen und ihren Ergebnissen ist die Voraussetzung für ihre rechtliche Bedeutung. Was technisch nicht aussagefähig ist, kann rechtlich keine Relevanz gewinnen. [**VDI 4500 Blatt 1**:2006-06]

Ausschalten im Notfall	Handlung, welche im Notfall vom Bediener durchzuführen ist. Der Bediener sorgt für die Abschaltung der elektrischen Versorgung der Maschine, damit von der Maschine keine Gefahren elektrischen Ursprungs für Personen, Maschinen, Umwelt oder anderem zu schützenden Güter ausgehen können. [Vgl. **Börcsök 2009**, S.13]
Ausschreibung	Dokument, das eine Aufforderung an ausgewählte Firmen zur Abgabe eines Kostenanschlages enthält oder die Bekanntgabe, dass Bieter zur Ausführung festgelegter Arbeiten eingeladen sind [**DIN EN ISO 10209**:2012-11]
Ausstellen	[Nach dem Produktsicherheitsgesetz] ist Ausstellen das Anbieten, Aufstellen oder Vorführen von Produkten zu Zwecken der Werbung oder der Bereitstellung auf dem Markt [**ProdSG** vom 08.11.2011]
Aussteller	[Nach dem Produktsicherheitsgesetz] ist Aussteller jede natürliche oder juristische Person, die ein Produkt ausstellt [**ProdSG** vom 08.11.2011]
Authentisierung	Überprüfung der Identität eines Benutzers, welcher Zugang zu einem abgeschirmten IT-System erlangen will. Formen der Authorisierung sind z. B. Magnetcodes, Passworte oder ein identifizierender Dialog. [**Hennig Tjarks-Sobhani 1998**, S.32]
Auswahlprüfung	Begriff aus dem Qualitätsmanagement. Er bezeichnet eine Qualitätsprüfung an Zufallsstichproben mit Entnahmehäufigkeiten und Stichprobenumfängen, die wesentlich bestimmt sind durch die Kenntnis der bisher ermittelten Qualität sowie der Ungleichmäßigkeiten und Fehlerrisiken bei der Realisierung der Einheit. [Vgl. **DIN 55350-17**:1988-08]
auswechselbare Ausrüstung	→ Ausrüstung, auswechselbar
Automatikbetrieb	Betriebsart, bei der nur der Anlauf eines Bearbeitungsvorganges durch die Bedienperson ausgelöst wird und alle weiteren Abläufe selbsttätig weitergeführt werden. [**DIN EN 13218**:2010-09] Zustand, in dem das Produkt sein Arbeitsprogramm wie vorgesehen ausführt; ohne jegliches manuelles Eingreifen eines Bedieners in den Gefahrbereich.
Automation	Automatischer Ablauf von mehreren aufeinanderfolgenden Fertigungsvorgängen, sodass der Mensch von der Ausführung ständig wiederkehrender geistiger oder manueller Tätigkeiten und von der zeitlichen Bindung an den Maschinenrhythmus befreit wird. Im Gegensatz zur Mechanisierung, wo sich der gesamte Arbeitsablauf unverändert wiederholt, arbeitet eine automatisierte Anlage nach einem von außen vorgegebenen, veränderbaren Programm. Dabei wird der gesamte Ablauf überwacht und bei Abweichungen selbstregelnd korrigiert. [**Kief 2013**, S.592]

automatisch	Bezeichnet einen Prozess, welcher unter festgelegten Bedingungen und ohne menschliches Eingreifen abläuft.
Automatische Anlagen und Einrichtungen	Anlagen und Einrichtungen, in denen Systeme verwendet werden, die nach dem Start den Betrieb automatisch steuern, ohne dass das Bedienungspersonal eingreifen muss. Diese Anlagen können allein arbeiten oder in eine verkettete Anlage eingebunden sein. [**DIN EN 12921-1**:2011-02]
automatisiertes Fertigungssystem	Ein automatisiertes Fertigungssystem ist ein System von zwei oder mehr Maschinen und weiteren Einrichtungen, die durch Anordnung und Steuerung miteinander verknüpft sind, um Produkte bearbeiten, verarbeiten, montieren, prüfen, verpacken usw. zu können. [**VDI 2854**:1991-06]
automatisiertes Teilsystem	Ein automatisiertes Teilsystem ist der aus zwei oder mehreren miteinander verknüpften Maschinen und Einrichtungen bestehende Teil eines automatisierten Fertigungssystems. [**VDI 2854**:1991-06]
Automatisierung	Maßnahmen zur selbsttätigen Steuerung oder Regelung von Prozessen ohne unmittelbare menschliche Beteiligung. [**Schmidtke 2013**, S.667]
Axonometrie	→ Darstellung, axonometrische
Barriere	→ Schutzeinrichtung, abweisende
BAT-Wert	Kürzel für Biologischer Arbeitsplatz-Toleranzwert. Grenzwert für Stoffe im Körper. War bis zum 1. Januar 2005 ein rechtsrelevanter Grenzwert der Gefahrstoffverordnung. Ersetzt wurde er durch das neue Konzept des Biologischen Grenzwertes (BGW). [Vgl. **Bender 2013**, S.578]
Baueinheit	Betrachtungseinheit, deren Abgrenzung nach Aufbau oder Zusammensetzung erfolgt. [**DIN ISO/TS 81346-3**:2013-09]
Baugruppe	Der Begriff bezeichnet ein aus mehreren fixierten und/oder beweglichen Bauteilen zusammengesetztes funktionsfähiges Gebilde. Baugruppen sind meist Hauptbestandteile von Maschine oder Anlage, welche für deren ordentlichen Betrieb notwendig sind. [Vgl. **Neudörfer 2011**, S.531]
	Eine Baugruppe besteht aus mindestens zwei Einzelteilen oder Unterbaugruppen, die verbunden wurden um eine Funktion zu erfüllen. Ein Einzelteil ist dabei ein technisch beschriebener und gefertigter nicht weiter zerlegbarer Gegenstand. Im Maschinen- und Anlagebau ist es üblich, dass die Produkte aus verschiedenen separat zu behandelnden Baugruppen bestehen. Diese werden teilweise als Unteraufträge an Unterlieferanten, bzw. Spezialisten vergeben. Solche komplexen Baugruppen werden nach der Maschinenrichtlinie als unvollständige Maschinen bezeichnet und

für diese muss eine separate Dokumentation mit Einbauerklärung und Montageanleitung (incl. Schnittstellenbeschreibung) mitgeliefert werden. Nur in dem seltenen Fall, dass Baugruppen auch eigenständig funktionsfähig sind, darf für sie eine Konformitätserklärung erstellt werden.

Baugruppen-beschreibung	Bei größeren und komplexeren Maschinen oder Anlagen sollten innerhalb des Kapitels „Aufbau und Funktion" der Betriebs- oder Montageanleitung die einzelnen Baugruppen separat beschrieben werden. Dabei sollte die Baugruppe zunächst abgebildet werden und die wichtigen Einzelteile und Unterbaugruppen mit Positionsnummern versehen werden. Diese Positionsnummern werden anschließend entweder in Tabellenform per Bildlegende oder Textform (oder beides gemischt) näher erläutert. Der Text sollte dabei sowohl die Funktionsweise der Baugruppe, wie auch die Funktionsweise der Bestandteile der Baugruppe wiedergeben.
Baugruppen-zeichnung, allgemeine	Baugruppenzeichnung, die alle Gruppen und Teile eines vollständigen Produktes identifiziert [**DIN EN ISO 10209**:2012-11]
Baujahr	Nach der Maschinenrichtlinie, aber auch nach anderen Richtlinien, wie Druckgeräterichtlinie, ATEX-Richtlinie, muss das Baujahr des Produktes in der zugehörigen Betriebsanleitung angegeben werden. Bei Serienprodukten muss aus diesem Grund jedes Jahr eine neue Version der Anleitung erstellt werden. Neben der Angabe in der Anleitung muss das Baujahr auch auf dem Typenschild des Produktes angegeben werden.
Baumusterbescheinigung	→ EG-Baumusterprüfung
Baumusterprüfung	→ EG-Baumusterprüfung
Bauteil	[Der Begriff bezeichnet ein] Gebilde bestimmter Gestalt, das meistens aus festen Stoffen besteht. Systemtheoretisch werden zu Bauteilen auch flüssige oder gasförmige Stoffe (z. B. Schmiermittel, komprimierte Gase) gezählt. [**Neudörfer 2011**, S.531]
	Bestandteil eines Produktes oder einer Baugruppe (des Produktes), das nicht weiter zerlegt werden kann, ohne seine grundlegenden Eigenschaften zu verlieren [Vgl. **ISO 14617-1**:2005-07]
	Als Bauteile bezeichnet werden sowohl Einzelteile, als auch technisch beschriebene nicht zerlegbare Gegenstände, welche nach einem bestimmten Arbeitsplan gefertigt werden. [Vgl. **DIN 6789**:2013-10]

Bauteil-bezeichnung	Identifikation der Einzelteile von Zusammenbauten und/oder die Identifikation einzelner Bauteile in derselben Zeichnung. Bauteilbezeichnungen beruhen auf Dokumenten, im Gegensatz zu Referenzkennzeichnungen, die auf Strukturen beruhen. Identische Bauteile in einer Zeichnung müssen dieselbe Bauteilnummer haben. [Vgl. **ISO 7573**:2008-11]
Bauteilgruppen-Zeichnung	Zeichnung einer Anzahl von Bauteilen einer Art mit Angabe ihrer Größe, Nutzungsdaten sowie ihres Referenzsystems (Teileart und Sachnummer) [**DIN EN ISO 10209**:2012-11]
Bauteil-Lageplan	Zeichnung oder Fotografie, auf der die Bauelemente in (vereinfachter) Form dargestellt sind, um ihre Anordnung in dem Gerät oder in einer Untereinheit zu zeigen. [**DIN EN 61187**:1995-06]
Bauteil-Liste	Bauteilgruppen-Zeichnung, die Bauteile auflistet und Informationen in Form einer Tabelle enthalten darf [**DIN EN ISO 10209**:2012-11]
Bauteilnummer	Eindeutige Identifikation eines Bauteils. Bauteilnummern werden unternehmensspezifisch vergeben. [Vgl. **ISO 7573**:2008-11]
BAZ	→ Bearbeitungszentrum, BAZ
BDE	→ Betriebsdatenerfassung, BDE
BDI	Abkürzung für Bundesverband der Deutschen Industrie e.V. Dachorganisation, in welcher Industrieverbände verschiedener Industriezweige zusammengeschlossen sind. Der BDI beschränkt den Kreis der Mitglieder auf industrielle Spitzenverbände und Arbeitsgruppen.
BDÜ	(Bundesverband der Dolmetscher und Übersetzer e. V.) Dachverband von 12 Landesverbänden der Berufsgruppe Dolmetscher und Übersetzer. Der BDÜ wurde 1955 von verschiedenen regionalen Dolmetscher- und Übersetzerverbänden gegründet. In Mitgliederverzeichnissen der Landesverbände werden Dolmetscher/innen und Übersetzer/innen mit ihren Sprachen und Fachgebieten aufgeführt.
Beanstandung	Mängelrüge der Ausführung einer Lieferung oder Leistung, die in einem oder mehreren Merkmalen den Bedingungen aus dem Kaufvertrag nicht genügt. Im kaufmännischen Verkehr ist nach §377 HGB unmittelbar nach Erhalt einer Ware diese unverzüglich zu prüfen, damit das Rügerecht wirksam wird. [Vgl. **Hennig Tjarks-Sobhani 1998**, S.34]
Bearbeitungszentrum, BAZ	Bearbeitungszentren sind Werkzeugmaschinen, die für einen automatisierten Betrieb ausgerüstet sind. Zur Erweiterung der Automatisierungsfunktionen können weitere Peripheriegeräte vorgesehen sein, wie z. B. ein Werkzeugmagazin mit Werkstück

wechsler und Werkzeugwechsler. Es handelt sich um Maschinen mit hohem Automatisierungsgrad zur vollautomatischen Komplettbearbeitung von Bauteilen. Beispiele für Maschinentypen der Bearbeitungszentren sind Drehzentren, Schleifzentren und Bearbeitungszentren mit Laserunterstützung. Ziel ist stets die Bearbeitung der Bauteile ohne manuelle Eingriffe. [Vgl. **Kief 2013**, S.593]

Bearbeitungszone	Bereich, in dem das Bearbeitungswerkzeug in Wechselwirkung mit dem Werkstoff des Werkstücks tritt. Die Bearbeitungszone ist damit auch der Gefahrenbereich in einer Maschine oder Anlage, wo das Bauteil oder Werkstück vom Bearbeitungswerkzeug bearbeitet wird. Zum Beispiel ist bei der Laserbearbeitung eines Bauteiles die Bearbeitungszone der Bereich, in dem der Laserstrahl in Wechselwirkung mit dem Werkstoff des Werkstücks tritt. [Vgl. **DIN EN ISO 11553-1**:2009-03]
Bedienelement	Technische Einrichtung an der Schnittstelle Mensch-Maschine, mit dessen Hilfe steuernde oder regelnde Einwirkung auf den technischen Prozess oder den Funktionsablauf vorgenommen wird. [**Schmidtke 2013**, S.668]
Bedienbereich	Bedienbereich ist der Bereich, in den während des normalen Fertigungsablaufes, z. B. zum Einlegen und Entnehmen von Werkstücken, betriebsmäßig eingegriffen werden muss. [**VDI 2854**:1991-06]
Bediener	Person, die das Produkt (Maschine, Anlage, Gerät) bestimmungsgemäß verwendet. Die Person muss unterwiesen, bzw. für die Aufgabe qualifiziert sein. Oft wird diese Person speziell für die Aufgabe der Produktbedienung ausgewählt und ausgebildet. [Vgl. **DIN EN 869**:2009-12]
Bedienfeld	Räumliche Zusammenfassung von Bedienelementen und Anzeigen zu einer flächig ausgeführten Baueinheit [**Charwat 1992**]
Bediener-Instandhaltung	→ Instandhaltung, Bediener-
Bedieneroberfläche	Der Begriff bezeichnet die Schnittstelle zwischen Bediener und Programm. Diese ist heute zumeist als GUI (Graphical User Interface) ausgeführt. Eine gute und zeitgemäße Bedieneroberfläche sollte sich durch folgende Eigenschaften auszeichnen: Die Bedieneroberfläche sollte a) bedienerfreundlich ausgeführt sein, b) sich durch einen übersichtlichen und gleichartigen Aufbau aller Funktionsmasken auszeichnen, c) nur die zum jeweiligen Zeitpunkt aktiven Funktionselemente (Tasten, Icons) anzeigen und d) Funktionen mit gleicher oder ähnlicher Bedeutung sollten in verschiedenen Masken jeweils auf dieselben Funktionselemente gelegt werden. [Vgl. **Hompel 2011**, S.27]

Bedienperson	Person oder Personen, die die Aufgabe hat/haben, Maschinen ein- bzw. aufzubauen, zu bedienen, einzustellen, instand zu halten, zu reinigen, zu reparieren oder zu transportieren. **[DIN EN ISO 11161:2010-10]**
Bedienpersonal	Die Person bzw. die Personen, die für Installation, Betrieb, Einrichten, Wartung, Reinigung, Reparatur oder Transport von Maschinen zuständig sind. **[MRL 2006/42/EG**, Anhang I]
Bedienteil	→ Bedienelement
Bedienung	Systemergonomischer Begriff zur Beschreibung der zeitlichen Ordnung einer Aufgabe, in dem zwischen simultan anfallenden Handlungen und Entscheidungen und sequentiellen Aufgaben unterschieden wird, deren Teilaufgaben streng determiniert sind. **[Schmidtke 2013**, S.668]
Bedienungsanleitung	Dokument, das die Anleitung zur Benutzung von Ausrüstung enthält **[DIN EN ISO 10209**:2012-11]
	Die Bedienungsanleitung ist eine eigene Anleitungsform als Anleitung für kleinere Verbraucherprodukte. Wobei der Name „Bedienungsanleitung" hervorheben soll, dass die Anleitung primär Hinweise zur Bedienung des Gerätes wiedergibt. Gleichwohl enthält die Bedienungsanleitungen für einfache Verbraucherprodukte nicht nur Hinweise zum Betrieb, sondern auch Informationen u. a. zu Themen wie Sicherheit, Wartung, Entsorgung.
	Desweiteren wird der Begriff Bedienungsanleitung für jenen Teil einer Betriebsanleitung (nach Maschinenrichtlinie) verwendet, welcher sich auf die Bedienung des Produktes bezieht. Das Kapitel Bedienungsanleitung beschreibt dabei im Einzelnen die Bedienung des komplexen Produktes während des Normalbetriebes.
Bedienungsplatz	Der Bedienungsplatz muss so gestaltet und ausgeführt sein, dass Risiken aufgrund von Abgasen und/oder Sauerstoffmangel vermieden werden. Ist die Maschine zum Einsatz in einer gefährlichen Umgebung vorgesehen, von der Risiken für Sicherheit und Gesundheit des Bedieners ausgehen, oder verursacht die Maschine selbst eine gefährliche Umgebung, so sind geeignete Einrichtungen vorzusehen, damit gute Arbeitsbedingungen für den Bediener gewährleistet sind und er gegen vorhersehbare Gefährdungen geschützt ist. Gegebenenfalls muss der Bedienungsplatz mit einer geeigneten Kabine ausgestattet sein, die so konstruiert, gebaut und/oder ausgerüstet ist, dass die vorstehenden Anforderungen erfüllt sind. Der Ausstieg muss ein schnelles Verlassen der Kabine gestatten. Außerdem ist gegebenenfalls ein Notausstieg vorzusehen, der in eine andere Richtung weist als der Hauptausstieg. **[MRL 2006/42/EG**, Anhang I]

Beendigung der gefahrbringenden Maschinenfunktion	Zustand, der erreicht wird, wenn die Gefährdungsparameter auf ein Niveau reduziert wurden, auf dem sie keine physische Verletzung oder eine Beeinträchtigung der Gesundheit verursachen können. [**DIN EN ISO 13855**:2010-10]
Befehlseinrichtung mit selbsttätiger Rückstellung	Steuerung, die den Betrieb von Maschinenteilen in Gang setzt und so lange aufrechterhält, so lange die manuelle Steuerung in Betrieb ist. Die manuelle Steuerung kehrt automatisch in die Stopp-Position zurück, wenn sie losgelassen wird. [**DIN EN 12921-1**:2011-02]
Befugnis	Recht, im definierten Aufgabenbereich und Kompetenzumfang selbständig Entscheidungen über den Einsatz von Personal-, Betriebs- und Finanzmitteln sowie ggf. die Freigabe von Informationen zu treffen. [**Weber 2006**, S.370]
Begleittext	Text, welcher Abbildungen ergänzt, mit dem Ziel das Verstehen der Abbildung zu ermöglichen, zu verbessern, bzw. zu steuern.
Begrenzungseinrichtung	Einrichtung, die verhindert, dass eine Maschine oder (ein) gefährdende® Maschinenzustand(zustände) eine vorgegebene Grenze (räumliche Grenze, Druckgrenze, Lastmomentgrenze usw.) überschreitet. [**DIN EN ISO 12100**:2011-03] Für Industrieroboter gilt zusätzlich: Begrenzungseinrichtungen sind Mittel, die den maximalen Raum beschränken, entweder durch Stillsetzen oder durch Auslösen eines Halts aller Roboterbewegungen. [Vgl. **DIN EN ISO 10218-1**:2012-01] Die Begrenzungseinrichtung ist nach DIN EN ISO 12100 eine Unterart einer nichttrennenden Schutzeinrichtung.
Begutachtung	Ist eine Art der Beurteilung, welche von einem anerkannten und unabhängigen Sachverständigen oder einer anerkannten Institution durchgeführt wird. Dabei wird in einem Prozess eine Sache aufgrund objektiver Fakten beurteilt und bewertet. Das Ergebnis einer Begutachtung ist ein Gutachten.
Behaglichkeit	Begriff aus der Ergonomie, welcher einen subjektiven Befindlichkeitszustand einer Person beschreibt, unter der Bedingung optimaler, das heißt thermisch neutraler, Klimaverhältnisse. [Vgl. **Schmidtke 2013**, S.669]
Behörde, benennende	→ benennende Behörde
Beladen/ Entladen	Vorgang, bei dem das Werkstück in das integrierte Beschickungssystem eingegeben bzw. aus ihm entnommen wird. [**DIN EN 12921-1**:2011-02]

Beladung, höchstzulässige	Höchstzulässige(s) Masse und Volumen von Werkstücken, die in die Anlage eingebracht werden können. Die Ladung kann mehr als ein Werkstück umfassen. [**DIN EN 12921-1**:2011-02] Die höchstzulässige Beladung einer Anlage wird in den Technischen Daten der Betriebsanleitung angegeben.
Bemaßung	Anbringen von Maßen an gezeichnete Objekte. Bei einer technischen Zeichnung z. B. Längenmaße, Durchmesser, Abstandsmaße. [**Hennig Tjarks-Sobhani 1998**, S.37]
Bemaßung, tabellarische	Elemente, wie z. B. Maße, werden mit Ziffern oder Buchstaben bezeichnet und in einer Tabelle geordnet aufgezeichnet. Tabellarische Bemaßung ist eine Methode der Bemaßung. [Vgl. **ISO 129-1**:2004-09]
Bemessungsdaten	Gesamtheit der Bemessungswerte und Betriebsbedingungen [**DIN EN 61010-1**:2011-07] Beispiele für Bemessungsdaten z. B. eines Motors sind Nennstrom, Nennspannung und Nenndrehzahl. Wichtige Bemessungsdaten werden auf dem Typenschild am Produkt und in den Technischen Daten der Betriebsanleitung angegeben.
Bemessungswert	Wert einer Größe, der im Allgemeinen vom Hersteller für eine festgelegte Betriebsbedingung einem Bauelement, Gerät oder einer Ausrüstung zugeordnet ist. [**DIN EN 61010-1**:2011-07] Bemessungswerte sind elektrische Größen. Ein Bemessungswert ist ein für eine vorgegebene Betriebsbedingung geltender Wert einer Größe, der vom Hersteller für ein Produkt festgelegt wird.
Benannte Stelle	Sind staatlich benannte und überwachte private Prüfstellen, welche die Konformitätsbewertung von Herstellern technischer Produkte begleiten und kontrollieren. Benannte Stellen sind diejenigen, welche u. a. die EG-Baumusterbescheinigungen ausstellen. Sie sind neutrale, unabhängige und kompetente Stellen und führen Konformitätsbewertungen von Produkten des freien Warenverkehrs durch, sofern dies für das betreffende Produkt vorgesehen ist. Den Benannten Stellen steht es frei, ihre Konformitätsbewertungsleistungen sämtlichen innerhalb oder außerhalb der Gemeinschaft niedergelassenen Wirtschaftsakteuren anzubieten. Sie können diese Tätigkeiten in allen EU-Mitgliedstaaten oder auch in Drittländern ausführen. Hersteller von Produkten können zwischen den Benannten Stellen frei wählen. Zuständig für die Benennung der Stellen sind die Mitgliedstaaten der EU. [Vgl. **Schneider 2008**, S.199]

benennende Behörde	Staatliche Stelle oder staatlich ermächtigte Stelle, die Konformitätsbewertungsstellen benennt, ihre Benennung aussetzt oder widerruft oder die Aussetzung aufhebt. [**DIN EN ISO/IEC 17000**:2005-03]
Benutzer	→ Bediener
Benutzerbereich	Bereich, für den bei bestimmungsgemäßem Betrieb entweder gilt: er ist ohne Einsatz von zusätzlichem Werkzeug zugänglich; oder die Zugangsmöglichkeiten zu diesem Bereich sind für den Benutzer bewusst vorgesehen; oder der Benutzer ist über den Zugang informiert, gleichgültig ob er dazu Werkzeug benötigt oder nicht. [Vgl. **DIN EN 60950-1**:2014-08]
Benutzerinformationen	Oberbegriff für die Summe aller Informationen, die vom Hersteller oder Vertreiber zur Information der Nutzer aus den Zielgruppen bestimmt sind. Hierunter fallen z. B. Werbetexte, Prospekte, Anzeigen, Betriebsanleitungen, Montageanleitungen, Einbauanleitungen, auch alle mündlichen Aussagen von Vertretern, Verkäufern, Kundendienstmitarbeitern, wie auch Sicherheitszeichen bzw. farbige Sicherheitskennzeichnungen, Typenschild, Symbole, Signale usw., die unmittelbar an Maschinen angebracht sind und der Information der Nutzer über die einzelnen Produkte dienen. [Vgl. **VDI 4500 Blatt 1**:2006-06] Benutzerinformationen sind eine Form von Schutzmaßnahmen, die aus Kommunikationselementen (z. B. Texte, Wörter, Zeichen, Signale, Symbole, Diagramme) bestehen. Die Kommunikationselemente können dabei einzeln oder gemeinsam verwendet werden, um Informationen an den Benutzer weiterzugeben. [Vgl. **DIN EN ISO 12100**:2011-03]
Benutzerfreundlichkeit	Qualitätsmerkmal eines Produktes (z. B. Maschine oder Anlage). Trifft das Qualitätsmerkmal Benutzerfreundlichkeit zu, dann ist es für den Benutzer oder Bediener leicht, die Funktionsweise und Bedienung des Produktes zu verstehen und diese zu bedienen. Die leichte Bedienung und Handhabbarkeit des Produktes wird unter anderem erreicht, durch ihrer Eigenschaften und Merkmale, welche ein leichtes Verstehen ihrer Funktionen ermöglichen. [Vgl. **DIN EN ISO 12100**:2011-03]
Benutzeroberfläche	→ Bedieneroberfläche
Benutzung	Der Hersteller ist verpflichtet, eine nicht ordnungsgemäße Benutzung (Fehlgebrauch) zu verhindern. Dazu muss er sowohl konstruktive als auch instruktive Maßnahmen ergreifen. Insbesondere muss er deutlich auf mögliche Gefährdungen hinweisen. Er muss diese Gefährdungen erläutern hinsichtlich Art, Wahrscheinlichkeit und Folgen. [**Hahn 1996**, S.203]

Berechtigungen	Sind Vorrechte, bzw. festgelegte Rechte eines Nutzers, welche den Zugang zu festgelegten Tätigkeiten, Arbeitsorten, IT-Strukturen oder ähnlichem erlauben. [Vgl. **DIN EN ISO 11442**:2006-06]
Berechtigungskonzept	Das Berechtigungskonzept beschreibt, welche Zugriffsregeln für einzelne Benutzer oder Benutzergruppen auf die IT-Systeme bzw. die Daten gelten. Außerdem enthält es Regelungen, wie Benutzerrechte vergeben werden und wie die Einhaltung der Regelungen sichergestellt wird. [**Reiss 2014**, S.409]
Bereich, explosionsgefährdeter	Explosionsgefährdeter Bereich ist derjenige Bereich, in dem die Atmosphäre aufgrund der örtlichen und betrieblichen Verhältnisse explosionsfähig werden kann. [**11. ProdSV** vom 12.12.1996], [**RICHTLINIE 2014/34/EU**]
Bereich, freier	Der nicht durch eine EG-Richtlinie oder nationale Rechtsnormen geregelte Bereich der Produktherstellung oder –anwendung. [**VDI 4500 Blatt 1**:2006-06]
Bereich, geschützter	Bereich, der so von Schutzmaßnahmen umgeben ist, dass die Gefährdung(en), vor der/denen diese Maßnahmen schützen sollen, nicht erreicht werden kann/können. [**DIN EN ISO 11161**:2010-10]
Bereich, harmonisierter geregelter	Teilbereich der dem öffentlichen Recht unterliegenden Bedingungen für Produktion, Inverkehrbringen und Nutzen von Industrieprodukten und –prozessen. Für den geregelten Bereich setzen Rechtsnormen, Gesetze und Verordnungen Voraussetzungen und Bedingungen, die nachzuweisen und zu erfüllen sind, um die in den Geltungsbereich der Rechtsnormen fallenden Maschinen, Vorrichtungen, Prozesse und Anlagen herstellen, vertreiben und nutzen zu dürfen. In steigendem Umfang europäisch harmonisiert, z. B. EG-Maschinenrichtlinie […], Bauproduktegesetz, EMV-EG-Richtlinie usw. [**VDI 4500 Blatt 1**:2006-06]
Bereich mit kontrolliertem Zugang	Sicherheitsbegriff zur Kennzeichnung gefährlicher Bereiche von Maschinen oder Anlagen. Gefahren können dabei sein, z. B. Schneidbearbeitungen von Bauteilen oder Laserbearbeitungen von Bauteilen usw., wo besondere Sicherheitsvorkehrungen, entsprechend den jeweils zutreffenden Normen, vom Hersteller zu treffen sind. Ein Bereich mit kontrolliertem Zugang ist dabei ein Bereich, bei dem die Gefährdung für Personen grundsätzlich unzugänglich ist; mit der Ausnahme für autorisierten und speziell berechtigten Personen mit entsprechender Ausbildung hinsichtlich der Gefährdung und der Wartung des zugehörigen Systems. Das Thema Lasersicherheit nimmt durch spezielle Schulungen und besondere Autorisierungen von beauftragten Personen zu diesem Thema eine besondere Stellung ein. [Vgl. **DIN EN ISO 11553-1**:2009-03] Der Bereich mit kontrollieren Zugang wird in der Betriebsanleitung der Maschine oder Anlage beim Thema Sicherheit angegeben und beschrieben.

Bereich mit beschränktem Zugang	Bereich an einer Maschine oder Anlage, in dem die Gefährdung für die Öffentlichkeit nicht zugänglich ist, jedoch für weitere Beobachter oder weiteres ungeschultes Personal, die durch Barrieren oder weitere Verfahren davon abgehalten werden, sich den Gefährdungen durch die Gefahrenquelle auszusetzen, zugänglich sein kann. Personen: Personal, das hinsichtlich der Gefahrenquelle ungeschult ist, jedoch nicht die Öffentlichkeit. [Vgl. **DIN EN ISO 11553-1:2009-03**]
	Der Bereich mit beschränktem Zugang wird in der Betriebsanleitung der Maschine oder Anlage beim Thema Sicherheit angegeben und beschrieben.
Bereich mit unbeschränktem und unkontrolliertem Zugang	Bereich, bei dem der Zugang weder beschränkt noch kontrolliert ist. [**DIN EN ISO 11553-1:2009-03**]
	Personen: alle, einschließlich der Öffentlichkeit [**DIN EN ISO 11553-1:2009-03**]
Bereitstellung auf dem Markt	[Nach Produktsicherheitsgesetz] ist Bereitstellung auf dem Markt jede entgeltliche oder unentgeltliche Abgabe eines Produkts zum Vertrieb, Verbrauch oder zur Verwendung auf dem Markt der Europäischen Union im Rahmen einer Geschäftstätigkeit [**ProdSG** vom 08.11.2011]
Bericht	Ist eine Darstellung eines Sachverhaltes nach erfolgter Untersuchung oder Betrachtung des Sachverhaltes [Vgl. **ISO 29845:2011-09**]
Berufsgenossenschaftliche Informationen	→ BGI, Berufsgenossenschaftliche Informationen
Berufsgenossenschaftlichen Grundsätze	→ BGG, Berufsgenossenschaftliche Grundsätze
Berufsgenossenschaftliche Regeln	→ BGR, Berufsgenossenschaftliche Regeln
Berufsgenossenschaftliche Vorschriften	→ BGV, Berufsgenossenschaftliche Vorschriften
Berufsgenossenschaftliche Vorschriften- und Regelwerk	→ BGVR, Berufs-genossenschaftliche Vorschriften- und Regelwerk
berührungslos wirkende Schutzeinrichtung	→ Schutzeinricht-ung, berührungslos wirkende

Beschaffungs-unterlagen, technische	Lieferantenunabhängige technische Unterlagen für Anfrage und Bestellung. [**Weber 2008**, S.310]
Beschriftung	Vorgang, graphische Zeichen aus einem graphischen Schriftzeichensatz auf den Träger einer (technischen) Zeichnung zu schreiben (zusätzlich zur graphischen Darstellung) [**DIN EN ISO 3098-1:2015-06**]
	Gesamtheit der nicht-graphischen Informationen auf dem Träger einer (technischen) Zeichnung (Text, technische Angaben, Maße usw.) [**DIN EN ISO 3098-1:2015-06**]
	Gesamtheit der graphischen Zeichen eines graphischen Schriftzeichensatzes, mit denen nicht-graphische Informationen auf den Träger einer (technischen) Zeichnung aufgebracht werden können [**DIN EN ISO 3098-1:2015-06**]
Besprechungsprotokoll	Dokument, das Angaben über Entscheidungen von wesentlicher Bedeutung, die während des Planungsprozesses getroffen wurden, dokumentiert [**DIN EN ISO 10209:2012-11**]
besten verfügbaren Techniken	→ Stand der Technik
bestimmungsgemäßer Betrieb	Betrieb, einschließlich der Bereitschaft zum Betrieb (stand-by), entsprechend der Gebrausanweisung oder für den offensichtlich beabsichtigtem Zweck [**DIN EN 61010-1:2011-07**]
	Der Begriff ist ein Sicherheitsbegriff, welcher sich primär auf die Verwendung des Produktes durch den Betreiber bezieht. Der Betreiber ist dabei verpflichtet das Produkt in seinem bestimmungsgemäßen Betrieb innerhalb der Vorgaben der bestimmungsgemäßen Verwendung der Produktdokumentation einzusetzen. Der Begriff bestimmungsgemäße Betrieb besagt, dass der Betrieb, einschließlich der Bereitschaft zum Betrieb, für den ein technisches Produkt bestimmt, ausgelegt und geeignet ist, den Angaben der Betriebsanleitungen und dem offensichtlich beabsichtigten Zweck entsprechen muss.
Bestimmungsgemäßer Gebrauch	→ bestimmungsgemäßer Betrieb
bestimmungsgemäße Last	→ Last, bestimmungsgemäße
bestimmungsgemäße Verwendung	[Die bestimmungsgemäße Verwendung in verschiedenen Definitionen:]
	Verwendung, für die ein Produkt nach den Angaben desjenigen, der es in den Verkehr bringt, geeignet ist oder die übliche Verwendung, die sich aus der Bauart und Ausführung des Produkts ergibt. [**GPSG**, Geräte- und Produktsicherheitsgesetz]
	[Nach dem Produktsicherheitsgesetz] ist bestimmungsgemäße Verwendung a) die Verwendung, für die ein Produkt nach den

Angaben derjenigen Person, die es in den Verkehr bringt, vorgesehen ist oder b) die übliche Verwendung, die sich aus der Bauart und Ausführung des Produkts ergibt [**ProdSG** vom 08.11.2011]

[Nach der Maschinenrichtlinie ist es die] Verwendung einer Maschine entsprechend den Angaben in der Betriebsanleitung [**MRL 2006/42/EG**, Anhang I]

Verwendung einer Maschine in Übereinstimmung mit den in der Benutzerinformation bereitgestellten Informationen [**DIN EN ISO 12100**:2011-03]

Das Verwenden oder Anwenden eines Produktes oder Prozesses in den vom Hersteller oder Lieferer beschriebenen, beabsichtigten und vorgegebenen Bereichen. [**VDI 4500 Blatt 1**:2006-06]

In der bestimmungsgemäßen Verwendung legt der Hersteller fest, für welchen Einsatzzweck sein Produkt vorgesehen ist und was der Nutzer mit dem Produkt machen darf. Zusätzlich ist vor einem vernünftigerweise vorhersehbaren Fehlgebrauch zu warnen und sind unzulässige Verwendungen festzulegen.

Bezüglich des vorhersehbaren Missbrauchs sollten folgende Verhaltensweisen bei der Risikoeinschätzung besonders berücksichtigt werden:
- das vorhersehbare Fehlverhalten infolge normaler Unachtsamkeit, aber nicht infolge absichtlichen Missbrauchs der Maschine,
- das reflexartige Verhalten einer Person im Fall einer Fehlfunktion, eines Zwischenfalls, eines Ausfalls usw. während des Gebrauchs der Maschine,
- das Verhalten, das darauf zurückzuführen ist, dass man den „Weg des geringsten Widerstands" beim Ausführen einer Aufgabe wählt,
- bei einigen Maschinen (besonders bei Maschinen für den nichtgewerblichen Gebrauch) das vorhersehbare (Fehl-)Verhalten bestimmter Personen, z. B. von Kindern oder Behinderten. Der Konstrukteur sollte so umfassend wie möglich die verschiedenen Betriebsarten der Maschine und die verschiedenen Eingriffsverfahren des Operators festlegen. Geeignete Sicherheitsmaßnahmen können dann mit jeder dieser Arten und jedem Verfahren verknüpft werden. Dadurch wird verhindert, dass der Operator veranlasst wird, gefährdende Betriebszustände und Eingriffsverfahren wegen technischer Schwierigkeiten anzuwenden. [Vgl. **DIN EN ISO 12100**:2011-03]

Der Hersteller muss aber nicht die möglichen Folgen durch den Einsatz nicht ausreichend qualifizierten und/oder ausgebildeten Personals in seine Überlegungen einbeziehen, wenn er entsprechend darauf hingewiesen hat. [**Schneider 2008**, S.200]

bestimmungs-gemäße Verwendung, Definition des Verwendungs-bereiches	In diesem Abschnitt [der Betriebsanleitung, der Montageanleitung oder der Risikobeurteilung] wird genau definiert, wozu das Produkt nach der Vorstellung des Herstellers bestimmungsgemäß eingesetzt werden soll. Hierbei kommt es darauf an, den Einsatzbereich möglichst eng einzugrenzen. Es sollte auch klargestellt werden, dass die bestimmungsgemäße Verwendung grundsätzlich nur bei Einhaltung der Anleitung gegeben ist. [**Kothes 2011**, S.74]
Betätiger	Mechanisches Element eines Sicherheits-Positionsschalters der Bauart K1, das den Schaltvorgang der zwangsöffnenden Kontakte aktiviert. Betätiger sind in unterschiedlichen Bauformen ausgeführt, z. B. als Stößel (Rollen, Dach- oder Kuppelstößel) oder als Hebel (Rollenhebel). [**Neudörfer 2011**, S.531]
Betrachtungs-abstand	Abstand zwischen Auge und betrachtetem Bild. Der Betrachtungsabstand entspricht dem Leseabstand zum Text. Bei stetig wechselnder Aufnahme von Bild und Text (z. B. in Anleitungen mit Illustrationen), sollten Bildelemente so gestaltet werden, dass sie bei einem Betrachtungsabstand von ca. 25 cm (entspricht optimalem Leseabstand) gut zu erkennen sind. Bei Strichzeichnungen beeinflusst der Betrachtungsabstand die zu wählenden Strichstärken im Bild. [**Hennig Tjarks-Sobhani 1998**, S.41]
Betreiber	Person oder Gruppe, die für den sicheren Gebrauch des Geräts und dessen Instandhaltung verantwortlich ist [**DIN EN 61010-1**:2011-07]
	Natürliche oder juristische Person, die Produkte (z. B. Maschinen oder Anlagen) innerhalb der bestimmungsgemäßen Verwendung nutzt und für den ordnungs- bzw. bestimmungsgemäßen Gebrauch rechtlich verantwortlich ist. [Vgl. **Neudörfer 2011**, S.531]
	Betreiber als Sicherheitsbegriff: Natürliche oder juristische Person, die verantwortlich ist, für die Verwendung und die Instandhaltung des Produktes und sicherstellen muss, dass die Nutzer (z. B. die Bediener) des Produktes angemessen eingewiesen wurden.
Betrieb	Zeitraum bzw. Handlung der bestimmungsgemäßen Nutzung eines Produktes (z. B. Maschinen oder Anlagen) vom Zeitpunkt der abgeschlossenen Inbetriebnahme an bis zur Stilllegung des Produktes. [Vgl. **Weber 2008**, S.299]
Betrieb, bestimmungsgemäßer	→ bestimmungsgemäßer Betrieb
Betrieb, kollaborierender	Zustand, in dem hierfür konstruierte Roboter innerhalb eines festgelegten Arbeitsraums direkt mit dem Menschen Zusammenarbeiten. [**DIN EN ISO 10218-1**:2012-01]
betrieblicher Brandschutz	→ Brandschutz, betrieblicher
Betrieb, Manueller	→ Manueller Betrieb

Betrieb, nicht bestimmungsgemäßer	→ nicht bestimmungsgemäßer Betrieb
Betrieb, Normalbetrieb	→ Normalbetrieb
Betriebsanleitung	Vom Hersteller eines technischen Systems, einer Maschine oder eines Gebrauchsgutes zu liefernde produktbegleitende Darstellung der Produktmerkmale, der Grund- und Neueinstellungen, der Pflege und Instandhaltung sowie der technischen Daten. [**Schmidtke 2013**, S.672]

Die Betriebsanleitung deckt alle Phasen des Produktlebenszyklus eines Geräts, einer Maschine oder Anlage ab. Das umfasst sämtliche Arbeiten vom Transport über die Installation, den Betrieb und die Entsorgung. Betriebsanleitungen können sehr umfangreich sein und hunderte von Ordnern umfassen. Daher ist es manchmal sinnvoll, sie in die Lebensphasen eines Produkts zu unterteilen, z. B. in die Transportanleitung, die Montageanleitung, die Bedienungsanleitung, die Wartungsanleitung und die Entsorgungsanleitung. [**Thiele 2011**, S.24]

Die Betriebsanleitung
- ist grundsätzlich Bestandteil des Lieferumfangs (Original-Betriebsanleitung und Übersetzung in der Sprache des Verwenderlandes),
- ist seit dem 1. Januar 1993 Voraussetzung für die EG-Konformitätserklärung bzw. EG-Baumusterprüfung und das Anbringen des CE-Kennzeichens an der Maschine,
- soll im Rahmen der Produkthaftung den Bediener in die Lage versetzen, sich vor Schäden und Unfällen zu schützen (Instruktion- und Warnungspflichten, Sicherheitshinweise),
- soll den Bediener ferner unterstützen (neben Bedienerschulung usw.), wie er die Maschine bestimmungsgemäß einsetzen und daraus den vollen Funktionsnutzen erzielen kann (Informationspflicht, Bedienbarkeit),
- soll als Marketinginstrument (Kommunikation mit dem Anwender, Corporate Identity) dienen.
Oberster Grundsatz bei der inhaltlichen Ausgestaltung von Bedienungsanleitungen ist, dass Bedienungsanleitungen keinen Fehler enthalten dürfen. Aus Gründen der Instruktionspflicht hat der Hersteller vor allem dafür zu sorgen, dass die Betriebsanleitungen für seine Produkte vollständig, eindeutig und ehrlich abgefasst sind. Für unvollständige Maschinen ist gemäß Maschinenrichtlinie 2006/42/EG keine Bedienungs- sondern eine Montageanleitung gefordert. [**Schneider 2008**, S.200f] |
| Betriebsanweisung | Innerbetriebliche Festlegungen des Unternehmers bzw. Arbeitgebers, in denen festgelegt und geregelt wird, wie Beschäftigte mit einem technischen System, einer Maschine oder einem Gebrauchsgut umzugehen haben. Die Betriebsanweisungen enthalten Angaben über Arbeitsplätze, Arbeitsabläufe, Verfahrensanweisungen, Einsatzbedingungen, mögliche Betriebsstörungen und erfor- |

derliche Qualifikationen der Beschäftigten, sowie Hinweise zum sicherheitsgerechten Verhalten im Betrieb und der Vermeidung von Unfall- und Gesundheitsgefahren und zur Erste Hilfe. Die Betriebsanweisungen sind entsprechend den Regeln und Vorschriften im BGVR (der Genossenschaft) und den gesetzlichen Vorgaben zu erstellen. Es ist wichtig, die Betriebsanweisungen in standardisierter und verständlicher Form, Sprache und Darstellung zu erstellen und sie an geeigneter Stelle bekannt zu machen. Betriebsanweisungen können auch als Grundlage für Schulungen und Unterweisungen dienen. [Vgl. **Schmidtke 2013**, S.672]

Betriebsart	Produkte, wie Maschinen oder Anlagen, die über eine Steuerung automatisch betrieben werden, verfügen aus Gründen der funktionalen Sicherheit über verschiedene Betriebsarten. Üblich sind dabei mindestens zwei Betriebsarten: der Automatikbetrieb und der Einrichtbetrieb. Eine weitere Variante ist z. B. der Tippbetrieb, wobei eine gefahrbringende Bewegungen am Produkt nur während der Betätigung eines Befehlsgebers ausgeführt wird setzt sie nach dem Loslassen unverzüglich stillsteht. Wenn ein Produkt über mehrere Betriebsarten verfügt, sollten diese in einem eigenen Kapitel in der Betriebsanleitung beschrieben werden. In diesem Kapitel muss auch dargestellt werden, wie zwischen den Betriebsarten umgestellt werden kann und woran am Produkt erkannt werden kann, in welcher Betriebsart es sich gerade befindet. Verschiedene Normen regeln den sicherheitstechnischen Umgang mit dem Thema Betriebsarten. Sie schreiben dabei vor, in welcher Weise die funktionale Sicherheit an den automatischen Einheiten eines Produktes gewährleistet werden kann. So legt die Norm DIN EN 61511-1 für die Prozessindustrie fest, in welchen Modi die sicherheitstechnischen Funktionen betrieben werden sollten. Die Norm DIN EN 62061:2013-09 beschreibt, in welcher Weise sicherheitsbezogene Steuerungsfunktionen betrieben werden. Die Norm DIN EN 61508-1:2011-02 beschreibt, in welcher Weise ein sicherheitsbezogenes System unter Berücksichtigung der Anforderungsrate betrieben wird. [Vgl. **Börcsök 2009**, S.17] Für Werkzeugmaschinen legt die Norm DIN EN 12415:2003-05 die Befehlsarten der numerischen Steuerung fest, in welchen Eingaben als auszuführende Funktionen interpretiert werden. Vier Befehlsarten werden dabei aufgeführt: die Befehlsart „Manuell gesteuert", die Befehlsart „Manuelle Dateneingabe", die Befehlsart „Einzelsatz" und die Befehlsart „Automatikbetrieb". [Vgl. **DIN EN 12415**:2003-05]
Betriebsart Automatik	Betriebsart, in der die Steuerung des Roboters das Anwenderprogramm abarbeitet. [**DIN EN ISO 8373**:2010-11]
Betriebsart Produktion	Der automatische, programmierte und fortlaufende Betrieb der Maschine mit der Möglichkeit zum manuellen oder automatischen Be- und Entladen von Werkstücken. [**DIN EN 12415**:2003-05]

Betriebsart Einrichten	Betriebsart, in der der Bediener Einstellungen für den nachfolgenden Bearbeitungsprozess durchführt. Das Programmieren, Testen und der manuelle nicht fortlaufende Betrieb der Maschine (bei nicht unterbrochener Energiezufuhr). ANMERKUNG Diese Betriebsart schließt z. B. Prüfung der Programmfolge, Messung der Werkzeug- oder Werkstückposition [...] ein. [**DIN EN 12415**:2003-05]
Betriebsart, manuelle	Steuerungszustand, der die direkte Steuerung durch eine Bedienperson ermöglicht ANMERKUNG [..] Gelegentlich auch als „Betriebsart Teachen" bezeichnet, wenn Programmpunkte eingestellt sind [**DIN EN ISO 10218-1**:2012-01]
Betriebsart Teachen	→ Betriebsart, manuelle → Teachen
Betriebsbedingungen	Sicherheitstechnische Angabe der notwendigen äußeren Bedingungen und Vorraussetzungen für einen sicheren Betrieb der Maschine oder Anlage. Üblicherweise werden diese in den Technischen Daten der Betriebsanleitung angegeben. Solche Betriebsbedingungsangaben sind z. B. die Angaben von minimaler und maximaler Luftfeuchtigkeit und Raumtemperatur der Umgebungsluft; der Hinweis auf die notwenige Ebenheit des Aufstellortes; oder der Hinweis die Maschine oder Anlage keiner direkter Sonneneinstrahlung auszusetzen.
Betriebsbereitschaft	Zustand einer technischen Einrichtung, in dem der Betrieb unverzüglich aufgenommen werden kann [**Schmidtke 2013**, S.672]
Betriebsbereitschaft, Herstellung der	→ Herstellung der Betriebsbereitschaft
Betriebsdatenerfassung, BDE	ist ein Verfahren zur automatisierten Erfassung und Verarbeitung von Zustands- und Ergebnisdaten aus Produktion und Logistik. [**Hompel 2011**, S.33]
Betriebsdauer	Dauer bzw. Zeitintervall, in dem die Betrachtungseinheit die geforderte Funktion erfüllt. [**Börcsök 2009**, S.18]
Betriebsdruck	Druck, bei dem das System bestimmungsgemäß betrieben werden soll. [**DIN EN 528**:2009-02] Der Bedriebsdruck ist zu unterscheiden vom maximalen Arbeitsdruck.
Betriebs- und Überwachungseinrichtung	System, das auf Prozess-Signale (Eingangssignale) reagiert, auf Anfragen von anderen Systemen oder Bedienern antwortet und Ausgangssignale erzeugt, um die entsprechenden technischen Einrichtungen in der gewünschten Weise zu steuern. [**Börcsök 2009**, S.17]

Betriebshandbuch	Zusammenstellung allgemeiner betrieblicher Sicherheitsvorschriften sowie aller sicherheits- und betriebsrelevanten Anweisungen an das Betriebspersonal. [**Weber 2008**, S.300]
Betriebskoeffizient	Arithmetisches Verhältnis zwischen der vom Hersteller oder seinem Bevollmächtigten garantierten Last, die das Bauteil höchstens halten kann, und der auf dem Bauteil angegebenen maximalen Tragfähigkeit. [**MRL 2006/42/EG**, Anhang I]
Betriebsmittel	[Sind] Geräte und ortsfeste Anlagen [**EMVG** vom 26.02.2008], [**RICHTLINIE 2014/30/EU**]
	Technische Einrichtungen, Gegenstände und Arbeitsmittel, die zur Erfüllung einer Arbeitsaufgabe an einem Produkt benötigt werden, aber nicht Bestandteil des Produktes sind. Dies können Maschinen, Werkzeuge, Vorrichtungen, Werkstoffe usw. sein. [Vgl. **Schmidtke 2013**, S.672]
Betriebsmittel, handgehaltenes	Kann während der Bedienung in einer Hand gehalten und mit der anderen Hand bedient werden. [**DIN EN 61131-2**:2008-04]
Betriebsmittel, offenes	Betriebsmittel, bei welchem die Berührung aktiver Teile möglich ist, z. B. eine Hauptverarbeitungseinheit. Offene Betriebsmittel sind so in andere Montageaufbauten einzubauen, dass diese Schutz gewährleisten. [**DIN EN 61131-2**:2008-04]
Betriebsmittel, tragbares	Betriebsmittel, das eine geschlossene Einheit darstellt und während des Einsatzes tragbar ist oder dessen Einsatzort gewechselt werden kann. Das Wechseln des Standortes, während des Betriebs, ist möglich, solange das Gerät an der Stromversorgung angeschlossen ist. [**DIN EN 61131-2**:2008-04]
Betriebsmittel, elektrisches	Gesamtheit von Bauteilen, elektrischen Stromkreisen oder Teilen von elektrischen Stromkreisen, die sich üblicherweise in einem einzigen Gehäuse befinden [**DIN EN 50020**:2003-08]
Betriebsmittelklasse	Klassennummern geben die Schutzmaßnahmen gegen elektrischen Schlag unter normalen Bedingungen sowie unter Einzelfehlerbedingungen des installierten Betriebsmittels an. Dabei werden folgende Abstufungen unterschieden: - Schutzklasse I: Schutz beruht auf Basisisolierung sowie zusätzlichen Maßnahmen; - Schutzklasse II: Basisisolierung reicht nicht aus und muss durch doppelte oder verstärkte Isolierung ersetzt werden; - Schutzklasse III: Es müssen Schutzmittel gegen Sicherheitskleinspannungen vorliegen. [**Börcsök 2009**, S.18]
Betriebssicherheitsverordnung	→ BetrSichV, Betriebssicherheitsverordnung

Betriebsstätte mit beschränktem Zutritt	Betriebsstätte mit eingeschränkter Zugänglichkeit, für welche sowohl gilt, dass der Zugang zu diesem Bereich nur für Instandhalter, sowie Benutzern, die über die Gründe für die Beschränkung des Zutritts zur Betriebsstätte und über alle zu beachtenden Vorsichtsmaßnahmen informiert sind, möglich ist. Und der Zugang zu diesem Bereich muss durch Werkzeug oder Schloss und Schlüssel (oder auf andere Weise) gesichert sein und wird von dem für die Betriebsstätte Verantwortlichen überwacht. [Vgl. **DIN EN 60950-1**:2014-08]
Betriebszeit	Angabe in den Technischen Daten. Mittlere Betriebszeit in Stunden je Tag.
Betriebszuverlässigkeit	Überlebenswahrscheinlichkeit in Bezug auf die Betriebszeit technischer Erezeugnisse oder Systeme. [**Börcsök 2009**, S.19]
Betrieb, ungestörter	Betrieb eines eigensicheren Betriebsmittels oder eines zugehörigen Betriebsmittels innerhalb der vom Hersteller dafür festgelegten elektrischen und mechanischen Konstruktionsdaten [**DIN EN 50020**:2003-08]
BetrSichV, Betriebssicherheitsverordnung	Verordnung über Sicherheit und Gesundheitsschutz bei der Verwendung von Arbeitsmitteln und deren Benutzung bei der Arbeit, über Sicherheit beim Betrieb überwachungsbedürftiger Anlagen und über die Organisation des betrieblichen Arbeitsschutzes. Ein Schwerpunkt dieser Verordnung sind Regelungen für überwachungsbedürftige Anlagen. Die Verordnung behandelt außerdem Themen, wie Gesundheitsschutz und Sicherheit in Bezug auf die Bereitstellung und die Benutzung von Arbeitsmitteln, sowie den betrieblichen Arbeitsschutz.
Bevollmächtigter	[Nach dem Produktsicherheitsgesetz] ist Bevollmächtigter jede im Europäischen Wirtschaftsraum ansässige natürliche oder juristische Person, die der Hersteller schriftlich beauftragt hat, in seinem Namen bestimmte Aufgaben wahrzunehmen, um seine Verpflichtungen nach der einschlägigen Gesetzgebung der Europäischen Union zu erfüllen [**ProdSG** vom 08.11.2011]
	[Nach der Maschinenrichtlinie ist Bevollmächtigter] jede in der Gemeinschaft ansässige natürliche oder juristische Person, die vom Hersteller schriftlich dazu bevollmächtigt wurde, in seinem Namen alle oder einen Teil der Pflichten und Formalitäten zu erfüllen, die mit dieser Richtlinie [der Maschinenrichtlinie] verbunden sind [**MRL 2006/42/EG**]
bewegliche trennende Schutzeinrichtung	→ Schutzeinrichtung, bewegliche trennende

Bewegung, gefahrbringende	Bewegung, die voraussichtlich zu Verletzungen oder Gesundheitsschädigungen bei Personen führen kann. [**DIN EN ISO 10218-1**:2012-01] Ist eine Bewegung von Maschinen, Maschinenelementen, Antriebselementen, Werkzeugen, Arbeitsgegenständen usw., die Gefahrstellen oder Gefahrquellen bilden und Menschen gefährden. [**Neudörfer 2011**, S.531]
Beweislast	Entsprechend dem allgemeinen Beweisgrundsatz muss derjenige, der ein Recht in Anspruch nimmt, die rechtsbegründenden Tatsachen beweisen. Ihre Bedeutung ergibt sich, wenn nach einer gerichtlichen Beweisaufnahme nicht feststeht, ob die behauptete Tatsache wahr (= bewiesen) oder unwahr (= unbewiesen) ist. In einem solchen Fall wird vom Tatrichter zu Lasten der Partei entschieden, welche die Beweislast trägt. Eine Beweislast-Umkehr ist ein Abweichen von diesem Grundsatz. Sie ist möglich, wenn die beweisbelastete Partei keine Möglichkeit zur Beweisführung hat, der Gegenpartei die umgekehrte Beweisführung aber relativ leicht fällt. In der Produkthaftung hat die Rechtsprechung die allgemeine Beweislastregel zugunsten des Geschädigten erheblich modifiziert und umgekehrt. [**VDI 4500 Blatt 1**:2006-06]
Beweislastumkehr	Zeigt sich innerhalb von sechs Monaten seit Gefahrübergang ein Sachmangel, so wird vermutet, dass die Sache bereits bei Gefahrübergang mangelhaft war, es sei denn, diese Vermutung ist mit der Art der Sache oder des Mangels unvereinbar. [**BGB**, Stand 20.11.2015] Umkehr der allgemeinen Regeln für die Beweislast durch gesetzliche Bestimmungen (z. B. im Umweltrecht oder durch Richterrecht). Der Versuch der Beweislastumkehr durch Allgemeine Geschäftsbedingungen ist unzulässig und damit rechtsunwirksam. [**Hennig Tjarks-Sobhani 1998**, S.42f]
Beweisvermutung	Wenn der Hersteller eines Produktes mittels einer Konformitätserklärung versichert, dass er dieses Produkt entsprechend harmonisierter EG-Richtlinien und Normen gebaut hat, dann sind die Behörden verpflichtet anzunehmen, dass der Hersteller die Anforderungen der EG-Richtlinien eingehalten hat. Diese Vorannahme der Behörden dem Hersteller gegenüber wird Beweisvermutung genannt. Es ist seitens der Behörden dann davon auszugehen, dass das Mindestmaß an geforderter Sicherheit erfüllt ist. Dieses Vorgehen ermöglicht eine einfache Zertifizierung und soll die Unternehmen dazu anregen, ein normenkonformes Vorgehen umzusetzen. [Vgl. **Börcsök 2009**, S.19]
Bewertung	[Für das Verfahren der Konformitätsbewertung heißt Bewertung:] Verifizieren, ob die Auswahl- und Ermittlungstätigkeiten und deren Ergebnisse hinsichtlich der Erfüllung der festgelegten Anforderungen durch den Gegenstand der Konformitätsbewertung geeignet,

	angemessen und Wirksam. [**DIN EN ISO/IEC 17000**:2005-03]
Bezeichner	Ein oder mehrere Schriftzeichen, das/die dazu dient/en, eine Datenkategorie zu identifizieren oder mit einem Namen zu versehen. [**DIN EN ISO 10209**:2012-11]
Bezeichnung der Anleitung	Anleitungen können verschiedene Bezeichnungen tragen. Dies muss aber im Rahmen der gesetzlichen Regeln stattfinden. So gehört zu jeder ausgelieferten vollständigen Maschine eine „Betriebsanleitung" und zu jeder unvollständigen Maschine eine „Montageanleitung". Hier ein kleine Aufzählung möglicher Bezeichnungen von Anleitungen: Betriebsanleitung, Bedienungsanleitung, Montageanleitung, Benutzerinformation, Wartungsanleitung, Serviceanleitung. Bei der Erstellung der Anleitung ist wichtig zu beachten, dass die Bezeichnung der Anleitung Bestandteil des Deckblattes ist.
Bezugsebene	Horizontale Ebene, die parallel zur Zentralprojektionslinie liegt, auf der der Betrachter steht (monokulare Betrachtung) [**DIN EN ISO 10209**:2012-11]
Bezugslinie	Durchdringungslinie zwischen der Projektions- und der Bezugsebene [**DIN EN ISO 10209**:2012-11]
BGB, Bürgerliches Gesetzbuch	Ist Teil des Privatrechts und enthält die allgemeinen Regelungen für den Rechtsverkehr der Bürger der Bundesrepublik Deutschland im täglichen Leben miteinander und zur Umwelt. Das bürgerliche Gesetzbuch ist den einzelnen Rechtsgebieten des Privatrechts, wie dem Handelsrecht, dem Gesellschaftsrecht, dem Arbeitsrecht übergeordnet. In insgesamt fünf Büchern sind im bürgerlichen Gesetzbuch allgemeine Vorschriften, persönliche Rechtsbeziehungen zweier Beteiligter (Schuldrecht), dingliche Zuordnung des Eigentums an beweglichen Sachen und Grundstücken sowie Eigentumsbeschränkungen (Sachrecht), familienrechtliche Verhältnisse (Familienrecht) und rechtliche Verhältnisse nach dem Tod (Erbrecht) geregelt. [Vgl. **Hennig Tjarks-Sobhani 1998**, S.43f]
BGG, Berufsgenossenschaftliche Grundsätze	Gelten als Maßstäbe in bestimmten Verfahrensfragen, z. B. hinsichtlich der Durchführung von Prüfungen, u. a. der Prüfung von überwachungsbedürftigen Anlagen [Vgl. **Hompel 2011**, S.29]
BGI, Berufsgenossenschaftliche Informationen	Enthalten Hinweise und Empfehlungen, die die praktische Anwendung von Regelungen zu einem bestimmten Sachgebiet oder Sachverhalt erleichtern sollen. [**Hompel 2011**, S.29]

BGR, Berufsgenossenschaftliche Regeln	Diese Regeln konkretisieren und erläutern die staatlichen Arbeitsschutzvorschriften und Unfallverhütungsvorschriften. Die Regeln beinhalten Lösungen, welche die Sicherheit verbessern und die Erhaltung der Gesundheit der Arbeiter bei deren Arbeit erleichtern. Im Einzelnen bestehen die Inhalte der Regeln aus: - staatlichen Arbeitsschutzvorschriften (Gesetze, Verordnungen), - Berufsgenossenschaftliche Vorschriften (Unfallverhütungsvorschriften), - Technischen Spezifikationen, - Erfahrungen berufsgenossenschaftlicher Präventionsarbeit [Vgl. **Weber 2006**, S.371]
BGV, Berufsgenossenschaftliche Vorschriften	Enthalten Vorschriften für Sicherheit und Gesundheit bei der Arbeit und sind Unfallverhütungsvorschriften im Sinne des § 15 SGB VII. [Vgl. **Weber 2008**, S.300]
BGVR, Berufsgenossenschaftliche Vorschriften- und Regelwerk	Dieses Verzeichnis der Berufsgenossenschaftlichen Vorschriften und Regeln ist ein Verzeichnis der gültigen BG-Vorschriften (BGV), BG-Regeln (BGR), BG- Informationen (BGI), BG-Grundsätze (BGG), Staatliche Vorschriften (CHV), Technische Regeln (TRB) und ZH 1 Schriften (ZH 1).
BGW, Biologischer Grenzwert	Nach § 2 Gefahrstoffverordnung der Grenzwert für die toxikologisch-arbeitsmedizinisch abgeleitete Konzentration eines Stoffes, seiner Metaboliten oder eines Beanspruchungsindikators, bei dem die Gesundheit von Beschäftigten im Allgemeinen nicht beeinträchtigt wird. [**Bender 2013**, S.580]
BImSchG, Bundes-Immissionsschutzgesetz	Gesetz zum Schutz vor schädlichen Umwelteinwirkungen, die durch Luftverunreinigungen, Geräusche, Erschütterungen und ähnliche Vorgänge verursacht werden können. [**Börcsök 2009**, S.19]
Bioakkumulation	Vorgang, bei dem sich Stoffe im Organismus oder in der Umwelt anreichern. [**Bender 2013**, S.580]
Biologischer Grenzwert	→ BGW, Biologischer Grenzwert
Blockschaltplan	Übersichtsplan, in welchem überwiegend sogenannte Blocksymbole verwendet werden. [Vgl. **ISO 15519-1**:2010-03]
Blockschaltschema	→ Blockschaltplan
Bogen	Linie, die eine Kurve ohne Knickpunkte beschreibt [**DIN EN ISO 81714-1**:2010-11]

Braille	Schreibsystem aus einer Reihe von zweidimensionalen Mustern von erhabenen Punkten, das mit den Fingern gelesen wird [**DIN EN 82079-1**:2013-06]
brandfördernde Stoffe	[Stoffe], wenn sie in der Regel selbst nicht brennbar sind, aber bei Kontakt mit brennbaren Stoffen oder Zubereitungen, überwiegend durch Sauerstoffabgabe, die Brandgefahr und die Heftigkeit eines Brands beträchtlich erhöhen [**GefStoffV vom 26. November 2010**, Stand 2015, §3 Gefährlichkeitsmerkmale]
Brandgefahr	Möglichkeit, dass durch Brand Schaden für Leib oder Leben und/oder Sachschaden und/oder Umweltschaden eintritt (ISO/IEC Guide 52) [**DIN EN 13478**:2008-12]
Brandmelde-anlage	Anlage, die den Brandausbruch entdeckt und Notfallmaßnahmen auslöst [**DIN EN 13478**:2008-12]
Brandmelde-Zeichnung	Zeichnung, die den Standort der Brandmelde-Einrichtung und des Kabelnetzes zeigt, das Teil einer Brandmelde-Anlage ist, sowie die Melder, Kabel und Zentraleinheit kennzeichnet [**DIN EN ISO 10209**:2012-11]
Brandrisiko	Verknüpfung der Eintrittswahrscheinlichkeit von Schäden durch einen Brand und der Höhe des möglichen Schadens [**DIN EN 13478**:2008-12]
Brandschutz	Maßnahmen, wie Konstruktionsmerkmale, Systeme, Ausrüstungen, Gebäude oder andere Einrichtungen, die die Gefährdung von Personen und Sachen durch Feuer verringern, indem sie dieses erkennen, löschen oder eingrenzen (ISO 8421-1) [**DIN EN 13478**:2008-12]
Brandschutz, betrieblicher	Alle von der Betriebsleitung des Maschinenbenutzers getroffenen Maßnahmen zur Brandbekämpfung durch betriebseigenes Personal [**DIN EN 13478**:2008-12]
Brandschutz, öffentlicher	Alle Maßnahmen einer Gemeinde zur Bekämpfung von Bränden durch Feuerwehren entsprechend den örtlichen Verhältnissen [**DIN EN 13478**:2008-12]
Brandschutz-beauftragter	Mitarbeiter oder Berater, der die Brandschutzmaßnahmen für das gesamte Unternehmen oder Teile davon bewertet [**DIN EN 13478**:2008-12]
Brandschutz-zeichen	Sicherheitszeichen, das den Standort von Brandmelde- und Feuerlöscheinrichtungen kennzeichnet [**DIN ISO 3864-1**:2012-06]
Brand-verhütung	Maßnahmen zur Verhinderung eines Brandausbruches und/oder zur Begrenzung der Brandfolgen (ISO 8421-1) [**DIN EN 13478**:2008-12]

Brennbarkeit	Eigenschaft eines Stoffes, brennen zu können. ANMERKUNG Die genaue Beurteilung der Brennbarkeitseigenschaften eines Materials ist abhängig von den Betriebsbedingungen der Maschine und von der Form des Materials (z. B. Späne, Staub). [**DIN EN 13478**:2008-12]
Brennen	Üblicherweise mit Flamme und/oder Glut und/oder Rauchentwicklung ablaufende exotherme Reaktion zwischen einem Stoff und einem Oxidationsmittel (ISO/IEC Guide 52). [**DIN EN 13478**:2008-12]
Bruchrisiko beim Betrieb	[Die Maschinenrichtlinie macht folgende Angaben zum Thema Bruchrisiko:] Die verschiedenen Teile der Maschine und ihre Verbindungen untereinander müssen den bei der Verwendung der Maschine auftretenden Belastungen standhalten. Die verwendeten Materialien müssen – entsprechend der vom Hersteller oder seinem Bevollmächtigten vorgesehenen Arbeitsumgebung der Maschine – eine geeignete Festigkeit und Beständigkeit insbesondere in Bezug auf Ermüdung, Alterung, Korrosion und Verschleiß aufweisen. In der Betriebsanleitung ist anzugeben, welche Inspektionen und Wartungsarbeiten in welchen Abständen aus Sicherheitsgründen durchzuführen sind. Erforderlichenfalls ist anzugeben, welche Teile dem Verschleiß unterliegen und nach welchen Kriterien sie auszutauschen sind. Wenn trotz der ergriffenen Maßnahmen das Risiko des Berstens oder des Bruchs von Teilen weiter besteht, müssen die betreffenden Teile so montiert, angeordnet und/oder gesichert sein, dass Bruchstücke zurückgehalten werden und keine Gefährdungssituationen entstehen. [**MRL 2006/42/EG**, Anhang I]
Bundes-Immissionsschutzgesetz, BImSchG	→ BImSchG, Bundes-Immissionsschutzgesetz
Bürgerliches Gesetzbuch, BGB	→ BGB, Bürgerliches Gesetzbuch
BWS	→ Schutzeinrichtung, berührungslos wirkende
CAD	Rechnerunterstütztes Konstruieren
CAD/CAM	Rechnerunterstützte Konstruktion und Fertigung. Einbeziehung von CAD, CAP, und CAM über einheitliche Datenschnittstellen mit freiem Zugriff aller Bereiche eines Unternehmens auf die gemeinsame CAD-Datenbank. [**Kief 2013**, S.595]
CAD-Modell	Strukturierter CAD-Datenbestand, der entsprechend den physischen Teilen der dargestellten Objekte gegliedert ist, z. B. ein Gebäude oder ein mechanisches Gerät. ANMERKUNG Modelle können zweidimensional oder dreidimensional sein; sie können graphische wie nichtgraphische, den Objek-

	ten zugeordnete Daten beinhalten. [**DIN EN ISO 13567-1**:2002-12]
CAD-Zeichnung	Ausgewählte, auf einem Bildschirm oder Papier dargestellte Teile eines CAD-Modells. ANMERKUNG Die Übersichtlichkeit auf der Zeichnung kann durch Ansichten und Layer geregelt werden. Die Zeichnung kann zusätzliche Grafiken enthalten wie Begrenzungslinien, Schriftfelder und Legenden. CAD-Zeichnungen können auch unabhängig vom CAD-Modell erstellt werden (ein zeichnungsorientierter Ansatz gegenüber dem modellorientierten Ansatz). [**DIN EN ISO 13567-1**:2002-12]
CAM	Rechnerunterstützte Fertigung
CAP	Rechnerunterstützte Planung
CD	→ Corporate Design, CD
CE-Dokumentationsbevollmächtigter	Ist eine natürliche Person die verantwortlich ist für das Zusammenstellen der technischen Unterlagen zu einem Produkt für den Fall, dass von behördlicher Seite die Übergabe dieser Unterlagen angefordert wird. Der Anhang II der Maschinenrichtlinie 2006/42/EG (MRL) fordert in der EG –Konformitätserklärung für Maschinen, sowie der Einbauerklärung für unvollständige Maschinen die Nennung einer Person mit Name und Anschrift, welche innerhalb der Europäischen Gemeinschaft ansässig ist und von Seiten der das Produkt herstellenden Firma bevollmächtigt ist, die technischen Unterlagen zusammenzustellen.
CE-Kennzeichnung	[Ist] CE-Kennzeichnung die Kennzeichnung, durch die der Hersteller erklärt, dass das Produkt den geltenden Anforderungen genügt, die in den Harmonisierungsrechtsvorschriften der Europäischen Union, die ihre Anbringung vorschreiben, festgelegt sind [**ProdSG** vom 08.11.2011] CE steht als Abkürzung für Communautés Européennes (Europäische Gemeinschaften). Die CE-Kennzeichnung – auch CE-Konformitätskennzeichnung – zeigt an, dass das Produkt die Anforderungen der einschlägigen Richtlinien erfüllt und deshalb gewissermaßen als „Reisepass für den freien Warenverkehr in der EU" dient. Für Erzeugnisse, die mehreren Richtlinien unterliegen, sagt die CE-Kennzeichnung aus, dass die Anforderungen aller betroffenen Richtlinien erfüllt sind, wobei in jeder einzelnen Richtlinie aufgeführt ist, welche Voraussetzungen bei der CE-Kennzeichnung einzuhalten sind. Merke: Das CE-Kennzeichen ist ein Richtlinienkonformitätszeichen und kein Qualitäts- oder Normenkonformitätszeichen. [**Schneider 2008**, S.201] Die meisten technischen Produkte dürfen ohne CE-Kennzeichnung nicht mehr in den Verkehr gebracht werden. Der Hersteller hat zur Erlangung der CE-Kennzeichnung verschiedene Arbeitsschritte durchzuführen. Dieser Prozess wird Konformitätsbewertungsverfah-

ren genannt und umfasst mindestens folgende Einzelmaßnahmen: Durchführung und Erstellung einer Risikobeurteilung incl. Durchführung konstruktiver Maßnahmen zur Gefahrenverringerung; Erstellung einer Betriebsanleitung; Bestimmen eines Dokumentationsbeauftragten; Zusammenstellen der den Produktlebenszyklus widerspiegelnden internen Dokumentation; Erstellung einer EG-Konformitätserklärung. Als Abschluss muss des CE-Zeichen mit dem vorgegebenen Schriftbild aus den Buchstaben „CE" mit festgelegten Proportionen und mindestens 5 mm Höhe auf dem Produkt angebracht werden. Inhalte und Umfang der zusammenzustellenden Unterlagen sind in den Anhängen der EG-Richtlinien konkret spezifiziert. Diese sind bereitzuhalten für anfragende Behörden.

CE-Koordinator	→ CE-Dokumentationsbevollmächtigter
CEN/CENELEC	(Comité Européen de Normalisation/ Comité Européen de Normalisation Electrotechnique) sind privatrechtliche europäische Normenorganisationen für Industrie, Gewerbe und Handwerk. Sie erarbeiten im Mandat der Europäischen Kommission EN-Normen, um abstrakte Zielvorgaben von EG-Richtlinien zu konkretisieren. [**Neudörfer 2011**, S.532]
ChemG	Amtliche Abkürzung für Gesetz zum Schutz vor gefährlichen Stoffen, Chemikaliengesetz. [**Bender 2013**, S.580]
CIL, Computer-integrated Logistics	Bezeichnet die zentrale computerintegrierte Steuerung aller logistischen Prozesse durch Informationstechnologien über eine oder mehrere Wertschöpfungsketten hinweg. [**Hompel 2011**, S.53]
CIP, Cleaning in place	Reinigung ohne Demontage von für diesen Zweck gestalteten Ausrüstungen oder Systemen mittels Beaufschlagung von Oberflächen mit chemischen Lösungen, Reinigungsflüssigkeiten und Spülwasser und Zirkulation innerhalb des Systems. [**DIN EN ISO 14159**:2008-07]
CLP-Verordnung	Verordnung (EG) Nr. 1272/2008 über die Einstufung, Kennzeichnung und Verpackung von Stoffen und Gemischen. Die CLP-Verordnung soll ein hohes Schutzniveau für die menschliche Gesundheit und für die Umwelt sicherstellen. Die Verordnung regelt den Warenverkehr von chemischen Stoffen und Erzeugnissen. Durch die Verordnung sollen gefährliche Chemikalien identifiziert und Nutzer über die Gefahren, mit Hilfe von vereinheitlichten Symbolen und –sätzen, informiert werden. In Deutschland übernahm diese Aufgabe bisher die Stoffrichtlinie. Mit dem Inkrafttreten der neuen europäischen CLP-Verordnung wurde die Stoffrichtline ersetzt.

Corporate Design, CD	Der Begriff Corporate Design [...] bzw. Unternehmens-Erscheinungsbild bezeichnet einen Teilbereich der Unternehmens-Identität [...] und beinhaltet das gesamte, einheitliche Erscheinungsbild eines Unternehmens oder einer Organisation. Dazu gehören vorrangig die Gestaltung der Kommunikationsmittel [...] aber auch die Gestaltung der Geschäftspapiere, Werbemittel, Verpackungen, Internetauftritte und die Produktgestaltung, [...] um ein einheitliches und positives Bild des Unternehmens in der Öffentlichkeit sowie einen hohen Bekanntheitsgrad desselben zu erreichen (Wiedererkennungswert, Markenbekanntheit). [**Schlagowski 2015**, S.691]
Compliance	Compliance bezeichnet die Gesamtheit aller zumutbaren Maßnahmen, die das gesetzes und regelkonforme Verhalten eines Unternehmens, seiner Organisationsmitglieder und seiner Mitarbeiter im Hinblick auf alle gesetzlichen Ge- und Verbote begründen. Darüber hinaus soll die Übereinstimmung des unternehmerischen Geschäftsgebarens auch mit allen gesellschaftlichen Richtlinien und Wertvorstellungen, mit Moral und Ethik gewährleistet werden. Es geht also um die Erfüllung und Konformität mit Gesetzen sowie mit Regeln, Grundsätzen und Spezifikationen. Compliance umfasst ebenfalls Standards und Konventionen, die klar definiert worden sind. Sofern nicht der englische Begriff verwendet wird, kann im Deutschen von „Regelüberwachung" gesprochen werden. Sie wird in der Regel durch organisatorische Maßnahmen unterstützt. [**Quentmeier 2012**, S.13]
	Compliance ist ein Rechtsbegriff und stammt aus der betriebswirtschaftlichen Fachsprache. Compliance heißt ins Deutsche übertragen „Regelkonformität". Der Begriff Compliance bezeichnet dabei neben der Einhaltung von Gesetzen und Richtlinien durch das Unternehmen gleichzeitig auch die firmeninterne Einhaltung eines freiwilligen internen Firmenkodizes, der Regeln und Richtlinien des wirtschaftlichen und sozialen Handelns und des Auftretens der Firma enthalten kann.
Concurrent Engineering	Koordinierung paralleler Aktivitäten im Produktlebenszyklus, insbesondere in den Phasen bis zur Markteinführung. [**DIN ISO 15226**:1999-10]
Content Management System, CMS	[Ist] ist ein Programm oder eine Anwendung zur Verwaltung und Aufbereitung [..] digitaler Inhalte (Content). [...] CMS sind zumeist mandantenfähig und ermöglichen den Zugriff vieler auf gemeinsamen Content. [**Hompel 2011**, S.54]
Controlling	Prozesse und Regeln, die innerhalb des Projektmanagements zur Sicherung des Erreichens der Projektziele beitragen [**Weber 2008**, S.300]
Controlling der Logistik	Bezeichnet die Planung, Steuerung und Kontrolle von Logistikabläufen mittels Kennzahlen, z. B. über Leistung und Kosten. [**Hompel 2011**, S.54]

CRM	→ Customer Relationship Management, CRM
Customer Relationship Management, CRM	Bezeichnet ein Beziehungsmanagement zu den Kunden, das folgende Fragen zu beantworten sucht: • Welche Kunden sind am profitabelsten? • Welche Leistungen müssen angeboten werden, damit die Kunden langfristig gebunden werden können? • Wie können neue Kunden mit dem Ziel langfristiger Bindung gewonnen werden? [**Hompel 2011**, S.57f]
Customizing	Bezeichnet die Anpassung einer (Standard-)Software an kundenspezifische Wünsche und Anforderungen. [**Hompel 2011**, S.58]
Dämpfung	Minderung mechanischer Schwingungen durch Ausnutzung von Reibungskräften in Materialien oder durch Dämpfung von Eigenschwingungen. [**Schmidtke 2013**, S.679] Gibt an, ob und wie schnell Schwingungen abklingen. [**Heinrich 2015**, S.361]
Darstellung, axonometrische	Parallelprojektion eines Gegenstandes auf eine einzige Projektionsebene [**DIN EN ISO 10209**:2012-11]
Darstellung, isometrische	Projektionsverfahren, bei dem jede der drei Koordinatenachsen im selben Winkel zur Projektionsebene geneigt ist [**DIN ISO 6412-1**:1991-05]
Darstellung, orthogonale	Projektionsverfahren, bei dem die Projektoren im rechten Winkel zur Projektionsebene liegen [**DIN ISO 6412-1**:1991-05]
Darstellung, perspektivische	Zentralprojektion eines Gegenstandes auf eine im Regelfall vertikale Projektionsebene [**DIN EN ISO 10209**:2012-11]
Datenblatt	Dokument, in dem ausschließlich technische Daten eines Produkts aufgeführt sind. [**Hennig Tjarks-Sobhani 1998**, S.65]
Datenfeld	Begrenztes Gebiet, welches für eine bestimmte Art von Daten verwendet wird [**DIN EN ISO 7200**:2004-05]
Datensicherheit	Mit Datensicherheit wird der Schutz von Daten hinsichtlich gegebener Anforderungen an deren Vertraulichkeit, Verfügbarkeit und Integrität bezeichnet. [**Reiss 2014**, S.410]
Datenträger	Material, auf dem Daten aufgezeichnet und von dem sie wiedergewonnen werden können. [**DIN EN 61355**:1997-11]
Datenübertragung	Übertragung von Daten von einer Computeranwendung zu einer anderen in einer geordneten Form [**DIN EN ISO 7200**:2004-05]

Dauerbetrieb	Betriebsart ohne Pausen [**DIN 40041**:1990-12]
dauerhafte Verbindungen	→ Verbindungen, dauerhafte
Demontage	Auseinandernehmen eines Produktes oder eines Teiles eines Produktes.
Detailzeichnung	Zeichnung eines Teiles eines Bauwerkes oder eines Bauteiles, im Regelfall vergrößert, mit besonderen Informationen über Gestalt und Aufbau oder über den Zusammenbau und die Verbindungen [**DIN EN ISO 10209**:2012-11]
Dichtheitsprüfung	Nachweis, dass die Anlage bzw. Anlagenkomponente innerhalb der zulässigen Grenzen (Leckage) dicht ist [**Weber 2006**, S.372]
Dienstleistung	Dienstleistungen [...] sind Leistungen, die in der Regel gegen Entgelt erbracht werden, soweit sie nicht den Vorschriften über den freien Waren- und Kapitalverkehr und über die Freizügigkeit der Personen unterliegen. Als Dienstleistungen gelten insbesondere: a) gewerbliche Tätigkeiten, b) kaufmännische Tätigkeiten, c) handwerkliche Tätigkeiten, d) freiberufliche Tätigkeiten. [**AEUV** – Vertrag über die Arbeitsweise der europäischen Union, Artikel 57]
Digitale Fabrik	Umfasst Methoden, Datenstrukturen und Software-Anwendungen, die es erlauben, Produktionsabläufe zu simulieren und zu gestalten, um die Produktion digital, d. h. virtuell, abzusichern und die Produktgestaltung frühzeitig zu beeinflussen. [**Hompel 2011**, S.63]
DIN	Deutsche Industrie Norm. Deutsches Institut für Normung e.V. Das Institut entwickelt Normen und Standards für Wirtschaft, Staat und Gesellschaft, vergleichbar mit CEN, ANSI. [**Börcsök 2009**, S.27]
DIN EN ISO 12100	Die Norm behandelt die Sicherheit von Maschinen und enthält die allgemeinen Gestaltungsgrundsätze zur Risikobeurteilung und dem konstruktiven Vorgehen bei der Risikominderung an der Maschine. Die Norm ist als harmonisierte Typ-A Norm grundlegend für das Thema Risikobeurteilung. Der Fokus der Norm ist deutlich auf das Thema der Maschinensicherheit gerichtet. Die Norm legt technische Leitsätze fest, und soll die Konstrukteure dabei unterstützen, sichere Maschinen zu konstruieren. Der Begriff der Sicherheit von Maschinen wird betrachtet im Zusammenhang mit der Fähigkeit der Maschine ihre bestimmungsgemäße Verwendung während der gesamten Lebensdauer auszuführen. Dafür müssen Risiken, die Gefahrenquellen darstellen, möglichst ausgeschalten oder wenigstens so weit als möglich verringert werden.

DIN EN ISO 20607	Die Norm behandelt die Sicherheit von Maschinen und enthält die allgemeinen Gestaltungsgrundsätze für die Erstellung von Betriebsanleitungen. Die Norm ist eine harmonisierte Typ-B Norm. Der Fokus der Norm liegt auf sicherheitsrelevanten Anforderungen für Betriebsanleitungen. Die Norm richtet sich sowohl an den Hersteller einer Maschine, als auch an die Behörden. Dem Hersteller, welcher sich auf diese Norm bezieht, wird durch diese erleichtert mit dem Aufbau und Inhalten der Betriebsanleitung den gesetzlichen Vorgaben zu entsprechen.
diskretes Merkmal	Quantitatives Merkmal, dessen Wertebereich endlich oder abzählbar unendlich ist. [**DIN 55350-12**:1989-03]
DN	→ Nennweite, DN
Dokument	Der Begriff "Dokument" ist nicht auf seine Bedeutung im rechtlichen Sinne beschränkt. a) Information auf einem Datenträger. Üblicherweise ist ein Dokument nach der Art der Information und der Darstellungsform bezeichnet, beispielsweise Übersichtsschaltplan, Verdrahtungstabelle, Funktionsdiagramm. [IEC 61082-1] […] b) Strukturierte Informationsmenge zur Betrachtung durch Menschen, die als Einheit zwischen Anwendern und Systemen ausgetauscht werden kann. [ISO/IEC 8613-1] c) Als Einheit behandelte Information auf einem Datenträger. (Definition von ISO/TC10/SC1 WG5) [**DIN EN 61355**:1997-11] Aufgezeichnete Information oder Informationsträger, die/der in einem Dokumentationsprozess als Einheit gehandhabt wird [**VDI 4500 Blatt 1**:2006-06] Information einschließlich es Trägermediums. BEISPIEL Aufzeichnung, Spezifikation, Verfahrensdokument, Zeichnung, Bericht, Norm. Das Medium kann Papier, eine magnetische, elektronische oder optische Rechnerdiskette, eine Fotografie, ein Bezugsmuster oder eine Kombination daraus sein. Ein Satz von Dokumenten, z. B. Spezifikationen und Aufzeichnungen, wird häufig als „Dokumentation" bezeichnet. Einige Anforderungen (z. B. die Anforderung nach Lesbarkeit) gelten für alle Arten von Dokumenten, obgleich es verschiedene Anforderungen für Spezifikationen (z. B. die Anforderung, durch Revision überwacht zu sein) und Aufzeichnungen (z. B. die Anforderung, abrufbar zu sein) geben kann. [Vgl. **DIN EN ISO 9000**:2015-11]
Dokumentation, produktbegleitende	Der Begriff ist als Oberbegriff zu verstehen, er ist nicht definiert. Er wird ganz allgemein verwendet für eine Produktdokumentation, die als Benutzerinformation vorgesehen ist, also zur externen Technischen Dokumentation gehört. Er wird auch in einem engeren Sinne verwendet für die Benutzerinformation, die direkt zum Produkt gehört, auf dem Produkt selbst, auf der Verpackung oder beiliegend. In diesem Sinne sind beispielsweise Betriebsanleitung für

	Maschinen und Montageanleitung für unvollständige Maschinen nach der Maschinenrichtlinie produktbegleitende Dokumentationen. [**Schlagowski 2015**, S.710]
Dokumentationsbeauftragter	→ CE-Dokumentationsbevollmächtigter
Dokumentationsrichtlinie	Die Dokumentationsrichtlinie definiert verbindliche Richtlinien für alle Bereiche der Dokumentation und enthält verbindliche Regelungen für den formalen Aufbau einzelner Dokumente. [**Reiss 2014**, S.410]
Dokumentation, technische	→ Technische Dokumentation
Dokument der europäischen Normung	[Jede] sonstige technische Spezifikation mit Ausnahme europäischer Normen, die von einer europäischen Normungsorganisation zur wiederholten oder ständigen Anwendung angenommen wird, deren Einhaltung jedoch nicht zwingend vorgeschrieben ist [**VERORDNUNG (EU) Nr. 1025/2012** vom 25. Oktober 2012]
Dokumentenart	Dokumente gleicher inhaltlicher und/oder gleicher formaler Struktur [**Weber 2006**, S.372]
Dokumentenausgabe	Identifizierte Ausgabe eines Dokumentes [**DIN EN ISO 11442**:2006-06]
Dokumentenkopie	Genaue oder annähernd genaue Kopie eines originalen Dokumentes [**DIN EN ISO 11442**:2006-06]
Dokumentenmanagement	Methode zur Organisation und Verwaltung von Daten und Dokumenten. Dokumentenmanagement dient der kontrollierten Ablage und Identifikation von Dokumenten. Es ist Bestandteil von Konzepten zum Koordinieren und Überwachen des Erstellens, Überarbeitens und Verteilens von Dokumenten über ihren gesamten Lebenszyklus hinweg. [**VDI 4500 Blatt 1**:2006-06] Dokumentenmanagement bezeichnet die Gesamtheit der Prozesse zur firmeninternen Verwaltung von Dokumenten. Wichtige Teilgebiet des Dokumentenmanagements sind das Änderungsmanagement, das Archivierungsmanagement und die Organisierung der Freigabeprozesse.
Dokumentenmanagementsystem	Rechnerunterstützte Anwendung zum Management von Dokumenten während des gesamten Dokumentlebenszyklus [**DIN EN 82045-1**:2002-11]
Dokumentenliste	Dokument, in dem der Bestand aller für einen bestimmten Zweck relevanten Dokumente aufgelistet wurde. [Vgl. **ISO 29845**:2011-09]

Dokumentensatz	Sammlung von Dokumenten, die gemeinsam als Einheit zu einem bestimmten Zweck verwaltet werden [**DIN EN 82045-1**:2002-11]
Dokumentenversion	Identifizierter Zustand eines Dokuments in seinem Lebenszyklus, der gespeichert ist, sodass er als Dokumentenstand wiedergewonnen werden kann, oder zum Zweck der Verteilung [gespeichert ist.] [**DIN EN 82045-1**:2002-11]
Dokument, gültiges	Dokument, welches erstellt, geprüft und freigegeben ist. [**Weber 2008**, S.304]
Dokumentlebenszyklus	Periode von der konzeptuellen Idee bis zur logischen und physischen Löschung eines Dokuments [**DIN EN 82045-1**:2002-11]
Dokument, Life-Cycle-	→ Life-Cycle-Dokument
Dokumentstand	Formell anerkannte Dokumentenversion [**DIN EN 82045-1**:2002-11]
Dokument, technisches	Dokument in der für technische Zwecke erforderlichen Art und Vollständigkeit [**DIN ISO/TS 81346-3**:2013-09]
Dokument, zusammengesetztes	Dokument, das aus mehreren in einer festgelegten Dateistruktur eingebetteten Dateien besteht [**DIN EN 82045-1**:2002-11]
Dolmetscher	Überträgt einen Text mündlich in eine andere Sprache, wobei im Unterschied zum Übersetzen weder Ausgangstext noch Zieltext in fixierter, korrigierbarer Form vorliegen. Die Berufsbezeichnung Dolmetscher ist nicht geschützt. Es gibt aber einige Studien-/Ausbildungsgänge bzw. staatlich anerkannte Prüfungen, die zu einem gesetzlich geschützten Titel führen (z. B. Diplom-Dolmetscher, staatlich geprüfter Dolmetscher). Die überwiegende Anzahl der Dolmetscher arbeitet freiberuflich. Der BDÜ hat 1988 ein Berufsbild für Übersetzer, Dolmetscher und verwandte Fremdsprachenberufe herausgegeben. Man unterscheidet zwei Dolmetschtechniken: simultan und konsekutiv. Beim Simultandolmetschen wird das Gehörte sofort in die andere Sprache übertragen, dabei wird der gedolmetschte Text dem Zuhörer zugeflüstert (Flüsterdolmetschen) oder über Mikrofon und Lautsprecher/Kopfhörer einer größeren Menge von Zuhörern zugänglich gemacht. Beim Konsekutivdolmetschen werden längere Textabschnitte oder ganze Reden unter Anwendung einer speziellen Notizentechnik gedolmetscht. Je nach Einsatzgebiet wird zwischen Konferenzdolmetschen, Verhandlungsdolmetschen und Gerichtsdolmetschen unterschieden. [**Hennig Tjarks-Sobhani 1998**, S.77]

Drehknopf	Stellteil zum Einstellen von Vorgabewerten durch Drehen um beliebige Winkelgrade [**Schmidtke 2013**, S.682]
Drehschalter	Stellteil zum Offnen und Schließen eines Stromkreises mit zwei oder mehreren Raststellungen. Schaltzustand ohne Knopfnase schwerer erkennbar [**Schmidtke 2013**, S.683]
Drehteller	Ist ein stetiges Fördertechnikelement zur gleichförmigen Änderung der Förderrichtung, bestehend aus einem meist angetriebenen flachen Teller mit seitlicher Führung, auf dem das Gut gedreht wird. Im Gegensatz zum Drehtisch trägt der Drehteller keine angetriebene Fördertechnik und wird vornehmlich für kompaktes Stückgut eingesetzt. [**Hompel 2011**, S.69]
Drehtisch	Ist ein Fördertechnik-Element für beliebigen Drehwinkel (mit entsprechend erforderlichen Zu- und Abgangsfördereinheiten). Der Drehtisch kann genutzt werden für Richtungsänderung (meist 90 Grad), Zusammenführung und Verzweigung. [**Hompel 2011**, S.69]
Dreistufen-prinzip	Bei der Konstruktion einer Maschine muss der Hersteller folgende Grundsätze anwenden, und zwar in der angegebenen Reihenfolge (gem. DIN VDE 1000), um die Sicherheits- und Gesundheitsanforderungen zu erfüllen: 1. Beseitigen oder Minimieren der Gefahren (Einfügen der Sicherheitsmaßnahme in die Entwicklung durch eine Konstruktionsanpassung); 2. Ergreifen (Einbauen) der notwendigen Schutzmaßnahmen gegen die unter 1 nicht zu beseitigen Gefahren; 3. Unterrichten der Benutzer über Restgefahren (besondere Sicherheitshinweise) aufgrund der nicht vollständigen Wirksamkeit der unter 2 getroffenen Schutzmaßnahmen und Hinweise auf eine evtl. erforderliche Spezialausbildung der Bedienperson und ggf. persönliche Schutzausrüstungen. [**Schneider 2008**, S.201]
Druck (physikalische Größe)	[Der] auf den Atmosphärendruck bezogene Druck, d. h. ein Überdruck; demnach wird ein Druck im Vakuumbereich durch einen Negativwert ausgedrückt [**RICHTLINIE 2014/68/EU**]
Druckgeräte	Behälter, Rohrleitungen, Ausrüstungsteile mit Sicherheitsfunktion und druckhaltende Ausrüstungsteile, gegebenenfalls einschließlich an drucktragenden Teilen angebrachter Elemente, wie z. B. Flansche, Stutzen, Kupplungen, Trageelemente, Hebeösen [**RICHTLINIE 2014/68/EU**]
Druckgießanlage	Druckgießmaschine einschließlich Zusatzeinrichtungen, die eine Produktionseinheit bilden. [**DIN EN 869:2009-12**]
Druckgießmaschine	Maschine, die geschmolzenes Metall unter hohem Druck in eine geteilte Druckgießform einspritzt, die mit den Aufspannplatten der Maschine verbunden ist. [**DIN EN 869:2009-12**]

druckhaltende Ausrüstungsteile	→ Ausrüstungsteile, druckhaltende
Druck, maximal zulässiger	[Der] vom Hersteller angegebene höchste Druck [PS], für den das Druckgerät ausgelegt ist und der für eine von diesem vorgegebene Stelle festgelegt ist, wobei es sich entweder um die Anschlussstelle der Ausrüstungsteile mit Sicherheitsfunktion oder um den höchsten Punkt des Druckgeräts oder, falls nicht geeignet, um eine andere angegebene Stelle handelt [**RICHTLINIE 2014/68/EU**]
Druckschalter	Stellteil zum Öffnen und Schließen eines Stromkreises mit zwei Raststellungen. Schaltzustand ohne Anzeiger schwerer erkennbar. [**Schmidtke 2013**, S.683]
Drucktaster	Stellteil zum Schließen eines Stromkreises durch Herunterdrücken bis zum Anschlag für die Dauer der Druckeinwirkung. Schaltzustand ohne Anzeiger nicht erkennbar. [**Schmidtke 2013**, S.683]
durch Formschluss wirkende Schutzeinrichtung	→ Schutzeinrichtung, durch Formschluss wirkende
E/E/PE	Elektrische, Elektronische und Programmierbare Elektronische Steuerungssysteme [**DIN EN 62061**:2013-09]
Effektor	→ Aktor
EG	Europäische Gemeinschaft
EG-Baumusterbescheinigung	→ EG-Baumusterprüfung
EG-Baumusterprüfung	Die Prüfung ist Teil des Konformitätsbewertungsverfahrens. Die Maschinenrichtlinie schreibt in ihrem Anhang IV für die dort aufgezählten „Maschinen und Sicherheitsbauteile mit größerem Gefahrenpotenzial" bei Fehlen oder teilweiser Nichtbeachtung von harmonisierten Normen eine EG-Baumusterprüfung vor. Diese Prüfung ist eine technische Prüfung des Produkts durch eine benannte Stelle. Diese prüft, ob das Produkt mit den einschlägigen EG-Richtlinien übereinstimmt. Prüfungen sind u. a. für folgende Produktklassen möglich: Maschinen, Druckgeräte, Messgeräte, Medizinprodukte. Für die genannten Produktgruppen gelten dabei jeweils Vorgaben aus verschiedenen Richtlinien. Dem Antrag bei einer Zertifizierungsstelle auf eine Baumusterprüfung einer Maschine z. B. müssen die von der Maschinenrichtlinie benannten Unterlagen beigefügt werden. Die Unterlagen müssen in der Sprache verfasst sein, die von der Zertifizierungsstelle akzeptiert wird. Die Zertifizierungsstelle prüft in der Baumusterprüfung sowohl die Unterlagen als auch ein funktionsfähiges Maschinenmodell. Bei der Prüfung des Baumusters des Maschinenmodells soll festgestellt werden, ob bei der Konzipierung und beim Bau die grundlegenden Sicherheitsanforderungen und sonstigen Anforderungen der Maschinenrichtlinie eingehalten wurden. Wird die EG-

Baumusterprüfung für das Baumuster des Maschinenmodells erfolgreich abgeschlossen, so erhält der Hersteller von der Zertifizierungsstelle eine EG-Baumusterbescheinigung. [Vgl. **Neudörfer 2011**, S.531; Vgl. **Börcsök 2009**, S.16; Vgl. **Schneider 2008**, S.198]

EG-Einbauerklärung	→ Einbauerklärung
EG-Konformitätserklärung	Die EG-Konformitätserklärung ist eine Bestätigung des Herstellers. Er erklärt damit rechtsverbindlich, dass sein Produkt mit den Anforderungen der anwendbaren EG-Richtlinien übereinstimmt. [**Hahn 1996**, S.208] [Die Maschinenrichtlinie macht die folgenden Vorgaben zur EG-Konformitätserklärung:] Abfassung [...]entweder maschinenschriftlich oder [..] handschriftlich in Großbuchstaben [..]. Diese Erklärung bezieht sich nur auf die Maschine in dem Zustand, in dem sie in Verkehr gebracht wurde; vom Endnutzer nachträglich angebrachte Teile und/oder nachträglich vorgenommene Eingriffe bleiben unberücksichtigt. Die EG-Konformitätserklärung muss folgende Angaben enthalten: 1. Firmenbezeichnung und vollständige Anschrift des Herstellers und gegebenenfalls seines Bevollmächtigten; 2. Name und Anschrift der Person, die bevollmächtigt ist, die technischen Unterlagen zusammenzustellen; diese Person muss in der Gemeinschaft ansässig sein; 3. Beschreibung und Identifizierung der Maschine, einschließlich allgemeiner Bezeichnung, Funktion, Modell, Typ, Seriennummer und Handelsbezeichnung; 4. einen Satz, in dem ausdrücklich erklärt wird, dass die Maschine allen einschlägigen Bestimmungen dieser Richtlinie entspricht, und gegebenenfalls einen ähnlichen Satz, in dem die Übereinstimmung mit anderen Richtlinien und/oder einschlägigen Bestimmungen, denen die Maschine entspricht, erklärt wird. Anzugeben sind die Referenzen laut Veröffentlichung im Amtsblatt der Europäischen Union; 5. gegebenenfalls Name, Anschrift und Kennnummer der benannten Stelle, die das [...] EG-Baumusterprüfverfahren durchgeführt hat, sowie die Nummer der EG-Baumusterprüfbescheinigung; 6. gegebenenfalls Name, Anschrift und Kennnummer der benannten Stelle, die das [...] Qualitätssicherungssystem genehmigt hat; 7. gegebenenfalls die Fundstellen der angewandten harmonisierten Normen [...]; 8. gegebenenfalls die Fundstellen der angewandten sonstigen technischen Normen und Spezifikationen; 9. Ort und Datum der Erklärung; 10. Angaben zur Person, die zur Ausstellung dieser Erklärung im Namen des Herstellers oder seines Bevollmächtigten bevollmächtigt ist, sowie Unterschrift dieser Person. [**MRL 2006/42/EG**, Anhang II]

| EG-Maschinen-richtlinie | [Maschinenrichtlinie, kurz: MRL 2006/42/EG] Diese Richtlinie dient der Sicherstellung des freien Warenverkehrs von Maschinen sowie einzeln in Verkehr gebrachter Sicherheitsbauteile und Lastaufnahmeeinrichtungen in der EU. Sie definiert Anforderungen an die harmonisierte Beschaffenheit der Produkte sowie die Konformitätsbewertung die durch die verantwor[t]lichen Personen zu erfüllen sind. Die grundlegenden Sicherheits- und Gesundheitsanforderungen sind im Anhang I der Maschinenrichtlinie festgelegt. [**Börcsök 2009**, S.79]
Enthält die grundlegenden Sicherheitsanforderungen für Maschinen sowie die Mindestanforderungen für Betriebsanleitungen. Sie legt u. a. die Inhalte der erforderlichen vorlagepflichtigen Technischen Dokumentation fest, die Voraussetzung für das Ausstellen der EG-Konformitätserklärung […] sind. [**VDI 4500 Blatt 1**:2006-06] |
| EG-Richtlinie | Wird von den Organen der EG und dem Europaparlament erlassen und gilt nur gegenüber den Mitgliedstaaten, nicht aber direkt gegenüber dem Einzelnen oder den Unternehmen. Eine EG-Richtlinie wird erst durch die Umsetzung in nationales Recht rechtsverbindlich. Nationale Gesetze dürfen den in der EG-Richtlinie festgelegten Mindestregelungsinhalt nicht unterschreiten. Der Text kann in den einzelnen EG-Ländern unterschiedlich sein, da die EG-Richtlinie nur Rahmenbedingungen festlegt und keinen bestimmten Text. Im Unterschied zu nationalen Rechtsnormen besteht bei in nationales Recht umgesetzten Richtlinien die Möglichkeit, zusätzlich den Europäischen Gerichtshof (EuGH) in Luxemburg bei Meinungsverschiedenheiten über Grenzen und Inhalte als entscheidende Rechtsinstanz anzurufen. Entscheidungen des EuGH haben Vorrang vor Entscheidungen der nationalen Gerichte. [**VDI 4500 Blatt 1**:2006-06]
Die EG-Richtlinien regeln nach dem Konzept der 90er-Jahre des vergangenen Jahrhunderts (New Approach) die grundlegenden Sicherheitsanforderungen, die durch sogenannte harmonisierte europäische Normen konkretisiert werden. [**Thiele 2011**, S.132] |
| Einbaudiagramm | Stellt die Lage von Bestandteilen einer Installation sowie die Verbindungen zwischen den Bestandteilen mit Hilfe von graphischen Symbolen dar. [Vgl. **ISO 15519-1**:2010-03] |
| Einbaueinrichtung | Einrichtung, die in eine vorgesehene Vertiefung, z. B. in einer Wand oder an einer ähnlichen Stelle, eingebaut werden soll
ANMERKUNG Einbaueinrichtungen haben im Allgemeinen keine allseitige Umhüllung, da an einigen Seiten der Berührungsschutz durch den Einbau erreicht wird. [**DIN EN 60950-1**:2014-08] |
| Einbauerklärung | [Ist] das Begleitdokument einer nichtverwendungsfähigen, unvollständigen Maschine, in dem deren Hersteller dem Betreiber alle für einen sicheren Einbau und Betrieb relevanten Randbedingungen mitteilt, zugleich ihm aber die Inbetriebnahme so lange untersagt, bis die Maschine so nachgerüstet ist, dass sie sicherheitstechnisch |

den einschlägigen Gesundheits- und Sicherheitsanforderungen entspricht. [**Neudörfer 2011**, S.532]

[Die Einbauerklärung, laut Maschinenrichtlinie,] muss folgende Angaben enthalten: 1. Firmenbezeichnung und vollständige Anschrift des Herstellers der unvollständigen Maschine und gegebenenfalls seines Bevollmächtigten; 2. Name und Anschrift der Person, die bevollmächtigt ist, die relevanten technischen Unterlagen zusammenzustellen; diese Person muss in der Gemeinschaft ansässig sein; 3. Beschreibung und Identifizierung der unvollständigen Maschine, einschließlich allgemeiner Bezeichnung, Funktion, Modell, Typ, Seriennummer und Handelsbezeichnung; 4. eine Erklärung, welche grundlegenden Anforderungen dieser Richtlinie zur Anwendung kommen und eingehalten werden, ferner eine Erklärung, dass die speziellen technischen Unterlagen gemäß Anhang VII Teil B erstellt wurden, sowie gegebenenfalls eine Erklärung, dass die unvollständige Maschine anderen einschlägigen Richtlinien entspricht. Anzugeben sind die Referenzen laut Veröffentlichung im Amtsblatt der Europäischen Union; 5. die Verpflichtung, einzelstaatlichen Stellen auf begründetes Verlangen die speziellen Unterlagen zu der unvollständigen Maschine zu übermitteln. In dieser Verpflichtung ist auch anzugeben, wie die Unterlagen übermittelt werden; die gewerblichen Schutzrechte des Herstellers der unvollständigen Maschine bleiben hiervon unberührt; 6. einen Hinweis, dass die unvollständige Maschine erst dann in Betrieb genommen werden darf, wenn gegebenenfalls festgestellt wurde, dass die Maschine, in die die unvollständige Maschine eingebaut werden soll, den Bestimmungen dieser Richtlinie entspricht; 7. Ort und Datum der Erklärung; 8. Angaben zur Person, die zur Ausstellung dieser Erklärung im Namen des Herstellers oder seines Bevollmächtigten bevollmächtigt ist, sowie Unterschrift dieser Person. [**MRL 2006/42/EG**, Anhang II]

Mit Einführung der neuen Maschinenrichtlinie wurde die Bezeichnung „Herstellererklärung" zu „Einbauerklärung" geändert. Das Äquivalent zu der Einbauerklärung für unvollständige Maschinen ist die EG-Konformitätserklärung für (vollständige) Maschinen.

Einbaumodell — Modell, in dem das beschriebene Produkt montiert dargestellt ist und welches Teile und Zusammenbauten sowie den Einbauort teilweise oder vollständig zeigt [**DIN ISO 16792**:2008-12]

Einfahren — Anlage voll in den geplanten Nennzustand (Last, Betriebsparameter, mechanische Funktion, Stabilität u. a.) fahren [**Weber 2006**, S.372]

Einführer — [Ist nach Produktsicherheitsgesetz] jede im Europäischen Wirtschaftsraum ansässige natürliche oder juristische Person, die ein Produkt aus einem Staat, der nicht dem Europäischen Wirtschaftsraum angehört, in den Verkehr bringt [**ProdSG** vom 08.11.2011]

Eingabe	Übermittlung von Daten vom Benutzer zum System. [**Schmidtke 2013**, S.684]
Eingabeaufforderung	Hinweis, das das System für eine Eingabe bereit ist. [**DIN EN ISO 15005**:2003-10]
Eingabefeld	Feld, in das Benutzer Daten eingeben können oder in dem sie angezeigte Daten bearbeiten können [**Schmidtke 2013**, S.684]
Eingangsgröße	Zeitlich veränderliche Größe am Eingang eines Übertragungsgliedes. [**Heinrich 2015**, S.362]
Eingangsprüfung	Annahmeprüfung an einem zugelieferten Produkt. [**DIN 55350-17**:1988-08]
Eingreifen	Einen automatischen Ablauf durch Bedienereingabe oder eine vorrangige technische Einheit zu einem nicht vorgesehenen Zeitpunkt verändern. [**Heinrich 2015**, S.362]
eingeschränkter Raum	→ Raum, eingeschränkter
Eingreifen, taktmäßiges	Taktmäßiges Eingreifen ist ein taktgebundenes Eingreifen einer Bedienperson, wobei die Taktfolge abhängig ist vom automatisierten Fertigungssystem und der Art der zu fertigenden Teile. [**VDI 2854**:1991-06]
Einlagerung	Fasst alle datentechnischen und operativen Vorgänge unter einem Begriff zusammen, die vom Eintreffen einer Ladeeinheit in das (fördertechnische) System bis zur Ablage auf einem Lagerplatz ablaufen. [**Hompel 2011**, S.79]
Einrichtbetrieb	Betriebsart, bei der Einstellungen für den späteren automatischen Bearbeitungsvorgang des Produktes durch ein oder mehrere Werkzeuge einer Maschine oder Anlage vorgenommen werden. Zum Einrichtbetrieb zählen z. B. die exakte Ausrichtung des Werkzeuges und die Bestimmung der exakten Position des Produktes. [Vgl. **DIN EN 13218**:2010-09]
Einrichtung mit Schutzfunktion	Einrichtung mit Schutzfunktion. Bauteil oder Baugruppe, die für das Funktionieren einer Maschine oder für den Prozess vorhanden sein muss, zusätzlich aber zur Sicherheit der Maschinenbenutzer beiträgt. [**Neudörfer 2011**, S.532]
Einrichtung, ortsfeste	Einrichtung, die keine bewegbare Einrichtung ist. [**DIN EN 60950-1**:2014-08]
Einrichtung, transportable	Bewegbare Einrichtung, die üblicherweise vom Benutzer getragen wird ANMERKUNG Mobilrechner [...], Rechner mit Schreibtablett [...] und deren tragbares Zubehör wie Drucker und CD-ROM-Laufwerke

sind Beispiele dafür. **[DIN EN 60950-1:2014-08]**

einstellbare trennende Schutzeinrichtung	→ Schutzeinrichtung, einstellbare trennende
Einstelldaten	Dokumentenform, welche eine Zusammenfassung aller relevanten technischen Daten enthält, die für die Einstellung eines komplexen Produktes notwendig, bzw. hilfreich sind.
Einstufung	Zuordnung von Gefährlichkeitsmerkmalen, die Einstufung gibt die gefährliche Eigenschaft von Stoffen wieder. **[Bender 2013**, S.582**]**
Einzelteil-Zeichnung	Zeichnung, die ein einzelnes Teil darstellt und alle für dessen Beschreibung geforderten Informationen enthält **[DIN EN ISO 10209:2012-11]**
Elektrik-Installations-zeichnung	Zeichnung, die Installationen für die Energieverteilung, Beleuchtung, elektrische Heizung, Motorenbetrieb, Telekommunikation, Spannungsregulation usw. umfasst **[DIN EN ISO 10209:2012-11]**
elektrischer Anschlusspunkt	→ Anschlusspunkt, elektrischer
elektrischer Meßwertgeber	→ Sensor
elektrisches Betriebsmittel	→ Betriebsmittel, elektrisches
elektromagnet-ische Störung	[Ist] jede elektromagnetische Erscheinung, die die Funktion eines Betriebsmittels beeinträchtigen könnte; eine elektromagnetische Störung kann ein elektromagnetisches Rauschen, ein unerwünschtes Signal oder eine Veränderung des Ausbreitungsmediums sein **[EMVG vom 26.02.2008]**
elektro-magnetische Umgebung	[Ist] die Summe aller elektromagnetischen Erscheinungen, die an einem bestimmten Ort festgestellt werden kann **[EMVG vom 26.02.2008]**
elektro-magnetische Verträglichkeit	[Ist] die Fähigkeit eines Betriebsmittels, in seiner elektromagnetischen Umgebung zufriedenstellend zu arbeiten, ohne elektromagnetische Störungen zu verursachen, die für andere in dieser Umgebung vorhandene Betriebsmittel unannehmbar wären **[EMVG vom 26.02.2008]**
	Geregelt durch das Gesetz zur Prüfung der elektromagnetischen Verträglichkeit […], verlangt als Sicherheitsanforderung von Geräten, die elektromagnetische Störungen verursachen können, den Nachweis des Erfüllens der Forderungen und das Einhalten von Grenzwerten. **[VDI 4500 Blatt 1:2006-06]**
	Die elektromagnetische Verträglichkeit wird mit dem Kürzel „EMV" abgekürzt und wird bei entsprechenden Geräten bei deren CE-Kennzeichnung verlangt. Die elektromagnetische Verträglich

	keit stellt dabei Forderungen an Störsicherheit und Störfestigkeit der Geräte.
Elektromotor	Jeder Motor, der elektrische Energie nutzt, z. B. ein Servomotor oder ein Linearmotor [**DIN EN 201**:2010-02]
Elektromotor, Sicherheitseingang	→ Sicherheitseingang am Elektromotor
elektrosensitive Schutzeinrichtung	→ Schutzeinrichtung, elektrosensitive
Element, geometrisches	Punkte, Linien oder Oberflächen können geometrische Elemente bilden. [Vgl. **ISO 129-1**:2004-09]
Emission	Abgabe chemischer (z. B. Gase, Dampfe, Toxine) oder physikalischer (z. B. Schall, Strahlung, Staub) Einflussgrößen aus einem umschriebenen Bereich [**Schmidtke 2013**, S.685]
	Auftretende Emissionen im Zusammenhang mit einem Produkt müssen in Qualität und Menge in der zugehörigen Anleitung aufgeführt werden. In Dokumenten, die für den Verkauf des Produktes gedacht sind, müssen die gleichen Werte auftreten, wie in der Anleitung.
Emissionsdaten, vergleichende	Zu Vergleichszwecken gesammelte Emissionswerte ähnlicher Maschinen. [**DIN EN ISO 12100**:2011-03]
Emissionsgrad	Verhältnis der von einem Körper emittierten Gesamtstrahlungsenergie zur Energie, die von einem schwarzen Körper bei derselben Temperatur emittiert wird. [**DIN EN ISO 13731**:2002-04]
Emissionswert	Numerischer Wert zur quantitativen Bestimmung einer von einer Maschine ausgehenden Emission (z. B. Lärm, Vibration, Gefahrstoffe, Strahlung)
	ANMERKUNG 1 Emissionswerte sind Teil der Angaben zu den Eigenschaften einer Maschine und werden als Grundlage für die Risikobeurteilung verwendet.
	ANMERKUNG 2 Der Begriff „Emissionswert" sollte nicht mit „Immissionswert" verwechselt werden; letzterer dient zur quantitativen Bestimmung der Emissionsexposition von Personen beim Einsatz der Maschine. Immissionswerte können unter Anwendung der Emissionswerte geschätzt werden.
	ANMERKUNG 3 Emissionswerte werden vorzugsweise mit Hilfe genormter Verfahren gemessen und die zugehörigen Messunsicherheiten bestimmt, um z. B. den Vergleich zwischen ähnlichen Maschinen zu ermöglichen. [**DIN EN ISO 12100**:2011-03]
EMV	→ elektromagnetische Verträglichkeit

EMV-Richtlinie	Richtlinie 2014/30/EU über die elektromagnetische Verträglichkeit. Die Richtlinie regelt, in welcher Weise die Elektromagnetische Verträglichkeit von elektrisch betriebenen Geräten von den Herstellern innerhalb der EU behandelt werden muss.
EN	Europäische Norm
Endanschlag	Jegliche technische Einrichtung, die eine weitere Bewegung eines Stellteils, Tores, Luke oder anderer Objekte über einen kritischen Punkt hinaus verhindert, wenn eine weitere Bewegung unerwünschte Konsequenzen hat. [**Schmidtke 2013**, S.685]
Endeffektor	Vorrichtung, die speziell zum Anbringen an die mechanische Schnittstelle konzipiert ist. Mit der der Roboter seine Aufgabe erfüllt BEISPIEL Greifer, Schrauber, Schweißzange, Spritzpistole. [**DIN EN ISO 10218-1**:2012-01]
Endprüfung	Letzte der Qualitätsprüfungen vor Übergabe der Einheit an den Abnehmer. [**DIN 55350-17**:1988-08]
Endschalter, Software-	Programmierbare Achsbegrenzung für Maschinen, die ein ungewolltes Überfahren verhindern. Verwendung als Ersatz für mechanische Achs-Endschalter oder zur vorübergehenden Begrenzung des Arbeitsbereiches, um Maschine und Werkstück vor Beschädigungen durch Eingabe falscher Weginformationen zu schützen. [**Kief 2013**, S.624]
Endwert	Wert, mit dem der Anzeigebereich einer Skala endet. [**Schmidtke 2013**, S.686]
Energieeffizienz	Bezogen auf Werkzeugmaschinen und Peripherie: Reduzierung des Energieverbrauchs (Strom für Antriebe, Hydraulik, Pneumatik, Werkzeuge, Späneentsorgung) bei der Bearbeitung, Lagerung und Transport der Werkstücke. Aktuelle CNCs verfügen dazu über spezielle Programme zur Messung, Aufzeichnung, Analyse und Reduzierung des Energieverbrauchs der jeweiligen Maschine. [**Kief 2013**, S.600]
Energiequelle	Elektrische, mechanische, hydraulische, pneumatische, chemische, thermische, potentielle, kinetische oder andere Energiequelle [**DIN EN ISO 10218-1**:2012-01]
Engineering-dokumentation	Gesamtheit der Dokumente, die während der Anlagenplanung (von Grundlagenermittlung bis Detail Engineering) erarbeitet, verwaltet und abgelegt bzw. gespeichert werden [**Weber 2008**, S.302]
Entflammbarkeit	Fähigkeit eines Stoffes oder Produktes unter bestimmten Bedingungen mit sichtbarer Flamme zu brennen (ISO/IEC Guide 52) ANMERKUNG Die genaue Beurteilung der Entflammbarkeit eines Stoffes hängt von den Betriebsbedingungen der Maschine ab. [**DIN EN 13478**:2008-12]

Entnahme	[Im Bereich der Logistik ist Entnahme] ein Vorgang beim Kommissionieren. Bei der Entnahme wird eine bestimmte Menge von Artikeleinheiten entsprechend einer Kommissionierliste vom Bereitstellplatz entnommen. Ist die Entnahmemenge kein Vielfaches einer Verkaufs- oder Bereitstelleinheit, so entstehen Anbrucheinheiten oder Restmengen, die z. B. beim Kommissionierprinzip Ware-zum-Mann zurückgelagert werden. [**Hompel 2011**, S.86] Der Begriff Entnahme beschreibt logistikunabhängig den Vorgang des Aufnehmens von Bauteilen bzw. Werkstücken durch eine Entnahmevorrichtung, wie z. B. einen Roboter mit Greifer.
Entwicklungsphase	Teil des Produktentwicklungsprozesses, der die Erstellung der endgültigen Produktdefinition umfasst. [**DIN EN ISO 11442**:2006-06]
entzündliche Stoffe	[Stoffe], wenn sie in flüssigem Zustand einen niedrigen Flammpunkt haben [**GefStoffV vom 26. November 2010**, Stand 2015, §3 Gefährlichkeitsmerkmale]
erbgutverändernde (mutagene) Stoffe	[Stoffe], wenn sie bei Einatmen, Verschlucken oder Aufnahme über die Haut vererbbare genetische Schäden zur Folge haben oder deren Häufigkeit erhöhen können [**GefStoffV vom 26. November 2010**, Stand 2015, §3 Gefährlichkeitsmerkmale]
Erdungsleiter	→ Schutzleiter
Ereignis	Das Eintreten eines Zustandes im Ablauf [**Schmidtke 2013**, S.686]
erforderlicher Performance Level	→ Performance Level, erforderlicher
Erfüllungsvermutung	Unbestimmter Rechtsbegriff mit der Bezeichnung von Voraussetzungen, bei deren Einhalten und Nachweisen das Erfüllen gesetzlicher Vorgaben oder Pflichten vermutet wird. Diese allgemeine – gesetzliche – Erfüllungsvermutung unterliegt im Streitfall der Nachprüfung durch das ordentliche Gericht unter Mithilfe von Sachverständigen. Das Erfüllen von Erfüllungsvermutungen – Irrtum eingeschlossen – ist ein Nachweis des Erfüllens der rechtlichen Sorgfaltspflichten. [**VDI 4500 Blatt 1**:2006-06] Der Hersteller berücksichtigt bei der Entwicklung des Produktes, entsprechend dem Stand der Technik gültige harmonisierte Normen. Diese von ihm berücksichtigten Normen werden in der Konformitätserklärung (bzw. bei unvollständigen Maschinen der Einbauerklärung) aufgelistet. Hat der Hersteller seine Pflicht der Berücksichtigung und der Nennung dieser Normen erfüllt, dann darf, wegen der Regelung der Erfüllungsvermutung, innerhalb der Europäischen Union kein Mitgliedstaat den freien Warenverkehr des Produktes behindern.

Ergonomie	Wissenschaftliche Disziplin, die sich mit dem Verständnis der Wechselwirkungen zwischen menschlichen und anderen Elementen eines Systems befasst, und der Berufszweig, der Theorie, Prinzipien, Daten und Methoden auf die Gestaltung von Arbeitssystemen anwendet mit dem Ziel, das Wohlbefinden des Menschen und die Leistung des Gesamtsystems zu optimieren. [**DIN EN 13861**:2012-01]
ernstes Risiko	→ Risiko, ernstes
ERP, Enterprise-Resource-Planning-System	Das ERP-System (Enterprise-Resource-Planning-System) steuert und unterstützt alle Geschäftsprozesse des Unternehmens (Materialwirtschaft, Produktion, Rechnungswesen usw.). Dazu gehören auch die Bereitstellung von Rohmaterial, Verbrauchsmaterial und Werkzeugen. [**Kief 2013**, S.601]
Ersatzteile	Sammelbegriff für alle Teile, die im Zusammenhang mit Instandhaltungsmaßnahmen die Funktion der [Maschine, Anlage oder] Ausrüstung bewahren oder wiederherstellen. [...] Ersatzteile sind Teile (Einzelteile), Gruppen (Bau- und Teilegruppen) oder vollständige Erzeugnisse, die dazu bestimmt sind, beschädigte, verschlissene oder verbrauchte Teile, Gruppen oder Erzeugnisse zu ersetzen. [**VDI 4500 Blatt 3**:2006-06] Ersatzteile sind Bauteile, welche in einem Produkt verbaut, und bei einem Schaden am Produkt zu ersetzen, sind. Zu unterscheiden sind Ersatzteile von Verschleißteilen. Verschleißteile sind Teile, die sich abnutzen und deswegen regelmäßig ausgetauscht werden müssen (z. B. Sägeblätter, Bohrer). Ersatzteile sind dagegen Teile, welche nicht direkt verschleißen und trotzdem erfahrungsgemäß kaputt gehen können. Diese sind entweder in einer gesonderten Ersatzteilliste, einem Ersatzteilkatalog oder im Kapitel Wartung der Betriebsanleitung aufzuführen. Üblicherweise mit Angabe der Bestellnummer, damit das Ersatzteil leicht vom Kunden nachbestellt werden kann.
Ersatzteilkatalog	Zusammenstellung aller Ersatzteile zu einem Produkt in Form von Bildtafeln und Ersatzteillisten. [...] Enthält eine Zusammenstellung von Informationen über Ersatzteile eines Erzeugnisses oder einer Gruppe (im Folgenden Bezugsobjekt genannt). Je nach Art des Bezugsobjekts können unterschieden werden: Erzeugnis- und Gruppen- Ersatzteilliste. [**VDI 4500 Blatt 3**:2006-06] Der Ersatzteilkatalog listet Ersatz- und Verschleißteile des Produktes auf. Die Information über das Ersatzteil wird teilweise mit der technischen Spezifikation und einer bildlichen Darstellung des Teiles ergänzt. Der Ersatzteilkatalog soll dem Kunden ermöglichen Teile des Produktes, falls benötigt, zu identifizieren und zu ersetzen. Falsche Informationen in Ersatzteilkatalogen können hohe Kosten verursachen, weil durch Falschbestellung eines Teiles schnell längere Ausfallzeiten des Produktes entstehen können.

Ersatzteilzeichnung	Zeichnung für Ersatz- oder Verschleissteile bzw. werkstückberührende Teile.
Erstellungsphase	Stufe, in der die Arbeit an der Entwicklungsdokumentation ausgeführt wird [**DIN EN ISO 11442**:2006-06]
Erstinbetriebnahme	→ Inbetriebnahme
EU	Europäische Union
europäische Normungsorganisation	→ Normungsorganisation, europäische
europäische Werkstoffzulassung	→ Werkstoffzulassung, europäische
Europalette	Kurzform für Europoolpalette mit dem Grundmaß Länge 1200mm und Breite 800mm. Die Europalette wird vom Europäischen Palettenpool getragen, dessen Ziel ist, mit qualitativ gleichwertigen, sicheren und daher tauschfähigen Paletten, eine ununterbrochene Transportkette zu ermöglichen. In Deutschland überwacht die European Pallet Association (EPAL) als Dachorganisation der Gütegemeinschaft Paletten e. V. die Einhaltung der Qualitätsstandards. [Vgl. **Hompel 2011**, S.88f]
Expertensystem	Ein wissensbasiertes Rechnerprogramm, das sich zur Lösung von Problemen innerhalb eines begrenzten technischen Bereiches auf gemachte Erfahrungen und vorhandenes Wissen stützt, aber auch über die Regeln der notwendigen Methodik und Vorgehensweise verfügt. [**Kief 2013**, S.601]
Explosionsdarstellung	Bildliche Darstellung von Gegenständen, im Regelfall durch isometrische Projektion oder durch axonometrische oder perspektivische Darstellung, bei der alle Einzelteile der Gegenstände im selben Maßstab und in genauem Bezug zueinander, aber auseinandergezogen und der gemeinsamen (Koordinaten-)Achse zugeordnet, dargestellt sind [**DIN EN ISO 10209**:2012-11]
explosionsfähig	Brennbare feste Stoffe, die fein verteilt in Luft mit einer Zündquelle zur Explosion gebracht werden können, z. B. Mehl. [**Bender 2013**, S.582]
explosionsfähige Atmosphäre	ein Gemisch aus Luft und brennbaren Gasen, Dämpfen, Nebeln oder Stäuben unter atmosphärischen Bedingungen, in dem sich der Verbrennungsvorgang nach erfolgter Entzündung auf das gesamte unverbrannte Gemisch überträgt [**RICHTLINIE 2014/34/EU**]
explosionsgefährdeter Bereich	→ Bereich, explosionsgefährdeter

Explosions-grenze, obere	Höchste Konzentration eines brennbaren Stoffes in Luft, die noch durch Zündung zur Explosion gebracht werden kann. [**Bender 2013**, S.588]
Explosions-grenze, untere	Niedrigste Konzentration eines brennbaren Stoffes in der Luft, bei der das Dampf-Luft-Gemisch noch gezündet werden kann. [**Bender 2013**, S.592]
explosions-gefährliche Stoffe	[Stoffe], wenn sie in festem, flüssigem, pastenförmigem oder gelatinösem Zustand auch ohne Beteiligung von Luftsauerstoff exotherm und unter schneller Entwicklung von Gasen reagieren können und unter festgelegten Prüfbedingungen detonieren, schnell deflagrieren oder beim Erhitzen unter teilweisem Einschluss explodieren [**GefStoffV vom 26. November 2010**, Stand 2015, §3 Gefährlichkeitsmerkmale]
Externe Technische Dokumentation	Beinhaltet alle technischen Informationen über Produkte, die von einem Hersteller/ Vertreiber für Vertrieb, Anwender und Verbraucher bestimmt sind, und dient der Produktnutzung durch den Anwender. Anmerkung: Die Dokumentenarten und Dokumentationsprozesse können vielfältig sein. Qualität und Verständlichkeit der Externen Technischen Dokumentation bestimmen, ob und inwieweit die jeweiligen Zielgruppen die angebotenen Leistungen und Funktionen der Produkte vorteilhaft für sich nutzen können. Marketingunterlagen müssen ebenfalls in die Dokumentationsprozesse mit einbezogen werden. [**VDI 4500 Blatt 4**:2011-12]
	Zur externen technischen Dokumentation gehören u. a. die Betriebsanleitung, die Konformitätserklärung, Zeichnungen, E-Pläne. Abhängig von Produkt und Hersteller können aber z. B. auch dazu gehören: Ersatzteilkatalog, Schulungsunterlagen, Prüfbescheinigungen, Serviceunterlagen und Zuliefererdokumentation. Die Risikobeurteilung ist Teil der internen und nicht der externen technischen Dokumentation.
FA	→ Funktionen-analyse; FA
Fachkraft	Einzelperson, die aufgrund ihrer einschlägigen fachlichen Ausbildung, Schulung und/oder Erfahrung befähigt ist, Risiken zu erkennen und Gefährdungen zu vermeiden, die bei der Nutzung des Produkts auftreten [**DIN EN 82079-1**:2013-06]
Fachperson	→ Fachkraft
Fahrer	Ein „Fahrer" ist eine Bedienungsperson, die mit dem Verfahren einer Maschine betraut ist. Der Fahrer kann auf der Maschine aufsitzen, sie zu Fuß begleiten oder fernsteuern. [**MRL 2006/42/EG**, Anhang I]

Fail-safe-Technik	Fail-safe-Technik ist die Fähigkeit der Steuerung, beim Auftreten eines Fehlers einen sicheren Zustand herbeizuführen oder beizubehalten. [**VDI 2854**:1991-06]
Farbraum	In der Digitalfotografie haben sich die beiden Farbräume AdobeRGB und sRGB als Quasi-Standards etabliert. Die Buchstaben stehen für die drei Grundfarben Rot, Grün und Blau, mit denen nach dem Prinzip der additiven Farbmischung alle anderen Farben zusammengesetzt werden. So ist das Bild im Fernsehgerät oder Computermonitor aus lauter winzigen roten, grünen und blauen Pixeln aufgebaut, die im Auge des Betrachters zu einem Farbeindruck verschmelzen. [**Hennemann 2012**, S.49]
Fehlanwendung, vernünftigerweise vorhersehbare	[Nach Maschinenrichtlinie] die Verwendung einer Maschine in einer laut Betriebsanleitung nicht beabsichtigten Weise, die sich jedoch aus leicht absehbarem menschlichem Verhalten ergeben kann. [**MRL 2006/42/EG**, Anhang I]
	Anwendung eines Produkts in einer Weise, die nicht als bestimmungsgemäßer Gebrauch in der Gebrauchsanleitung beschrieben worden ist, die sich jedoch aus vorhersehbarem menschlichen Verhalten ergeben kann [**DIN EN 82079-1**:2013-06]
	In der Betriebsanleitung müssen, neben der Angabe der bestimmungsgemäßen Verwendung des Produktes, auch Angaben über vernünftigerweise vorhersehbare Fehlanwendungen gemacht werden. Diese Angaben dienen der Eingrenzung und Konkretisierung des Einsatzbereiches des Produktes.
Fehler	[Laut Produkthaftungsgesetz hat ein Produkt] einen Fehler, wenn es nicht die Sicherheit bietet, die unter Berücksichtigung aller Umstände, insbesondere a) seiner Darbietung, b) des Gebrauchs, mit dem billigerweise gerechnet werden kann, c) des Zeitpunkts, in dem es in den Verkehr gebracht wurde, berechtigterweise erwartet werden kann. Ein Produkt hat nicht allein deshalb einen Fehler, weil später ein verbessertes Produkt in den Verkehr gebracht wurde. [**ProdHaftG**]
	[Ein Fehler ist laut DIN12100 der] Zustand einer Einheit, in dem sie unfähig ist, eine geforderte Funktion zu erfüllen, wobei die durch Wartung oder andere geplante Handlungen bzw. durch das Fehlen äußerer Mittel verursachte Funktionsunfähigkeit ausgeschlossen ist. [IEV 191-05-01]
	ANMERKUNG [..] Ein Fehler ist oft das Ergebnis eines Ausfalls der Einheit selbst, er kann aber auch ohne vorherigen Ausfall vorhanden sein. [**DIN EN ISO 12100**:2011-03]
	Ein Fehler ist die unzulässige Abweichung eines Merkmals der Steuerung. Anmerkung: Eine unzulässige Abweichung ist der über den Toleranzbereich hinausgehende Unterschied zwischen dem Istwert und dem Sollwert eines Merkmals. [**VDI 2854**:1991-06]

Ein Produkt ist [...] dann fehlerhaft, wenn es nicht die Sicherheit bietet, die man unter Berücksichtigung aller Umstände berechtigterweise erwarten kann (sehr schwieriger Nachweis). Das Produkthaftungsgesetz unterscheidet insbesondere zwischen den folgenden Fehlerkategorien:
* Instruktionsfehler (z. B. Fehler in der Bedienungsanleitung)
* Entwicklungsfehler, Konstruktionsfehler, Herstellungsfehler (Fabrikationsfehler)
* Produktbeobachtungsfehler. [...].

Die folgenden Fehlerbeispiele sind in den einschlägigen Vorschriften und Normen zur Instruktionspflicht ausdrücklich aufgeführt:
* Inhaltliche Fehler: Druckfehler, falsche Anwendungsbeispiele, schlechte und falsche Übersetzung, fehlende und unklare Sicherheitshinweise
* Darbietungsfehler: fehlende Seiten, zu kleine Schrift, unklare Gliederung, ungenügend hervorgehobene (versteckte) Gefahrenhinweise, fehlende Warnhinweise.

Nach dem Recht der Produkthaftung wird unterschieden zwischen Entwicklungs-, Konstruktions-, Fabrikations-, Instruktionsfehler, zusätzlich fehlerhafte Produktbeobachtung und Organisation. [**VDI 4500 Blatt 1**:2006-06]

Das bürgerliche Gesetzbuch (BGB) spricht vom „Sachmangel" und nicht vom „Fehler", und legt dabei eine, im Vergleich zu derjenigen des Produkthaftungsgesetzes, leicht abweichende Definition zugrunde.

Fehler, aktiver	Die Schutzfunktion wird durch einen auftretenden Fehler ausgelöst, die spezifizierten Bedingungen sind jedoch nicht erfüllt. [**VDI/VDE 2180 Blatt 1**:2007-04]
Fehleranalyse	Methode mit deren Hilfe mögliche Fehler einer Systemkomponente, die Bedingungen des Fehlerauftritts, die Auswirkungen des Fehlers und dessen Effekte auf die Systemleistung untersucht werden. [**Schmidtke 2013**, S.690]
	Fehlerdiagnose mit anschließender Prüfung, ob eine Verbesserung machbar und wirtschaftlich vertretbar ist. [**DIN 31051**:2012-09]
Fehlerarten	Es können folgende Fehlerarten unterschieden werden: a) Bauelemente- und Gerätefehler, b) Dimensionierungsfehler, c) Fertigungsfehler, d) Installationsfehler, e) Entwurfsfehler, f) Konzeptfehler, g) Implementierungsfehler und h) Dokumentationsfehler. [Vgl. **Börcsök 2009**, S.37]
Fehlerbehandlung	Zunächst muss der Fehler erkannt werden, danach kann die Fehlerbehandlung erfolgen, die sich aus Fehlerlokalisierung und Fehlerbegrenzung mit anschließender Rekonfiguration zusammensetzt. [**VDI/VDE 3698**:1995-07]

Fehler-behebung	Bei einer Fehlerbehebung werden die unterbrochenen Funktionen mit konsistenten Daten fortgesetzt. [**VDI/VDE 3698**:1995-07]
Fehlerdiagnose	Maßnahmen zur Fehlererkennung, Fehlerortung und Ursachenfeststellung [**DIN EN 13306**:2010-12]
Fehler-erkennung	Fehlererkennungsverfahren werden in fehlertoleranten Systemen angewendet, um existierende Fehler zu erkennen. Hierfür gibt es zwei unterschiedliche Klassen von Verfahren. Die erste Verfahrensklasse wird parallel zum Programmablauf ausgeführt, die zweite Verfahrensklasse wird unabhängig vom Programmablauf ausgeführt. [**VDI/VDE 3698**:1995-07]
Fehlererkenn-ungszeit	Fehlererkennungszeit ist die Zeitspanne zwischen dem Eintreten eines Fehlers und seiner Erkennung. [**VDI 2854**:1991-06]
fehlerhaftes Produkt	→ Produkt, fehlerhaftes
Fehler, gefährlicher	Wird in gefährlich entdeckbarer und gefährlich unentdeckbarer Fehler gegliedert. • gefährlich entdeckbarer Fehler: Durch das Auftreten eines solchen Fehlers befindet sich das System in einem gefährlichen Zustand. Der Fehler ist jedoch durch z. B. Diagnosemaßnahmen entdeckt worden und dass System kann in einen sicheren Zustand überführt werden. • gefährlich unentdeckbarer Fehler: Durch das Auftreten eines solchen Fehlers befindet sich das System in einem gefährlichen Zustand. Der Fehler kann nicht oder wurde nicht durch z. B. Diagnosemaßnahmen entdeckt. [**Börcsök 2009**, S.36]
Fehler-management	Vorgehensweise, um den Benutzer bei der Entdeckung, Erklärung und Behebung von Fehlern zu unterstützen. [**DIN EN ISO 9241-13**:2000-08]
Fehler, passiver	Die Schutzfunktion wird durch einen auftretenden Fehler blockiert, die spezifizierten Bedingungen sind aber erfüllt. [**VDI/VDE 2180 Blatt 1**:2007-04]
Fehlerrate	Anzahl der Fehler pro Zeiteinheit, pro Produktionseinheit oder pro Fertigungsstelle [**Schmidtke 2013**, S.691]
Fehler, selbstmeldender	Ist ein Fehler, der sich beim Auftreten auch gleich bemerkbar macht. [**VDI/VDE 2180 Blatt 1**:2007-04]

Fehler, sicherer	Wird in sicher entdeckbarer und sicher unentdeckbarer Fehler gegliedert. • sicher entdeckbarer Fehler: Durch das Auftreten eines solchen Fehlers befindet sich das System in einem sicheren Zustand. Der Fehler ist jedoch durch z. B. Diagnosemaßnahmen entdeckt worden. • sicher unentdeckbarer Fehler: Durch das Auftreten eines solchen Fehlers befindet sich das System in einem sicheren Zustand. Der Fehler kann nicht oder wurde nicht durch z. B. Diagnosemaßnahmen entdeckt. [**Börcsök 2009**, S.36]
Fehlersuche	Vorgang zur methodischen Ermittlung der Ursache, warum ein Produkt (Maschine, Anlage, Fertigungssystem) eine Aufgabe nicht wie vorgesehen erfüllt, bzw. eine Funktion nicht wie vorgesehen ausgeführt wird. [Vgl. **DIN EN ISO 11161**:2010-10]
Fehler, systematischer	Fehler mit deterministischer Ursache, Fehler kann reproduziert und lokalisiert werden [**VDI/VDE 2180 Blatt 1**:2007-04]
Fehlertoleranz	Fähigkeit eines Systems, trotz eines oder mehrerer Fehler seine Funktionen aufrecht zu erhalten. [**Schmidtke 2013**, S.691]
Fehlervermeidung	Vorgehensweise, um die Wahrscheinlichkeit für das Auftreten von Fehlern zu minimieren. [**Schmidtke 2013**, S.691]
Fehlerwahrscheinlichkeit	→ HEP, Fehlerwahrscheinlichkeit
Fehlfunktion	Ausfall einer Maschine beim Ausführen einer bestimmungsgemäßen Funktion. [**DIN EN ISO 12100**:2011-03] Jede Abweichung von der erwarteten und vom Hersteller intendierten Funktion des Systems während der Systemnutzung. [**Schmidtke 2013**, S.691] Fehlfunktion ist die funktionelle Auswirkung beliebiger Ursachen, die zu einem nicht bestimmungsgemäßen Verhalten der Steuerung führen kann. [**VDI 2854**:1991-06]
Fehlzustand	→ Fehler
ferngesteuerte Instandhaltung	→ Instandhaltung, ferngesteuerte

Fertigstellung, mechanische	Zeitpunkt, zu dem die Montage der Anlage einschließlich aller wesentlichen Isolierungs- und Anstricharbeiten beendet und die Prüfungen auf mechanische Vollständigkeit und Funktionsfähigkeit, welche auch die Mess-, Regel-, Steuerungs- und Überwachungsanlagen und die Elektroeinrichtungen umfassen, sowie die Prüfungen gemäß relevanter Rechtsvorschriften, behördlicher Vorgaben und Stand der Technik erfolgreich durchgeführt und nachvollziehbar dokumentiert wurden [**Weber 2008**, S.306]
Fertigung	Die Überführung eines Stoffes oder Körpers von einem Rohzustand in einen Fertigzustand durch schrittweise Veränderung der Form und/oder der Stoffeigenschaften sowie die Erzeugung eines zusammengesetzten technischen Gebildes aus Teilen und/oder Teilgruppen. [**Schmidtke 2013**, S.691]
	Herstellung und Werkmontage von Anlagenkomponenten bzw. -teilen. [**Weber 2008**, S.303]
Fertigungsprozess	Der planmäßige Ablauf von Arbeitsvorgängen, bei dem Rohmaterial oder Halbfertigwaren mittels physikalischer und/oder chemischer Einwirkungen auf einen vorausbestimmten Endzustand gebracht werden [**Schmidtke 2013**, S.691]
Fertigungssystem, automatisiertes	→ automatisiertes Fertigungssystem
Fertigungssystem, flexibles	Gruppierung mehrerer Bearbeitungszentren bzw. flexibler Fertigungszellen, die eine vollautomatische Komplettbearbeitung von Teilefamilien in beliebigen Losgrößen, beliebiger Reihenfolge und ohne manuelle Eingriffe ermöglichen, da sie über ein gemeinsames, automatisches Werkstücktransport- und -wechselsystem verknüpft sind. In der Regel ist das gesamte System an einen Leitrechner angeschlossen. [**Kief 2013**, S.602]
Fertigungsverfahren, generative	Übergeordnete Bezeichnung für die bisher als Rapid Prototyping, Rapid Tooling und Rapid Manufacturing bezeichneten Verfahren zur schnellen und kostengünstigen Fertigung von Modellen, Mustern, Prototypen, Werkzeugen und Endprodukten. Diese Fertigung erfolgt schichtweise auf der Basis der CAD-internen Datenmodelle aus formlosen (Flüssigkeiten, Pulver u. a.) oder formneutralen Material (Band-, Draht, Papier oder Folie) mittels chemischer und/oder physikalischer Prozesse. Zu diesen Verfahren zahlen Stereolithografie, selektives Lasersintern, Fused Deposition Modelling, das Laminated Object Modelling und das 3D-Printing. Sie sind ökonomisch einsetzbar bei der Fertigung von Teilen mit einer hohen geometrischen Komplexität. [**Kief 2013**, S.604]

Fertigungs-zeichnung	Zeichnung, die alle Angaben zu einem Teil enthält, die zu dessen Fertigung erforderlich sind [**DIN EN ISO 10209**:2012-11]
Fertigungs-zelle, flexible	Hoch automatisierte, autonome Produktionseinheit, bestehend aus einer Maschine mit Werkzeug- und Werkstück-Wechseleinrichtung und zusätzlichen Überwachungseinrichtungen. [Vgl. **Kief 2013**, S.602]
Fertigungszentrum	→ Bearbeitungszentrum, BAZ
festgelegte Anforderung	→ Anforderung, festgelegte
festgelegte Toleranz	→ Toleranz, festgelegte
feststehende trennende Schutzeinrichtung	→ Schutzeinrichtung, feststehende trennende
Feuer	Oberbegriff sowohl für bestimmungsgemäßes Brennen (Nutzfeuer) als auch nicht bestimmungsgemäßes Brennen (Schadenfeuer) [**DIN EN 13478**:2008-12]
Feuerschutz	Die Festlegung aller Maßnahmen für die Verhütung, Erkennung, Kontrolle und Löschung eines Feuers zum Schutz von Leben und Eigentum. [**Schmidtke 2013**, S.691]
Filter	Jegliche Einrichtung die dazu dient, unerwünschte Materialien, Rauschvorgange, Signale oder Informationen zu entfernen. [**Schmidtke 2013**, S.692]
FMEA	[Ist] eine Methode zur Analyse möglicher Schwachstellen […] mit dem Ziel, Fehler bereits zu einem möglichst frühen Zeitpunkt und somit zu einem guten Kosten-Nutzenverhältnis zu erkennen und zu beheben. [**Hompel 2011**, S.97]
	Fehler-**M**öglichkeits- und **E**influss-**A**nalyse ist eine qualitative Analysemethode bzw. ein Verfahren zur Funktionsfähigkeit. Dabei wird das zu betrachtende System in geeignete Einheiten unterteilt. Diese werden unter Berücksichtigung der Betriebsparameter auf mögliche Fehlerarten und –Ursachen sowie die daraus resultieren-den Auswirkungen untersucht. Denn bekannte Ursachen und Folgen können durch Verbesserungs- und Kompensationsmaß-nahmen behandelt werden. [**VDI 4003**: 2007-03]
Flamme	Bereich der Verbrennung in der Gasphase, von dem sichtbare Strahlung ausgeht [**DIN EN 13478**:2008-12]
Flammschutz-mittel	Substanz, die einem Material zugegeben wird, oder eine Behand-lung, die angewendet wird, das Entstehen einer Flamme zu unter-drücken, oder zu verzögern und/oder die Ausbreitungsgeschwin-digkeit zu reduzieren. [**DIN EN 13478**:2008-12]

Fließschema	Schema, das die Richtung und Verteilung von Verbindungen zwischen den Teilen eines Systems mit einem oder mehreren Medien wie Wasser-, Abwasser-, Heizungs-, Klima- oder Kühlanlagen darstellt [**DIN EN ISO 10209**:2012-11] Zeichnerische Darstellung des Ablaufs, Aufbaus und der Funktion einer verfahrenstechnischen Anlage oder eines Anlagenteils [**DIN EN ISO 10209**:2012-11]
flexible Fertigungszelle	→ Fertigungszelle, flexible
flexibles Fertigungssystem	→ Fertigungssystem, flexibles
Fließbild	Darstellung des Fließweges der Einlass- oder Auslassströme bzw. der Werkstoffe, der Energie oder der Energieträger [**DIN ISO 6412-1**:1991-05]
Fluchtlinie	Linie, die parallel zu einer gegebenen Linie liegt, die durch das Projektionszentrum verläuft ANMERKUNG 1 Bei ihrem Schneiden mit der Projektionsebene entsteht der Fluchtpunkt aller Linien, die parallel zur gegebenen Linie liegen. [**DIN EN ISO 10209**:2012-11]
Fluchtpunkt	Abbildung des Schnittpunktes von allen parallelen geraden Linien in unendlicher Entfernung, die nicht parallel zur Projektionsebene liegen. ANMERKUNG Parallele Linien von Gegenständen konvergieren in der perspektivischen Darstellung im Fluchtpunkt, wenn sie nicht parallel zur Projektionsebene liegen. [**DIN EN ISO 10209**:2012-11]
Flucht- und Rettungsplan	Plan für die Nutzer einer baulichen Anlage, auf dem die erforderlichen Informationen über die Fluchtwege dargestellt sind und auf dem Informationen zur Evakuierung und Rettung sowie für zu ergreifende Sofortmaßnahmen enthalten sein können. [**DIN ISO 23601**:2010-12]
Fluchtweg	Gekennzeichneter Weg zu einem voraussichtlich sicheren Bereich [**DIN ISO 23601**:2010-12]
Fluide	Gase, Flüssigkeiten und Dämpfe als reine Phase sowie deren Gemische; Fluide können eine Suspension von Feststoffen enthalten [**RICHTLINIE 2014/68/EU**]
Flurförderzeug	Schienen- und fahrerlose, computergesteuerte Transportfahrzeuge für den Transport von Werkstücken und Werkzeugen. [**Kief 2013**, S.602] Ist ein bodengebundenes und – in aller Regel – nicht auf Schienen fahrendes Fördermittel, das dem horizontalen und vertikalen innerbetrieblichen Transport von Lasten oder – bei Vorhandensein entsprechender Einrichtungen – von Personen dient. [**Hompel 2011**, S.101]

flurfreie Fördertechnik	Eine flurfreie Fördertechnik wird i. Allg. unter der Decke oder einer aufgeständerten Stahlkonstruktion hängend montiert und ermöglicht darunter einen kreuzenden, flurgebundenen Materialfluss. Schaukelförderer, Elektrohängebahn oder Power-and-Free-Förderer sind typische Vertreter flurfreier Fördertechnik, während Stapler u. Ä. flurgebunden sind. [**Hompel 2011**, S.162]
Folgeschaden	Voraussetzung für jede Pflicht zum Schadenersatz ist, dass der Schaden als Folge eines bestimmten Ereignisses nachzuweisen ist (Ursächlichkeit). Zwischen dem schädigenden Ereignis und dem Schaden muss ein nachprüfbarer ursächlicher Zusammenhang (Kausalität) bestehen. [**Hennig Tjarks-Sobhani 1998**, S.96]
Förderanlage	Bezeichnet ein technisches System unterschiedlicher Komplexität mit örtlich begrenztem Arbeitsbereich, in dem Fördermittel gleicher oder verschiedener Ausführung fördertechnische Aufgaben erfüllen. [**Hompel 2011**, S.102]
Förderleistung	Wird definiert durch die Anzahl bewegter Einheiten in Stück oder Volumen bzw. Massen in Kilogramm oder Tonnen pro Zeiteinheit, ggf. multipliziert mit der Förderstrecke. [**Hompel 2011**, S.103]
Fördermittel	Sind technische Transportmittel, die innerhalb von örtlich begrenzten und zusammenhängenden Bereichen (z. B. innerhalb eines Werkes) das Fördern bewerkstelligen. [**Hompel 2011**, S.103]
Fördertechnik, flurfrei	→ flurfreie Fördertechnik
Formular	Hilfsmittel zur Beeinflussung von organisatorischen Abläufen im Sinne: Klarheit, Akzeptanz, Ordnung, Funktionalität, Werbung usw. oder elektronischer Vordruck, der eine formatierte und einheitliche Informationsein- und -ausgabe ermöglicht. [**Weber 2008**, S.303]
Formulieren, aktives	Anleitungstexte, vor allem Sicherheitshinweise, sollen aktiv formuliert sein, nicht passiv. Beispiel: „Drücken Sie die Taste." (nicht: „Die Taste wird gedrückt."). Bei Passivformulierungen ist unklar, wer das handelnde Subjekt ist, d. h., wer die Handlung ausführen soll. Wenn es sich .. um Sicherheitshinweise handelt, sind aktive Formulierungen besonders wichtig, um mögliche Gefahren durch Zeitverzögerungen oder Missverständnisse zu vermeiden. [**Böcher Thiele 2012**, S.16]
fortpflanzungsgefährdende (reproduktionstoxische) Stoffe	[Stoffe], wenn sie bei Einatmen, Verschlucken oder Aufnahme über die Haut a) nicht vererbbare Schäden der Nachkommenschaft hervorrufen oder die Häufigkeit solcher Schäden erhöhen (fruchtschädigend) oder b) eine Beeinträchtigung der männlichen oder weiblichen Fortpflanzungsfunktionen oder der Fortpflanzungsfähigkeit zur Folge haben können (fruchtbarkeitsgefährdend) [**GefStoffV vom 26. November 2010**, Stand 2015, §3 Gefährlichkeitsmerkmale]

Fortschritts-beurteilung	Bewertung des Fortschritts, der bezogen auf das Erreichen der Ziele des Projekts gemacht wurde. [**DIN-Fachbericht ISO 10006**:2004]
freier Bereich	→ Bereich, freier
Freigabe	Formelle Aktion einer autorisierten Person/Organisation, mit der ein Dokument für einen deklarierten Zweck im Prozessablauf für gültig erklärt wird [**DIN EN 82045-1**:2002-11]
	Erlaubnis zur Durchführung nachfolgender Arbeiten mit festgelegtem Inhalt. [**DIN 69901-5**:2009-01]
Freigabephase	Stufe, in der ein Dokument freigegeben wird [**DIN EN ISO 11442**:2006-06]
Freigabetaster	Stellteil, mit dem eine technische Funktion frei gegeben wird. [**Schmidtke 2013**, S.693]
Freigeben	Verfügbarmachen eines genehmigten Dokuments für seinen beabsichtigten Zweck. [**DIN EN ISO 11442**:2006-06]
Frequenz	Ist ein Maß für die Häufigkeit des Aufeinanderfolgens von Wiederholungen. Voraussetzung dafür ist die periodische Natur des gemessenen Vorganges. Frequenz kann auch beschrieben werden als Kehrwert der Periodendauer.
Frequenzgang	Beschreibt das Verhalten von Regelkreisgliedern in Abhängigkeit von der Frequenz. [**Heinrich 2015**, S.362]
Frequenz-umrichter	Ist eine elektronische Motorsteuerung, bei der die Drehzahl des Antriebs durch die regelbare Frequenz des Frequenzumrichters gesteuert wird. Hierzu erzeugt der Frequenzumrichter aus einer gleichgerichteten Spannung eine mehrphasige Spannung, die einem frequenzgeregelten Drehfeld für den Antrieb entspricht. [**Hompel 2011**, S.107]
Frosch-perspektive	Ein-Punkt-Methode, bei der von unten auf eine horizontale Projektionsebene geblickt wird [**DIN EN ISO 10209**:2012-11]
Führungs-schiene	Führungsschienen haben keine tragende Funktion; die Führung kann z. B. auch induktiv über einen Leitdraht sichergestellt werden. [**Hompel 2011**, S.108]
	Ein Führungssystem mit dem Bauteil Führungsschiene eingesetzt im Maschinenbau wird mit dem Oberbegriff Schienenführung bezeichnet. Dabei laufen ein oder mehrere Führungswagen auf feststehenden langen, meist geraden Schienen und sichern hierüber die Maschine in ihrer Bewegung ab.

Funktion	Die Wirkung eines Produktes oder eines seiner Bestandteile. Anmerkung [...]: Funktionen sollten in abstrakter Form, frei von Lösungen formuliert werden. [**DIN EN 1325**:2014-07]
	Funktionen sind logische Einheiten von Verrichtungen oder eine Reihe von Verrichtungen, die zur Erfüllung der Ziele des Arbeitssystems erforderlich sind. Funktionen werden streng im Sinne von Verrichtungen und nicht im Sinne von Mitteln zu deren Erfüllung beschrieben [**DIN EN ISO 15005**:2003-10]
funktionale Sicherheit	→ Sicherheit, funktionale
Funktionenanalyse; FA	Methode, die die Funktionen und ihre untereinander bestehenden Beziehungen, die systematisch beschrieben, klassifiziert und bewertet werden, umfassend darstellt [**DIN EN 1325**:2014-07]
Funktionsdesign®	Geschützte Methode mit deren Hilfe Technische Dokumentation strukturiert und standardisiert werden kann. Entwickelt wurde Sie von Muthig und Schäflein-Armbruster am Anfang der 90er Jahre aus Impulsen der Sprechakttheorie. Zu einer durch das Funktionsdesign® gewonnenen Systematik gehört, dass vier funktionale Ebenen hierarchisch organisiert werden und jedem vorkommenden Textsegment kommunikative Funktionen zugeordnet werden.
Funktionsdiagramm	Angaben zum funktionellen Verhalten eines Produktes werden in einem Diagramm dargestellt. [Vgl. **ISO 15519-1**:2010-03]
Funktionseinheit	Konstruktive Baugruppe, welche Bestandteile enthält, deren Funktionen in Wechselwirkung zueinander stehen. [Vgl. **ISO 14617-2**:2002-09]
	Ein nach seiner Wirkung abgegrenztes Gebilde, das z. B. deckungsgleich mit einer Baueinheit sein kann [**DIN EN ISO 11064-1**:2001-08]
Funktionselemente, äußere	Sind alle von der Arbeitsperson mit ihren Effektoren erreichbare und mit Rezeptoren erfassbare Teile von Maschinen, auf die sie zielgerichtet einwirkt oder die auf die Arbeitsperson einwirken. [**Neudörfer 2011**, S.534]
Funktionsfähigkeit	Eine Einheit ist in der Lage, die geforderte Funktion mit den vorgegebenen Bedingungen zu erfüllen. [**VDI/VDE 3698**:1995-07]

Funktions-prüfung	Erprobung und Prüfung der Anlagenkomponente, der Teilanlage oder der Anlage nach der Montage hinsichtlich ihrer einwandfreien technischen Funktion [**Weber 2006**, S.373]
	Funktionsprüfung kann entweder selbsttätig durch das Steuerungssystem oder personengebundenes Überwachen oder Prüfen beim Ablauf und/oder nach festgelegten Zeitabständen ausgeführt werden. [**Neudörfer 2011**, S.534]
Funktionsschaltplan	→ Funktionsdiagramm
Funktionsschaltschema	→ Funktionsdiagramm
Funktions-symbol	Graphisches Symbol zur Darstellung eines Objekts mit einem definierten Verhalten und versehen mit Anschlüssen für funktionale Ein- und Ausgänge [**DIN EN 81714-2**:2007-08]
Funktionstaste	Taste, mit der eine ihr zugeordnete Funktion eingestellt, ausgelöst oder ausgeführt wird. [**Schmidtke 2013**, S.694]
Funktionstest	Ist die Überprüfung der Vollständigkeit und Plausibilität aller in einem System implementierten Hard- und Softwarefunktionen, d. h. aller mechanischen, elektrischen, elektronischen und steuerungstechnischen Komponenten einschließlich der damit verbundenen Software. Während des Funktionstestes sollten alle Bedien- und Automatikfunktionen getestet sowie alle technischen Einrichtungen gemäß ihrer Spezifikation betrieben werden. Häufig vernachlässigte Voraussetzungen für den Funktionstest sind ausreichend geschultes Personal und Bereitstellung benötigter Mengen an Waren und Daten seitens Auftragnehmer und Auftraggeber. [**Hompel 2011**, S.109]
Funktions-zuordnungs-analyse	Funktionszuordnung ist eine Methode der Abstimmungsanalyse von Mensch-Maschine-Zuordnung von Systemfunktionen. Sie wird eingesetzt für die Bewertung und Auswahl optimaler Systemkonfigurationen. Für die Auswahl angemessener Funktionen sind die Leistungsgrenzen der Menschen, die Leistungsfähigkeit der Hard- und Software und die erwarteten Leistungsziele und Belastungen zu berücksichtigen. [**DIN EN ISO 11064-1**:2001-08]
Gabelstapler	[Ist] ein Flurförderzeug, das insbesondere zum Heben und Bewegen von Paletten eingesetzt wird. Das kennzeichnende Merkmal liegt darin, dass die Last außerhalb der Radbasis aufgenommen und verfahren wird. [...] Der Gabelstapler wird motorisch (Gas, Diesel, Batterie) betrieben. Er verfügt über einen hydraulischen Hubmast. Es werden Fahrwerke mit drei oder vier Rädern unterschieden. [**Hompel 2011**, S.112]

Gebotszeichen	Sicherheitszeichen, das ein bestimmtes Verhalten vorschreibt. [**DIN ISO 3864-1**:2012-06]
Gebrauch	Aktivität, die der Nutzer mit oder am Produkt während dessen ganzen Lebenszyklus ausführen darf. [**DIN EN 82079-1**:2013-06]
Gebrauch, bestimmungsgemäßer	→ bestimmungsgemäßer Betrieb
Gebrauchs-anleitungen	Information, die durch den Anbieter eines Produkts für den Nutzer bereitgestellt wird, mit allen notwendigen Bestimmungen zur Vermittlung durchzuführender Maßnahmen für den sicheren und effizienten Gebrauch des Produkts[...] Gebrauchsanleitungen eines einzelnen Produkts enthalten ein oder mehrere Dokumente. [**DIN EN 82079-1**:2013-06]
Gebrauchs-anweisung	Gebrauchsanweisungen sind Informationen von Gebrauchsprodukten, die getrennt oder zusammen mit dem Gebrauchsprodukt, dem Benutzer zur Verfügung gestellt werden.
Gefahr	[Nach dem Produktsicherheitsgesetz] ist Gefahr die mögliche Ursache eines Schadens [**ProdSG** vom 08.11.2011]
	Signalwort, das verwendet wird, um eine unmittelbar gefährliche Situation anzuzeigen, die, wenn sie nicht vermieden wird, eine schwere Verletzung oder den Tod zur Folge hat. [**DIN ISO 3864-2**:2008-07]
	Sachlage oder Situation, in der das Risiko größer als das größte noch vertretbare Risiko ist. Das Wort Gefahr ist das zum Begriff Sicherheit komplementäre Signalwort, welches explizit vor schwerwiegenden Gefahren warnt. Dabei kann sowohl auf aktuell an dem Produkt vorhandene Gefahrenstellen für Gefahren von Personenschäden und/ oder auf Gefahren von Sachschäden hingewiesen werden, wie z. B. auf die Gefahr fallender Lasten, scharfer Kanten und Werkzeuge, Lasergefahren, Verbrennungsgefahren etc. Gefahrenpotentiale können dabei entweder im Hintergrund vorhanden, aber noch nicht sichtbar sein, oder auch durch verwendete Stoffe und Mittel möglicherweise gesundheitsgefährdend oder krankheitserregend oder auch gefährlich durch vorhandene energetische Potentiale, wie z. B. Elektrizität. Das Signalwort Gefahr warnt dabei vor möglichen Gefährdungen mit einem hohen Risikograd, die, wenn sie nicht vermieden werden, die gefährdete Person betreffend, den Tod oder eine schwere Verletzung zur Folge haben kann. Leichtere Signalwörter sind die Signalwörter Warnung und Vorsicht.
Gefahrbereiche, zugängliche	Sind Bereiche, in denen z. B. Bereichssicherungen oder berührungslos wirkende Schutzeinrichtungen den Ganzkörperzugang ermöglichen. Ziel ist es, zu verhindern, dass die Maschine gestartet wird, während sich Personen im Gefahrbereich befinden. [Vgl. **DIN EN 12921-1**:2011-02]

gefahrbringende Bewegung	→ Bewegung, gefahrbringende
gefahrbringender Ausfall	→ Ausfall, gefahrbringender
gefahrbringender Zustand	→ Zustand, gefahrbringender
gefährdender Ausfall	→ Ausfall, gefahrbringender
gefährdete Person	→ Person, gefährdete
Gefährdung	Eine potenzielle Quelle von Verletzungen oder Gesundheitsschäden [**MRL 2006/42/EG**, Anhang I]
	[Gefährdung ist eine] potentielle Schadensquelle
	ANMERKUNG 1 Der Begriff „Gefährdung" kann spezifiziert werden, um den Ursprung (z. B. mechanische Gefährdung, elektrische Gefährdung) oder die Art des erwarteten Schadens (z. B. Gefährdung durch elektrischen Schlag, Gefährdung durch Schneiden, Gefährdung durch Vergiftung, Gefährdung durch Feuer) näher zu bezeichnen.
	ANMERKUNG 2 Die Gefährdung im Sinne dieser Definition ist entweder bei der bestimmungsgemäßen Verwendung der Maschine dauerhaft vorhanden (z. B. Bewegung von gefährdenden beweglichen Teilen, Lichtbogen beim Schweißen, ungesunde Körperhaltung, Geräuschemission, hohe Temperatur), oder kann unerwartet auftreten (z. B. Explosion, Gefährdung durch Quetschen als Folge eines unbeabsichtigten/ unerwarteten Anlaufs, Herausschleudern als Folge eines Bruches, Stürzen als Folge von Beschleunigung/ Abbremsen). [**DIN EN ISO 12100**:2011-03]
Gefährdung, relevante	Gefährdung, die als an der Maschine vorhanden oder mit ihrem Einsatz verbunden festgestellt wurde. [**DIN EN ISO 12100**:2011-03]
Gefährdungsanalyse	Die Prüfung einer oder mehrerer Situationen, um mögliche Gefährdungsursachen zu erkennen und zu beseitigen. [**Schmidtke 2013**, S.695]
	Die Gefährdungsanalyse wird auch als Risikoanalyse bezeichnet. Sie hat zum Ziel alle unerwarteten Gefahrenquellen aufzudecken und danach zu beseitigen.
Gefährdungsbereich	[Ist] jeder Bereich in einer Maschine und/oder um eine Maschine herum, in dem eine Person einer Gefährdung ausgesetzt sein kann [**DIN EN ISO 12100**:2011-03]
Gefährdungsbeurteilung	Systematische Untersuchung aller möglichen Gefährdungen vor der Aufnahme von Tätigkeiten und die Festlegung adäquater Schutzmaßnahmen. [**Bender 2013**, S.583]

Gefährdungs-ereignis	Ereignis, das Schaden verursachen kann ANMERKUNG Ein Gefährdungsereignis kann kurzzeitig oder über eine lange Zeitspanne hinweg auftreten. [**DIN EN ISO 12100**:2011-03]
Gefährdung, signifikante	Gefährdung, die als relevant festgestellt wurde und die vom Konstrukteur spezielle Maßnahmen erfordert, um das Risiko entsprechend der Risikobeurteilung auszuschließen oder zu reduzieren. [**DIN EN ISO 12100**:2011-03]
Gefährdungs-situation	Sachlage, bei der eine Person mindestens einer Gefährdung ausgesetzt ist. ANMERKUNG Diese Situation kann unmittelbar oder über eine Zeitspanne hinweg zu einem Schaden führen [**DIN EN ISO 12100**:2011-03] Umstände unter denen Menschen, Güter oder die Umwelt einer oder mehreren Gefährdungen ausgesetzt sind [**DIN EN ISO 14971**:2013-04]
Gefahren-analyse	Analyse eines technischen Erzeugnisses, seiner Eigenschaften, seiner verfahrenstechnischen Abläufe und seines Verhaltens zur Ermittlung von Gefahren [**Schmidtke 2013**, S.695] Ihre Aufgabe ist es, mögliche Unfallgefahren frühzeitig zu erkennen, um durch rechtzeitige Abhilfemaßnahmen eine ungefährdete Produktnutzung zu sichern. Zu unterscheiden ist zwischen Analysen im Bereich der Entwurfs- und Konstruktionssicherheit und der Nutzersicherheit. Die Technische Dokumentation gehört zum Bereich der Nutzungssicherheit und muss die Zuverlässigkeit menschlichen Handelns und die potenziellen Ursachen für fehlerhaftes Verhalten untersuchen. Ein geeignetes Werkzeug, welches allerdings an die Bedürfnisse der Technischen Dokumentation angepasst werden muss, ist die FMEA (Fehler-Möglichkeits- und -Einfluss-Analyse […]). [**VDI 4500 Blatt 1**:2006-06] Der Begriff „Gefahrenanalyse" ist auch eine veraltete Bezeichnung für den Prozess der Risikobeurteilung.
Gefahrenart	Unter der Art der Gefahr versteht man eine Klassifikation hinsichtlich des Vorgangs, der zu einer Verletzung führt. Dies kann ein mechanischer Vorgang sein (z. B. Quetschen oder Schneiden), ein elektrischer Vorgang (Stromschlag), scher (Lärm). Für Maschinen bietet die DIN EN ISO 12100:2011-03 eine umfängliche Liste möglicher Gefährdungen. Die Gefahrenart nennt dabei noch nicht die Folgen: So kann ein leichter Stromschlag zum Erschrecken führen, ein schwerer Stromschlag zum Tod. [**Thiele 2011**, S.170f]

Gefahren-bereich	Der Bereich in einer Maschine und/oder in ihrem Umkreis, in dem die Sicherheit oder die Gesundheit einer Person gefährdet ist. [**MRL 2006/42/EG**, Anhang I]
	Gefahrenbereich ist ein Bereich, in dem Personen durch gefahrbringende Bewegungen, Blendungen, Strahlungen, Flüssigkeiten, Lärm, gesundheitsgefährliche Stoffe usw. gefährdet werden können. [**VDI 2854**:1991-06]
	Ein Gefahrenbereich ist ein Bereich an einem Produkt, wo Gefahrstellen vorhanden sind und wo sich die von Gefahrquellen ausgehenden Gefahren auswirken können.
Gefahren-bezeichnung	Den Gefahrensymbolen nach Stoffrichtlinie 67/548/EWG zugeordnete Begriffe, z. B. giftig, leichtentzündlich, ätzend. [**Bender 2013**, S.583]
Gefahren-kategorie	Die Untergliederung nach Kriterien innerhalb der einzelnen Gefahrenklassen zur Angabe der Schwere der Gefahr [**CLP-Verordnung (EG) Nr. 1272**/2008]
Gefahrenklasse	Art der physikalischen Gefahr, der Gefahr für die menschliche Gesundheit oder der Gefahr für die Umwelt [**CLP-Verordnung (EG) Nr. 1272**/2008]
Gefahren-hinweis	Textaussage zu einer bestimmten Gefahrenklasse und Gefahrenkategorie, die die Art und gegebenenfalls den Schweregrad der von einem gefährlichen Stoff oder Gemisch ausgehenden Gefahr beschreibt [**CLP-Verordnung (EG) Nr. 1272**/2008]
Gefahren-meldeanlage	Anlage, die die Möglichkeit eines Brandausbruchs entdeckt und entsprechende Notfallmaßnahmen auslöst. [**DIN EN 13478**:2008-12]
Gefahren-piktogramm	Eine grafische Darstellung, die aus einem Symbol sowie weiteren grafischen Elementen, wie etwa einer Umrandung, einem Hintergrundmuster oder einer Hintergrundfarbe, besteht und der Vermittlung einer bestimmten Information über die betreffende Gefahr dient [**CLP-Verordnung (EG) Nr. 1272**/2008]
Gefahrenquellen	→ Gefahrenart
Gefahren-signale, akustische	Akustische Signale, die auf eine über die allgemeine Betriebsgefahr hinausgehende Gefahrenlage (Beginn, Dauer, Ende) aufmerksam machen. [Vgl. **DIN 33404-3**:1982-05]

Gefahrensignal, optisches	[Optisches] Signal, das den nahe bevorstehenden Beginn oder das tatsächliche Vorhandensein einer Gefahrenlage anzeigt, das Risiko des Personenschadens oder des Sachschadens einschließt und gewisse menschliche Reaktionen zur Gefahrbeseitigung, Kontrolle oder andere Sofortmaßnahmen erfordert[.] Es wird zwischen zwei Arten von optischen Gefahrensignalen unterschieden: optisches Warnsignal und optisches Notsignal. [**DIN EN 842**:2009-01]
Gefahrensignalleuchte	Lichtquelle, die zur Übermittlung von Informationen über das Vorhandensein einer Gefahrenlage durch einen oder mehrere Merkmale wie Leuchtdichte, Farbe, Form, Ort und Zeitverlauf, bestimmt sind. [**DIN EN 842**:2009-01]
Gefahr, Signalwort	→ Signalwort, Gefahr
Gefahrensymbol	Bildhafte Darstellung gefährlicher Eigenschaften nach Stoffrichtlinie, z. B. Totenkopf, Andreaskreuz. [**Bender 2013**, S.584]
Gefahrenübergang	→ Gefahr- und Lastenübergang
Gefahr, ernste	[Nach Produktsicherheitsrichtlinie jede] Gefahr, die ein rasches Eingreifen der Behörden erfordert, auch wenn sie keine unmittelbare Auswirkung hat [**Richtlinie 2001/95/EG**]
Gefahrgut	Güter von denen Gefahren für Mensch und Umwelt ausgehen können und die deshalb unter Beachtung besonderer Vorschriften und Verordnungen transportiert und gelagert werden müssen. [**VDA Empfehlung 5002**:1997-12]
	Der Transport von Gefahrgut wird in Deutschland über Gefahrgutverordnungen geregelt, deren Grundlage das internationale Gefahrgutrecht bildet. Bei jeglichem Transport von Gefahrgut auf der Straße, auf Schienen, in Binnengewässern, in der Luft oder zur See sind diese nationalen und internationalen Gesetze und Regeln bindend.
Gefahrklasse	Einteilung gefährlicher Güter beim Transport aufgrund ihrer Eigenschaften in neun Hauptklassen. [**Bender 2013**, S.584]
gefährliche Arbeitsstoffe	→ Gefahrstoff
gefährliche Güter	Transportgüter, die aufgrund ihrer Eigenschaften in eine der neun Gefahrenklassen eingeteilt sind und den Gefahrgutvorschriften unterliegen. [**Bender 2013**, S.584]
gefährlicher Fehler	→ Fehler, gefährlicher

gefährlicher Stoff	Stoff, dem aufgrund seiner Eigenschaft ein Gefährlichkeitsmerkmal zugeordnet ist. [**Bender 2013**, S.584]
gefährliches Produkt	→ Produkt, gefährliches
Gefährlichkeitsmerkmale	Die 15 gefährlichen Eigenschaften nach der Stoffrichtlinie. [**Bender 2013**, S.584]
Gefahrquellen	Sind geometrische Orte an einer Maschine, von denen ausgehend eine Gefahr zu einem Schaden führen kann. Sie entstehen durch unkontrolliertes Freisetzen stofflicher oder energetischer Potentiale, z. B. durch Gegenstände, die sich in freien Bahnen bewegen, Personen erreichen und verletzen können. [**Neudörfer 2011**, S.535]
Gefahrstellen	Eine Gefahrstelle ist eine Stelle, an der eine Person verletzt werden kann. [**VDI 2854**:1991-06] Gefahrenstellen sind definierte Orte im Gefahrbereich der Anlagen, an denen Personen durch Bewegungen von Maschinenteilen, Maschinenwerkzeugen oder Werkzeugteilen, Werkstücken oder Werkstückteilen, bearbeiteten Materialien verletzt werden können. [**DIN EN 12921-1**:2011-02]
Gefahrstoff	Gefahrstoffe im Sinne [...] [der Gefahrenstoffverordnung] sind 1. gefährliche Stoffe und Zubereitungen [...], 2. Stoffe, Zubereitungen und Erzeugnisse, die explosionsfähig sind, 3. Stoffe, Zubereitungen und Erzeugnisse, aus denen bei der Herstellung oder Verwendung [gefährliche] Stoffe [...] entstehen oder freigesetzt werden, 4. Stoffe und Zubereitungen, die [...] auf Grund ihrer physikalisch-chemischen, chemischen oder toxischen Eigenschaften und der Art und Weise, wie sie am Arbeitsplatz vorhanden sind oder verwendet werden, die Gesundheit und die Sicherheit der Beschäftigten gefährden können, 5. alle Stoffe, denen ein Arbeitsplatzgrenzwert zugewiesen worden ist. [**GefStoffV vom 26. November 2010**, Stand 2015, §2 Begriffsbestimmungen] Gefährlich [...] sind Stoffe und Zubereitungen, die eine oder mehrere der [...] genannten Eigenschaften aufweisen. Stoffe und Zubereitungen sind und 1. explosionsgefährlich [...] 2. brandfördernd [...] 3. hochentzündlich [...] 4. leichtentzündlich [...] 5. entzündlich [...] 6. sehr giftig [...] 7. giftig [...] 8. gesundheitsschädlich [...] 9. ätzend [...] 10. reizend [...] 11. sensibilisierend [...] 12. krebserzeugend (kanzerogen) [...] 13. fortpflanzungsgefährdend (reproduktionstoxisch) [...] 14. erbgutverändernd (mutagen) [...] 15. umweltgefährlich [...] [**GefStoffV vom 26. November 2010**, Stand 2015, §3 Gefährlichkeitsmerkmale]

Gefahr- und Lastenübergang	[Nach dem Bürgerlichen Gesetzbuch gilt Folgendes:] Mit der Übergabe der verkauften Sache geht die Gefahr des zufälligen Untergangs und der zufälligen Verschlechterung auf den Käufer über. Von der Übergabe an gebühren dem Käufer die Nutzungen und trägt er die Lasten der Sache. Der Übergabe steht es gleich, wenn der Käufer im Verzug der Annahme ist. [**BGB**, Stand 20.11.2015]
geführte Last	Last, die während ihrer gesamten Bewegung an starren Führungselementen oder an beweglichen Führungselementen, deren Lage im Raum durch Festpunkte bestimmt wird, geführt wird. [**MRL 2006/42/EG**, Anhang I]
gelenkte Instandhaltung	→ Instandhaltung, gelenkte
Gelenkwellen, abnehmbare	Ein abnehmbares Bauteil zur Kraftübertragung zwischen einer Antriebs- oder Zugmaschine und einer anderen Maschine, das die ersten Festlager beider Maschinen verbindet. Wird die Vorrichtung zusammen mit der Schutzeinrichtung in Verkehr gebracht, ist diese Kombination als ein einziges Erzeugnis anzusehen. [**MRL 2006/42/EG**], [**9. ProdSV** vom 15.12.2011]
Genehmigung	Bestätigung einer autorisierten Person/Organisation, dass etwas zuvor festgelegten Anforderungen entspricht [**DIN EN 82045-1**:2002-11]
Genehmigungsdokumentation	Gesamtheit der Dokumente, die für Beantragung, Erteilung und Erhaltung einer behördlichen Genehmigung zur Errichtung und dem Betrieb einer Anlage nötig sind sowie erarbeitet und abgelegt bzw. gespeichert werden [**Weber 2008**, S.303]
Genehmigungsphase	Stufe, in der der Dokumenteninhalt formell geprüft und genehmigt wird [**DIN EN ISO 11442**:2006-06]
generative Fertigungsverfahren	→ Fertigungsverfahren, generative
geometrisches Element	→ Element, geometrisches
geplante Instandhaltung	→ Instandhaltung, geplante
Geräte	Als Geräte gelten Maschinen, Betriebsmittel, stationäre oder ortsbewegliche Vorrichtungen, Steuerungs- und Ausrüstungsteile sowie Warn- und Vorbeugungssysteme, die einzeln oder kombiniert Energien erzeugen oder übertragen, speichern, messen, regeln, umwandeln oder verbrauchen oder zur Verarbeitung von Werkstoffen bestimmt sind und die eigene potentielle Zündquellen aufweisen und dadurch eine Explosion verursachen können. [**11. ProdSV** vom 12.12.1996], [**RICHTLINIE 2014/34/EU**]

Gerät, komplexes	Gerät, bestehend aus einer Vielzahl von Bestandteilen, welche in ihren Funktionen voneinander abhängig sind. Für deren Beschreibung wird ein Übersichtsdiagramm benötigt. [Vgl. **ISO 14617-2**:2002-09]
Geräteliste	Dokument, in dem alle Informationen zu den funktionalen Komponenten, die Bestandteil eines Systems sind, aufgelistet wurden. [Vgl. **ISO 29845**:2011-09]
Gesamtdokumentation	Gesamtheit aller Dokumente, die im Leben der [Maschine oder] Anlage erstellt, verwaltet und archiviert werden [**Weber 2008**, S.303]
Gesamtheit von Maschinen	Sind Maschinen oder Maschinenteile dazu bestimmt zusammenzuwirken, so müssen sie so konstruiert und gebaut sein, dass die Einrichtungen zum Stillsetzen, einschließlich der NOT-HALT-Befehlsgeräte, nicht nur die Maschine selbst stillsetzen können, sondern auch alle damit verbundenen Einrichtungen, wenn von deren weiterem Betrieb eine Gefahr ausgehen kann. [**MRL 2006/42/EG**, Anhang I]
geschlossener Regelkreis	→ Regelkreis, geschlossener
geschützter Bereich	→ Bereich, geschützter
Geschwindigkeit, reduzierte	Betriebsart der Roboterbewegungssteuerung, in der die Geschwindigkeit auf 250 mm/s oder weniger begrenzt ist. ANMERKUNG Die reduzierte Geschwindigkeit soll Personen genügend Zeit geben, sich entweder von der gefährdenden Bewegung zurückzuziehen oder den Roboter anzuhalten. [**DIN EN ISO 10218-1**:2012-01]
Geschwindigkeit, sicherheitsbewertete überwachte	Sicherheitsbewertete Funktion, die einen Sicherheitshalt auslöst, wenn entweder die kartesische Geschwindigkeit eines Punktes, bezogen auf den Roboterflansch (z. B. der Werkzeugarbeitspunkt [..]) oder die Geschwindigkeit einer oder mehrerer Achsen einen festgelegten Grenzwert überschreitet. [**DIN EN ISO 10218-1**:2012-01]
Gesichtsfeld	Gesamtheit der Objektpunkte, die bei ruhendem Kopf und ruhendem Auge wahrgenommen werden können. Die Größe des Bereichs scharfen Sehens beträgt 5° zirkular, der Bereich des optimalen Gesichtsfeldes beträgt ca. 30° zirkular und der des peripheren Sehens ca. 170° horizontal und ca. 113° vertikal. [**Schmidtke 2013**, S.696]
gesteuertes Stillsetzen einer Maschinenbewegung	→ Stillsetzen einer Maschinenbewegung, gesteuertes

gesundheits-schädliche Stoffe	[Stoffe], wenn sie bei Einatmen, Verschlucken oder Aufnahme über die Haut zum Tod führen oder akute oder chronische Gesundheitsschäden verursachen können [**GefStoffV vom 26. November 2010**, Stand 2015, §3 Gefährlichkeitsmerkmale]
Gewährleistung	Im Rahmen eines Vertrags für eine vereinbarte Beschaffenheit (zugesicherte Eigenschaften) des Werkes (Vertragsgegenstand) gemäß den vereinbarten Maßnahmen bei Nichterfüllung ein zu stehen. [**Weber 2008**, S.304]
Gewährleistung, technische	Versprechen, über einen definierten Zeitraum für eine funktionierende [Maschine oder] Anlage zu gewährleisten. Die [Maschine oder] Anlage ist in diesem Zeitraum für einen störungsarmen Dauerbetrieb entsprechend dem Stand der Technik und der betrieblichen Praxis geeignet, sofern die Garantievoraussetzungen eingehalten werden. [**Weber 2006**, S.378f]
giftige Stoffe	[Stoffe], wenn sie in geringer Menge bei Einatmen, Verschlucken oder Aufnahme über die Haut zum Tod führen oder akute oder chronische Gesundheitsschäden verursachen können [**GefStoffV vom 26. November 2010**, Stand 2015, §3 Gefährlichkeitsmerkmale]
gleichartige Ausfälle	→ Ausfälle, gleichartige
Gleitreibung	Die auf die gegenseitige Andruckkraft bezogene Kraft, die notwendig ist, um zwei sich berührende Körper gegeneinander zu bewegen. [**Schmidtke 2013**, S.697]
Grat	Materialüberhang außerhalb der idealgeometrischen Form einer Außenkante, der nach der mechanischen Bearbeitung oder einem Formgebungsprozess zurückbleibt [**DIN ISO 13715**:2000-12]
Grenzen der Maschine	Grenzen der Maschine unter Berücksichtigung aller Lebensphasen der Maschine festzulegen ist der erste Schritt bei der Durchführung der Risikobeurteilung. In der Norm DIN EN ISO 14121-1 werden Beispiele für Grenzen der Maschine aufgeführt, dies sind z. B. Verwendungsgrenzen, räumliche Grenzen, zeitliche Grenzen, umgebungsbezogene Grenzen, Grenzen durch einen erforderlichen Grad an Sauberkeit oder Grenzen durch Eigenschaften des zu verarbeitenden Materials.
Grenzrisiko	Größtes vertretbares Risiko. Das Grenzrisiko lässt sich selten qualitativ bestimmen, und wird oft durch objektive und subjektive Einflüsse bestimmt. Hierzu zählen sowohl persönliche Gefahrenbereitschaft, gesellschaftliche Akzeptanz als auch der betroffene Personenkreis. Es grenzt den Bereich der Sicherheit von dem der Gefahr ab. [**VDI/VDE 2180 Blatt 1**:2007-04]

Grundformen, graphische	Konstrukte wie Linien, kreisförmige Bögen, Polygonzüge, Ellipsen usw., die erforderlich sind, um eine Figur in einem rechnerunterstützten Zeichensystem zu zeichnen [**DIN EN 81714-2**:2007-08]
Grundlagenzeichnung	Zeichnung, die ein bestimmtes Entwurfsstadium zeigt und den Entwerfern in einem Projekt als Grundinformation für den weiteren Entwurf dient [**DIN EN ISO 10209**:2012-11]
Grundlegende Sicherheitshinweise	→ Sicherheitshinweise, grundlegende
grundlegende Sicherheits- und Gesundheitsschutzanforderungen	Die grundlegenden Sicherheits- und Gesundheitsschutzanforderungen sind die verbindlichen Vorschriften für die Konstruktion und den Bau von Produkten, für die diese Verordnung [Maschinenverordnung] gilt. Zweck dieser Anforderungen ist es, ein hohes Maß an Sicherheit und Gesundheitsschutz von Personen und gegebenenfalls von Haustieren, die Sicherheit von Sachen sowie, soweit anwendbar, den Schutz der Umwelt zu gewährleisten. Die grundlegenden Sicherheits- und Gesundheitsschutzanforderungen sind in Anhang I der Richtlinie 2006/42/EG [Maschinenrichtlinie] angegeben. [**9. ProdSV** vom 15.12.2011]
Grundriss	Ansicht, Schnittansicht oder Schnitt in einer horizontalen Ebene, von oben gesehen [**DIN EN ISO 10209**:2012-11]
GS-Stelle	[Ist] eine Konformitätsbewertungsstelle, der von der Befugnis erteilenden Behörde die Befugnis erteilt wurde, das GS-Zeichen zuzuerkennen [**ProdSG** vom 08.11.2011]
GS-Zeichen	[Ist] ein geschütztes Sicherheitszeichen, das anzeigt, dass das gekennzeichnete Serienprodukt eine freiwillige sicherheitstechnische Bauartprüfung im Sinne des Geräte- und Produktsicherheitsgesetzes durch eine zugelassene Stelle erfolgreich bestanden hat und dass dessen Herstellung einer regelmäßigen Überwachung unterliegt. [**Neudörfer 2011**, S.535]
	Das Kürzel GS steht für „geprüfte Sicherheit" eines Produktes. Das GS-Zeichen ist freiwillig hat nichts mit der CE-Kennzeichnung zu tun, welche von dem Hersteller eines Produktes verpflichtend durchzuführen ist.
Gültigkeit	Identifikation der gültigen Verwendung einer Dokumentenversion, bestimmt durch ein Datum oder ein Ereignis [**DIN EN 82045-1**:2002-11]
Gurtförderer	Ein endloser, vorgespannter und über eine Rolle angetriebener Gurt wird auf Tragrollen oder gleitend auf einer Unterkonstruktion geführt und fördert auf der Oberseite Fördergut, wie Bauteile oder Artikeleinheiten von der Aufgabestelle zur Abgabestelle. [Vgl. **Hompel 2011**, S.120]

Haftpflicht	Verpflichtung, den Schaden zu ersetzen, den man einem Dritten zugefügt hat. [**Weber 2008**, S.304]
Haftung	„Einstehen müssen" für eine aus einem Schuldverhältnis resultierende Schuld. Im Rahmen der Gewährleistungshaftung während der Gewährleistungsfrist verschuldensunabhängige Pflicht zum Wiederherstellen schadhaft oder unbrauchbar gewordener Teile oder Maschinen. In der Produkthaftung Haftung des Verursachers für den durch sein Handeln oder Unterlassen entstandenen Sach- oder Personenschaden. Nach dem (europäisch harmonisierten) Produkthaftungsgesetz verschuldensunabhängig bei Sachschäden für Schäden bei privater Nutzung und Personenschäden. Dokumentationsfehler und Fehler in Benutzerinformationen sind haftungsrelevant, wenn dadurch Schäden ausgelöst oder nicht verhindert werden. [**VDI 4500 Blatt 1**:2006-06]
Halbautomatik	Betriebszustand, wo jeder Zyklus manuell eingeleitet wird, dann aber automatisch bis zum Ende abläuft (z. B. um Gussstücke zu produzieren, wobei mindestens einer der Prozessschritte, welcher außerhalb der Maschine verrichtet wird, vom Bediener ausgeführt wird). [**DIN EN 869**:2009-12]
Halbschnitt	→ Halbschnittansicht
Halbschnittansicht	Darstellung eines symmetrischen Gegenstandes, der, getrennt durch die Mittenlinie, zur Hälfte als Ansicht und zur Hälfte als Schnittansicht gezeichnet ist. [**DIN EN ISO 10209**:2012-11]
Halt, sicherer	Unterbrechung der Energieversorgung zum Antrieb, so dass gefährliche Maschinenbewegungen infolge von Fehlern in der Steuerung verhindert werden. [**DIN EN 13218**:2010-09]
Handbediengerät	→ Programmierhandgerät
Handbetrieb	Betriebszustand, wo die einzelnen Schritte in dem Maschinenzyklus in einer vorbestimmten Reihenfolge manuell eingeleitet werden (z. B. um einzelne Prozessschritte zu fahren (nur in der programmgemäßen Reihenfolge), wie z. B. den Gießzyklus beenden oder den Gießzyklus durchfahren für Tests oder Fehlersuche) [**DIN EN 869**:2009-12]
Handbuch	Dokument, das Informationen für die Nutzung eines Produkts enthält. [**DIN EN 82079-1**:2013-06]
Handeingabeprogrammierung	→ Teachen
Handeingabe-Steuerung	Maschine mit integriertem Programmiersystem, sodass die Programmierung kompletter Bearbeitungsabläufe direkt an der Maschine erfolgen kann. [Vgl. **Kief 2013**, S.605]

Handgehaltenes Betriebsmittel	→ Betriebsmittel, handgehaltenes
Handgerät	Bewegbare Einrichtung oder Teil einer beliebigen Einrichtung, die oder der zum bestimmungsgemäßen Betrieb in der Hand gehalten wird [**DIN EN 60950-1**:2014-08]
Handhabungsgerät	Andere Bezeichnung für einen Roboter zum Beladen/Entladen einer Maschine, zum Werkzeugwechsel oder zum Montieren von Teilen. [**Kief 2013**, S.605]
Handhabungssystem	→ Handhabungsgerät
Handhabungstechnik	Wird etwa seit den 70er Jahren zunehmend als Betriebsmittel in Produktion und Montage verwendet. Sie wird insbesondere zur Entlastung des Menschen von schwerer, monotoner oder gefährlicher Arbeit eingesetzt. [**Hompel 2011**, S.1]
Händler	[Nach dem Produktsicherheitsgesetz] ist Händler jede natürliche oder juristische Person in der Lieferkette, die ein Produkt auf dem Markt bereitstellt, mit Ausnahme des Herstellers und des Einführers [**ProdSG** vom 08.11.2011]
	Gewerbetreibender, der Sachen gewerbsmäßig verkauft, ohne sie selbst herzustellen oder – Ausnahme Verpackung – zu ändern. Ein H[ändler] hat eingegrenzte Verantwortung für Schäden fehlerhafter Produkte, ist jedoch verantwortlich für alle von ihm und unter seinem Namen erscheinende Darbietung. Er führt teilweise auch Kundendienst durch, organisiert die Instandhaltung usw. [**Hennig Tjarks-Sobhani 1998**, S.107]
Handlungen im Notfall	[Sind] sämtliche Tätigkeiten und Funktionen im Notfall, die auf dessen Beendigung oder Behebung ausgerichtet sind [**DIN EN ISO 12100**:2011-03]
Handlungsbereich	Handlungsbereich ist der räumlich bewusst gestaltete funktionelle Bereich der Maschine, auf dessen äußere Funktionselemente Arbeitspersonen zielgerichtet einwirken. [**Neudörfer 2011**, S.535]
handlungsbezogene Sicherheitshinweise	→ Warnhinweis
Handsteuerung	Steuerung eines technischen Systems mit handbetätigten Steuerelementen [**Schmidtke 2013**, S.699]
Hardcopy	Gedruckte oder geplottete Kopie eines ganzen Datensatzes oder eines Teils davon [**DIN ISO 16792**:2008-12]
harmonisierte Norm	→ Norm, harmonisierte
harmonisierter geregelter Bereich	→ Bereich, harmonisierter geregelter

Harmonisierungs-rechtsvorschriften der Union	Rechtsvorschriften der Union zur Harmonisierung der Bedingungen für die Vermarktung von Produkten [**RICHTLINIE 2014/34/EU**]
Hauptansicht	Ansicht, die die wesentlichen Merkmale eines Gegenstandes zeigt; die wesentlichen Merkmale dürfen in Hinblick auf die Planung, den Zusammenbau, den Verkauf, die Nutzung oder die Wartung ausgewählt werden [**DIN ISO 5456-1**:1998-04]
Hebevorgang	Vorgang der Beförderung von Einzellasten in Form von Gütern und/oder Personen unter Höhenverlagerung. [**MRL 2006/42/EG**, Anhang I]
Heizungs-, Lüftungs- und Klimatisierungszeichnung	Zeichnung, die Systeme für Heizung, Lüftung, Klimatisierung, Kühlungs- und Heizungspumpen usw. zeigt [**DIN EN ISO 10209**:2012-11]
HEP, Fehlerwahrscheinlichkeit	HEP ist ein Maß für menschliche Zuverlässigkeit: Anzahl gemachter Fehler/ Zahl möglicher Fehler. [**Schmidtke 2013**, S.691]
Hersteller	[Hersteller im Sinne des Produkthaftungsgesetzes] ist, wer das Endprodukt, einen Grundstoff oder ein Teilprodukt hergestellt hat. Als Hersteller gilt auch jeder, der sich durch das Anbringen seines Namens, seiner Marke oder eines anderen unterscheidungskräftigen Kennzeichens als Hersteller ausgibt. [..] Als Hersteller gilt ferner, wer ein Produkt zum Zweck des Verkaufs, der Vermietung, des Mietkaufs oder einer anderen Form des Vertriebs mit wirtschaftlichem Zweck im Rahmen seiner geschäftlichen Tätigkeit in [...] den Europäischen Wirtschaftsraum einführt [...]. [..] Kann der Hersteller des Produkts nicht festgestellt werden, so gilt jeder Lieferant als dessen Hersteller, es sei denn, dass er dem Geschädigten innerhalb eines Monats, nachdem ihm dessen diesbezügliche Aufforderung zugegangen ist, den Hersteller oder diejenige Person benennt, die ihm das Produkt geliefert hat. [**ProdHaftG**] [Hersteller im Sinne des Produktsicherheitsgesetzes ist] jede natürliche oder juristische Person, die ein Produkt herstellt oder entwickeln oder herstellen lässt und dieses Produkt unter ihrem eigenen Namen oder ihrer eigenen Marke vermarktet; als Hersteller gilt auch jeder, der a) geschäftsmäßig seinen Namen, seine Marke oder ein anderes unterscheidungskräftiges Kennzeichen an einem Produkt anbringt und sich dadurch als Hersteller ausgibt oder b) ein Produkt wiederaufarbeitet oder die Sicherheitseigenschaften eines Verbraucherprodukts beeinflusst und dieses anschließend auf dem Markt bereitstellt [**ProdSG** vom 08.11.2011] [Hersteller im Sinne der Maschinenrichtlinie ist] jede natürliche oder juristische Person, die eine [...] Maschine oder eine unvollständige Maschine konstruiert und/oder baut und für die Übereinstimmung der Maschine oder unvollständigen Maschine mit dieser Richtlinie im Hinblick auf ihr Inverkehrbringen unter ihrem eigenen Namen

oder Warenzeichen oder für den Eigengebrauch verantwortlich ist. Wenn kein Hersteller im Sinne der vorstehenden Begriffsbestimmung existiert, wird jede natürliche oder juristische Person, die eine von dieser Richtlinie erfasste Maschine oder unvollständige Maschine in Verkehr bringt oder in Betrieb nimmt, als Hersteller betrachtet [**MRL 2006/42/EG**]

Der Hersteller ist verantwortlich für die Sicherheit des entwickelten, konstruierten und ausgeführten Produkts, auch wenn es aus Teilen unterschiedlichster Herkunft (Handelsware) zusammengebaut wird und/oder für die eigene Nutzung, wie z. B. bei einer in Eigenbau hergestellten Maschine, bestimmt ist. [**Neudörfer 2011**, S.535]

Hersteller-dokument	Produktbeschreibendes und/oder produktbegleitendes Dokument des (Produkt-)Herstellers [**Weber 2008**, S.304]
Herstellererklärung	→ EG-Konformitätserklärung → EG-Einbauerklärung
Hersteller-Prüfbeauftragter	Von der Unternehmensleitung des Herstellers benannter, in ihrem Auftrag handelnder und in seinen Qualitätsfeststellungen unabhängiger Prüfbeauftragter. [**DIN 55350**-18:1987-07]
Hersteller-prüfzertifikat	Zertifikat, über eine auftragsbezogene Qualitätsprüfung, das vom Hersteller-Prüfbeauftragten ausgestellt wird. [**VDI 4001 Blatt 2**:2006-07]
Hersteller-zertifikat	Zertifikat, über eine nichtauftragsbezogene Qualitätsprüfung, das vom Hersteller-Prüfbeauftragten ausgestellt wird. [**VDI 4001 Blatt 2**:2006-07]
Herstellung der Betriebsbereitschaft	Übergangszeitraum zwischen der Protokollierung der mechanischen Fertigstellung und dem Beginn des Probebetriebes. In diesem Zeitraum sind die Voraussetzungen zu schaffen, damit die Anlage gestartet, bzw. angefahren werden kann. [Vgl. **Weber 2006**, S.374]
Herstellungs-zeichnung	Ist eine Teilezeichnung einer Baugruppe. Die Elemente für den Herstellungsprozess werden in der Zeichnung umfassend dargestellt. [Vgl. **ISO 29845**:2011-09]
Hilfsgeometrie	Geometrische Elemente, die in den Produktdefinitionsdaten enthalten sind, um Konstruktionsanforderungen zu beschreiben, aber nicht bestimmt sind, ein Teil des herzustellenden Produkts zu repräsentieren [**DIN ISO 16792**:2008-12]
Hilfsmaß	Abgeleitetes Maß, welches nur zu Informationszwecken angegeben wird [Vgl. **ISO 129-1**:2004-09]

Hilfstext, didaktischer	Ergänzender Kurztext in einer Technischen Dokumentation, der eine didaktische Funktion erfüllt. Ein solcher Text hat die Aufgabe bestimmte Lernprozesse anzuregen und zu unterstützen. Varianten von didaktischen Hilfstexten sind unter anderen Lernzielangaben, Vorstrukturierungen von Texten, Zusammenfassungen, Beispiele und Exkurse. [Vgl. **Hennig Tjarks-Sobhani 1998**, S.70]
hinreichende Risikominderung	→ Risikominderung, hinreichende
Hinweis	Erweiterung des Warnhinweiskonzepts. Eine als Hinweis gekennzeichnete Anweisung muss vom Anwender nicht unbedingt befolgt werden. Grundsätzlich ist das Befolgen der Anweisung natürlich trotzdem sehr anzuraten. Folge der Unterlassung können z. B. Störungen oder Verschlechterungen im Betriebsablauf sein.
HLK-Zeichnung	→ Heizungs-, Lüftungs- und Klimatisierungszeichnung
hochentzündliche Stoffe	[Stoffe], wenn sie a) in flüssigem Zustand einen extrem niedrigen Flammpunkt und einen niedrigen Siedepunkt haben, b) als Gase bei gewöhnlicher Temperatur und Normaldruck in Mischung mit Luft einen Explosionsbereich haben [**GefStoffV vom 26. November 2010**, Stand 2015, §3 Gefährlichkeitsmerkmale]
höchstzulässige Beladung	→ Beladung, höchstzulässige
Höhenlinie	Schnitt einer horizontalen Ebene in einer bestimmten Höhe mit der darzustellenden Oberfläche des abzubildenden Gegenstandes über oder unter der Bezugshöhe in einer topographischen Projektion [**DIN EN ISO 10209**:2012-11]
Horizontlinie	Durchdringungslinie zwischen der Projektions- und Horizontebene [**DIN EN ISO 10209**:2012-11]
Hybrid-Antrieb	Ist eine Kombination aus Elektro- und Verbrennungsmotor. Während des Verbrennungsmotor-Betriebs wird eine Batterie über einen Generator geladen. Im Stand wird der dann uneffiziente Verbrennungsmotor abgeschaltet. Beim Bremsvorgang wird eine den Wirkungsgraden entsprechende Rückgewinnung der Energie in elektrischen Strom erreicht. [Vgl. **Hompel 2011**, S.133]
hydraulische Presse	→ Presse, hydraulische
Hyperlink	Verweis in einem Hypertext auf eine andere Textseite, Grafik oder ein anderes Dokument. Beim Anklicken des Hyperlinks folgt das Anzeigewerkzeug der zugeordneten Adresse und zeigt die Textstelle, die Grafik oder das Dokument mit dieser Adresse an. [**VDI 4500 Blatt 3**:2006-06]

Identblock	Platzhalter, der für die Darstellung von Referenzkennzeichnungen vorgesehen ist [**DIN EN 81714-2**:2007-08]
identifizierte Verwendung	→ Verwendung, identifizierte
Identifizierung	Klare und eindeutige Erkennung eines Objektes anhand von Identifikationsmerkmalen mit der für den jeweiligen Zweck festgelegten Genauigkeit. [**DIN ISO/TS 81346-3**:2013-09]
Identnummer	Eine auf ein Teil bezogene Nummer, die zur Identifizierung dient [**VDI 4500 Blatt 3**:2006-06]
IEC	„International Electrotechnical Commission" ist das internationale Normungsgremium für den Bereich der Elektrotechnik. Manche Normen werden gemeinsam mit der ISO (International Organization for Standardization) entwickelt.
IKT-Spezifikation, technische	→ technische IKT-Spezifikation
Immission	Eindringen chemischer (z. B. Gase, Dämpfe, Toxine) oder physikalischer (z. B. Schall, Strahlung, Staub) Einflussgrößen in einen umschriebenen Bereich. [**Schmidtke 2013**, S.703]
	[Immission ist die] Gesamtheit aller Einwirkung (Luftverunreinigungen, Geräusche, Wärme, Strahlung etc.) von Anlagen oder von Produkten auf ein Gebiet. [**Bender 2013**, S.585]
Impulsgeber	Messgerät, das pro Umdrehung eine definierte Anzahl von Impulsen mit sehr hoher Winkelgenauigkeit liefert. [**Kief 2013**, S.606]
IMS	→ Integriertes Fertigungssystem, IMS
Inbetriebnahme	Maßnahmen vor oder im Zusammenhang mit der Übergabe eines Produkts einschließlich Endabnahmeprüfungen, Übergabe der gesamten Dokumentation, welche relevant ist für die Produktnutzung und falls erforderlich für die Anweisung von Personal [**DIN EN 82079-1**:2013-06]
	[Auszüge aus der Maschinenrichtlinie zur Inbetriebnahme:]
	Die erstmalige bestimmungsgemäße Verwendung einer von dieser Richtlinie erfassten Maschine in der Gemeinschaft [**MRL 2006/42/EG**]
	Die Inbetriebnahme einer Maschine im Sinne dieser Richtlinie kann sich nur auf den bestimmungsgemäßen oder vernünftigerweise vorhersehbaren Gebrauch der Maschine selbst beziehen. Das schließt nicht aus, dass gegebenenfalls Benutzungsbedingungen für den Bereich außerhalb der Maschine vorgeschrieben werden, soweit diese Bedingungen nicht zu Veränderungen der Maschine gegenüber den Bestimmungen der vorliegenden Richtlinie führen. [**MRL 2006/42/EG**]

Inbetriebnahmecontrolling	Gesamtheit der Führungsaufgaben zur Überwachung und zielorientierten Steuerung der Inbetriebnahme. [**Weber 2006**, S.374]
Inbetriebnahmedokumentation	Teildokument der Anlagendokumentation, in dem das notwendige Wissen (Leitlinien) für eine vertragsgemäße Inbetriebnahme zusammengefasst ist. [**Weber 2006**, S.374]
Inbetriebnahmemittel	Technische Einrichtungen, Stoffe und Hilfsmittel, die für die Inbetriebnahme eines Systems, einer Anlage oder eines Fahrzeugs benötigt werden. [**Schmidtke 2013**, S.703]
Inbetriebnahmeprüfung	Maschinen oder Systeme werden nach Aufstellung am Ziel/ Bestimmungs-/ Produktionsort überprüft, um die sachgemäße Einrichtung und das einwandfreie Funktionieren sicher zu stellen. [**Börcsök 2009**, S.54]
Industrieroboter	Automatisch gesteuerter, frei programmierbarer MehrzweckManipulator, der in drei oder mehr Achsen programmierbar ist und zur Verwendung in der Automatisierungstechnik entweder an einem festen Ort oder beweglich angeordnet sein kann [**DIN EN ISO 10218-1**:2012-01]
	Universell einsetzbare Bewegungsautomaten mit mehreren Achsen, deren Bewegungen hinsichtlich Geometrie und Ablauf frei programmierbar und sensorgeführt sind. Sie sind mit Greifern, Werkzeugen oder anderen Fertigungsmitteln (Effektoren) ausrüstbar und können Handhabungs- und/oder Fertigungsaufgaben ausführen. [**Schmidtke 2013**, S.703]
Industrierobotersystem	System bestehend aus - Industrieroboter - Endeffektor(en) - allen Maschinen, Einrichtungen. Geräten, externen Hilfsachsen oder Sensoren, die den Roboter bei der Ausführung seiner Aufgabe unterstützen. [**DIN EN ISO 10218-1**:2012-01]
Information	Information gewinnt man aus Daten, indem sie in einem Bedeutungszusammenhang interpretiert werden [**Heinrich 2015**, S.363]
Information, sicherheitsbezogene	Mit „sicherheitsbezogenen Informationen" sind alle notwendigen sicherheitsrelevanten Informationen gemeint, die dem Nutzer eines Produkts gegeben werden müssen, damit er es sicher benutzen und Schaden verhindert werden kann. Dies gilt für alle betroffenen Lebensphasen des Produkts. Nach der DIN EN 82079-1:2013: Erstellung von Gebrauchsanleitungen ist „sicherheitsbezogene Informationen" der Oberbegriff, unter den drei Arten fallen : → Sicherheitshinweis, → Warnhinweis und → Sicherheitszeichen. [**Schlagowski 2015**, S.715]

Informations-modell	[Ein Informationsmodell ist eine] implementierungsunabhängige Spezifikation von Informationsstrukturen. **[DIN EN 82045-1:2002-11]** Konzeptionelles Modell zur Beschreibung der spezifischen Organisation von Daten zum Zwecke der Kommunikation innerhalb eines gegebenen Anwendungskontextes. **[DIN EN 82045-2:2005-11]**
Inhalt	Themenbezogene Informationen in einem Dokument **[DIN EN 82045-1:2002-11]**
Inhalte der Betriebs-anleitung für Maschinen	Jede Betriebsanleitung muss erforderlichenfalls folgende Mindestangaben enthalten: a) Firmenname und vollständige Anschrift des Herstellers und seines Bevollmächtigten; b) Bezeichnung der Maschine entsprechend der Angabe auf der Maschine selbst, ausgenommen die Seriennummer […]; c) die EG-Konformitätserklärung oder ein Dokument, das die EG-Konformitätserklärung inhaltlich wiedergibt und Einzelangaben der Maschine enthält, das aber nicht zwangsläufig auch die Seriennummer und die Unterschrift enthalten muss; d) eine allgemeine Beschreibung der Maschine; e) die für Verwendung, Wartung und Instandsetzung der Maschine und zur Überprüfung ihres ordnungsgemäßen Funktionierens erforderlichen Zeichnungen, Schaltpläne, Beschreibungen und Erläuterungen; f) eine Beschreibung des Arbeitsplatzes bzw. der Arbeitsplätze, die voraussichtlich vom Bedienungspersonal eingenommen werden; g) eine Beschreibung der bestimmungsgemäßen Verwendung der Maschine; h) Warnhinweise in Bezug auf Fehlanwendungen der Maschine, zu denen es erfahrungsgemäß kommen kann; i) Anleitungen zur Montage, zum Aufbau und zum Anschluss der Maschine, einschließlich der Zeichnungen, Schaltpläne und der Befestigungen, sowie Angabe des Maschinengestells oder der Anlage, auf das bzw. in die die Maschine montiert werden soll; j) Installations- und Montagevorschriften zur Verminderung von Lärm und Vibrationen; k) Hinweise zur Inbetriebnahme und zum Betrieb der Maschine sowie erforderlichenfalls Hinweise zur Ausbildung bzw. Einarbeitung des Bedienungspersonals; l) Angaben zu Restrisiken, die trotz der Maßnahmen zur Integration der Sicherheit bei der Konstruktion, trotz der Sicherheitsvorkehrungen und trotz der ergänzenden Schutzmaßnahmen noch verbleiben; m) Anleitung für die vom Benutzer zu treffenden Schutzmaßnahmen, gegebenenfalls einschließlich der bereitzustellenden persönlichen Schutzausrüstung; n) die wesentlichen Merkmale der Werkzeuge, die an der Maschine angebracht werden können; o) Bedingungen, unter denen die Maschine die Anforderungen an die Standsicherheit beim Betrieb, beim Transport, bei der Montage, bei der Demontage, wenn sie außer Betrieb ist, bei Prüfungen sowie bei vorhersehbaren Störungen erfüllt; p) Sicherheitshinweise zum Transport, zur Handhabung und zur Lagerung, mit Angabe des Gewichts der Maschine und ihrer verschiedenen Bauteile, falls sie regelmäßig getrennt transportiert werden müssen; q) bei Unfällen oder Störun-

gen erforderliches Vorgehen; falls es zu einer Blockierung kommen kann, ist in der Betriebsanleitung anzugeben, wie zum gefahrlosen Lösen der Blockierung vorzugehen ist; Beschreibung der vom Benutzer durchzuführenden Einrichtungs- und Wartungsarbeiten sowie der zu treffenden vorbeugenden Wartungsmaßnahmen; s) Anweisungen zum sicheren Einrichten und Warten einschließlich der dabei zu treffenden Schutzmaßnahmen; t) Spezifikationen der zu verwendenden Ersatzteile, wenn diese sich auf die Sicherheit und Gesundheit des Bedienungspersonals auswirken; u) folgende Angaben zur Luftschallemission der Maschine: - der A-bewertete Emissionsschalldruckpegel an den Arbeitsplätzen, sofern er 70 dB(A) übersteigt; ist dieser Pegel kleiner oder gleich 70 dB(A), so ist dies anzugeben; - der Höchstwert des momentanen C-bewerteten Emissionsschalldruckpegels an den Arbeitsplätzen, sofern er 63 Pa (130 dB bezogen auf 20 µPa) übersteigt; - der A-bewertete Schallleistungspegel der Maschine, wenn der A-bewertete Emissionsschalldruckpegel an den Arbeitsplätzen 80 dB(A) übersteigt. Diese Werte müssen entweder an der betreffenden Maschine tatsächlich gemessen oder durch Messung an einer technisch vergleichbaren, für die geplante Fertigung repräsentativen Maschine ermittelt worden sein. [...] v) Kann die Maschine nichtionisierende Strahlung abgeben, die Personen, insbesondere Träger aktiver oder nicht aktiver implantierbarer medizinischer Geräte, schädigen kann, so sind Angaben über die Strahlung zu machen, der das Bedienungspersonal und gefährdete Personen ausgesetzt sind. [**MRL 2006/42/EG**, Anhang I]

inhärent sichere Konstruktion → Konstruktion, inhärent sichere

Inspektion Untersuchung der Entwicklungs- und Konstruktionsunterlagen eines Produktes, eines Produktes selbst, eines Prozesses oder einer Anlage und Ermittlung seiner/ihrer Konformität mit spezifischen Anforderungen oder, auf der Grundlage einer sachverständigen Beurteilung, mit allgemeinen Anforderungen. [**DIN EN ISO/IEC 17000**:2005-03]

[Inspektionen sind] Maßnahmen zur Feststellung und Beurteilung des Istzustandes einer Einheit einschließlich der Bestimmung der Ursachen der Abnutzung und dem Ableiten der notwendigen Konsequenzen für eine künftige Nutzung

ANMERKUNG 1 Diese Maßnahmen können beinhalten: Auftrag, Auftragsdokumentation und Analyse des Auftragsinhaltes; Erstellen eines Planes zur Feststellung des Istzustandes, der auf die spezifischen Belange des jeweiligen Betriebes oder der Einheit abgestellt ist und hierfür verbindlich gilt; Dieser Plan sollte u. a. Angaben über Ort, Termin, Methode, Gerät, Maßnahmen und zu betrachtende Merkmalswerte enthalten. Vorbereitung der Durchführung; Vorwegmaßnahmen wie Arbeitsplatzausrüstung, Schutz- und Sicherheitseinrichtungen usw.; Überprüfung der Vorbereitung und der Vorwegmaßnahmen einschließlich der Freigabe zur Durchführung; Durchführung, vorwiegend die quantitative Ermittlung bestimmter

	Merkmalswerte; Vorlage des Ergebnisses der Istzustandsfeststellung; Auswertung der Ergebnisse zur Beurteilung des Istzustandes; Fehleranalyse; Planung im Sinne des Aufzeigens und Bewertens alternativer Lösungen unter Berücksichtigung betrieblicher und außerbetrieblicher Forderungen; Entscheidung für eine Lösung (Instandsetzung, Verbesserung oder andere Maßnahmen); Rückmeldung. ANMERKUNG 2 Der in DIN EN 13306:2010-12 definierte Begriff „Konformitätsprüfung" ist ein Teilaspekt der Inspektion. [**DIN 31051**:2012-09]
Installationszeichnung	Zeichnung, die die allgemeine Zusammensetzung und die notwendigen Informationen enthält, um ein Teil in Bezug auf seine übergeordneten Strukturen und zugehörenden Teile einzubauen [**DIN EN ISO 10209**:2012-11]
Instandhaltbarkeit	Beschreibt die Fähigkeit einer Einheit bzw. eines Systems durch vorgeschriebene Verfahren, Methoden und Hilfsmittel entweder wieder in einen operationsfähigen Zustand gebracht werden zu können oder den Zustand zu erhalten, um eine geforderte Funktion auszuführen. [**VDI 4001 Blatt 2**:2006-07]
Instandhalter	Person, die über eine geeignete technische Ausbildung und Erfahrung verfügt, die erforderlich ist, um sich selbst sowohl der Gefahren bewusst zu sein, denen sie bei Ausführung einer Arbeit ausgesetzt sein kann, als auch der Maßnahmen, um das Risiko für sie oder andere Personen zu verringern [**DIN EN 60950-1**:2014-08]
Instandhaltung	Gesamtheit der Maßnahmen zur Bewahrung und Wiederherstellung des Soll-Zustandes sowie zur Feststellung und Beurteilung des Ist-Zustandes der Anlage und ihrer Bauteile [**VDI 4500 Blatt 3**:2006-06]
	Maßnahmen zur Beibehaltung oder Wiederherstellung eines sicheren und zweckmäßigen Zustands eines Produkts, in welchem es den bestimmungsgemäßen Gebrauch erfüllen kann [**DIN EN 82079-1**:2013-06]
Instandhaltung am Einsatzort	Instandhaltung, durchgeführt an dem Ort, an dem sich die Einheit normalerweise befindet [**DIN EN 13306**:2010-12]
	Instandhaltung erfolgt am Einsatzort der Einheit. [**VDI 4001 Blatt 2**:2006-07]
Instandhaltung, aufgeschobene	Wird nach der Erkennung eines Fehlers die Einheit nicht direkt wieder instand gesetzt, sondern nach gegebenen Regeln bzw. Bedingungen erst zu einem späteren Zeitpunkt, so wird dies als aufgeschobene Instandhaltung bezeichnet. [**VDI 4001 Blatt 2**:2006-07]
Instandhaltung, aufgeschobene korrektive	Korrektive Instandhaltung, die nicht unmittelbar nach der Fehlererkennung ausgeführt, sondern entsprechend vorgegebener Instandhaltungsregeln zurückgestellt wird [**DIN EN 13306**:2010-12]

Instandhaltung, außerhalb des Einsatzortes	Instandsetzung einer Einheit außerhalb des Orts an dem sie benutzt wird. [**VDI 4001 Blatt 2**:2006-07]
Instandhaltung, außerplanmäßige	Erforderlich, wenn Teil- oder Totalausfälle bei Anlagen, Geräten oder Komponenten vorliegen. Sie dient der Wiederherstellung des Sollzustandes. [**Börcsök 2009**, S.56]
Instandhaltung, automatische	Instandhaltung einer Einheit, ohne dass das Personal direkt eingreifen muss. [**VDI 4001 Blatt 2**:2006-07]
Instandhaltung, Bediener-	Instandhaltungsmaßnahmen, die von einem Bediener ausgeführt werden ANMERKUNG Diese Instandhaltungsmaßnahmen müssen eindeutig festgelegt werden. [**DIN EN 13306**:2010-12]
Instandhaltung, ferngesteuerte	Instandhaltung einer Einheit, ausgeführt ohne physischen Zugriff des Personals auf die Einheit [**DIN EN 13306**:2010-12] Instandhaltung einer Einheit, ohne dass das Personal direkten Zugang zur Einheit besitzt [**VDI 4001 Blatt 2**:2006-07]
Instandhaltung, gelenkte	Verfahren zur Qualitätssicherung des Instandhaltungsdienstes mit der Absicht zur Reduzierung der Instandsetzungszeit und der Optimierung der Wartung durch Anwendung von Analysemethoden und zentraler Überwachung [**VDI 4001 Blatt 2**:2006-07]
Instandhaltung, geplante	Instandhaltung, durchgeführt nach einem festgelegten Zeitplan oder einer festgelegten Zahl von Nutzungseinheiten ANMERKUNG Korrektive aufgeschobene Instandhaltung kann auch planmäßig sein. [**DIN EN 13306**:2010-12]
Instandhaltung, korrektive	Instandhaltung, ausgeführt nach der Fehlererkennung, um eine Einheit in einen Zustand zu bringen, in dem sie eine geforderte Funktion erfüllen kann [**DIN EN 13306**:2010-12] Eine Einheit wird nach der Erkennung eines Fehlers wieder in den funktionsfähigen Zustand versetzt [**VDI 4001 Blatt 2**:2006-07]
Instandhaltung, planmäßige	Dient der Feststellung sowie Beurteilung des Istzustandes. Dazu soll der Sollzustand der Anlagen, Geräte und Komponenten bewahrt bleiben. Sie gliedert sich in folgende drei Maßnahmen: - Wartung: Maßnahmen, um den Sollzustand zu bewahren, wie z. B.: Reinigen, Ergänzen von Schmier- und Kühlmittel, Justieren usw. - Inspektion: Maßnahmen, um den Istzustand festzustellen, wie z. B. Überprüfung auf Verschleiß, Korrosion, Leckstelle, gelockerte Verbindungen usw. - Überholung: Zerlegen von Bauteilen, Baugruppen und Kompo-

nenten soweit möglich und ggf. Austauschen der Bauteile, Baugruppen und Komponenten. [**Börcsök 2009**, S.56f]

Instandhaltung, präventive	Instandhaltung, ausgeführt in festgelegten Abständen oder nach vorgeschriebenen Kriterien zur Verminderung der Ausfallwahrscheinlichkeit oder der Wahrscheinlichkeit einer eingeschränkten Funktionserfüllung einer Einheit [**DIN EN 13306**:2010-12] Die präventive Instandhaltung entspricht der vorbeugenden Instandhaltung und Wartung.
Instandhaltungsgrundsätze	Beschreiben die Zusammenhänge und Zusammenwirkungen von Instandhaltungsstufen, Gliederungsebenen und Instandhaltungsebenen, die bei der Instandhaltung von Einheiten anzuwenden sind [**VDI 4001 Blatt 2**:2006-07]
Instandhatungshandbuch	Zusammenfassung aller relevanten technisch-organisatorischen Informationen, Regeln. Anweisungen usw. für die Anlageninstandhaltung [**Weber 2008**, S.305]
Instandhaltung, sofortige korrektive	Korrektive Instandhaltung, die ohne Aufschub nach der Fehlererkennung ausgeführt wird, um unannehmbare Folgen zu vermeiden [**DIN EN 13306**:2010-12]
Instandhaltung, unplanmäßige	Durchzuführende Wartung aufgrund einer Zustandsänderung der Einheit; ist keine Wartung, die aufgrund eines festgelegten Zeitintervalls erfolgt [**VDI 4001 Blatt 2**:2006-07]
Instandhaltung, vorausbestimmte	Präventive Instandhaltung, durchgeführt in festgelegten Zeitabständen oder nach einer festgelegten Zahl von Nutzungseinheiten, jedoch ohne vorherige Zustandsermittlung ANMERKUNG Die Festlegung von Zeitabständen oder Zahl der Nutzungseinheiten kann aufgrund des Wissens um die Ausfallmechanismen der Einheit erfolgen. [**DIN EN 13306**:2010-12]
Instandhaltung, voraussagende	Zustandsorientierte Instandhaltung, die nach einer Vorhersage, abgeleitet von wiederholter Analyse oder bekannten Eigenschaften und Bestimmung von wichtigen Parametern, welche den Abbau der Einheit kennzeichnen, durchgeführt wird [**DIN EN 13306**:2010-12]
Instandhaltung, vorbeugende	→ Wartung
Instandhaltung vor Ort	→ Instandhaltung am Einsatzort
Instandhaltung während des Betriebs	Instandhaltung, die während des Betriebs an einer Einheit durchgeführt wird, ohne deren Funktion zu beeinflussen ANMERKUNG Bei dieser Art von Instandhaltung ist es wichtig, dass alle Sicherheitsvorkehrungen getroffen werden. [**DIN EN 13306**:2010-12]

Instandhaltung, zustandsorientierte	Präventive Instandhaltung, die eine Kombination aus Zustandsüberwachung und/oder Konformitätsprüfung und/oder Prüfverfahren, Analysen und die daraus resultierenden Instandhaltungsmaßnahmen beinhaltet ANMERKUNG Die Zustandsüberwachung und/oder die Konformitätsprüfung und/oder das Prüfverfahren können planmäßig, auf Anforderung oder kontinuierlich erfolgen. [**DIN EN 13306**:2010-12]
Instandsetzung	Ist definiert als die Absicht, nachdem ein Fehler in der Einheit diagnostiziert wurde, diese Einheit wieder in den funktionsfähigen Zustand zu versetzen. [**VDI 4001 Blatt 2**:2006-07] Physische Maßnahme, die ausgeführt wird, um die Funktion einer fehlerhaften Einheit wiederherzustellen Anmerkung 1 Diese Maßnahmen können beinhalten: Auftrag, Auftragsdokumentation und Analyse des Auftragsinhaltes; Vorbereitung der Durchführung, beinhaltend Kalkulation, Terminplanung, Abstimmung, Bereitstellung von Personal, Mitteln und Material, Erstellung von Arbeitsplänen; Vorwegmaßnahmen wie Arbeitsplatzausrüstung, Schutz- und Sicherheitseinrichtungen usw.; Überprüfung der Vorbereitung und der Vorwegmaßnahmen einschließlich der Freigabe zur Durchführung; Durchführung; Funktionsprüfung und Abnahme; Fertigmeldung; Auswertung einschließlich Dokumentation, Kostenaufschreibung, Aufzeigen der Möglichkeit von Verbesserungen; Rückmeldung. Anmerkung 2 Die Maßnahme „Instandsetzung" ist in allen in DIN EN 13306:2010-12 [...] definierten Instandhaltungsarten enthalten. [**DIN 31051**:2012-09] Instandsetzung wird eine Reihe von Maßnahmen genannt, die dazu dienen ein Produkt in den funktionsfähigen und bestimmungsgemäßen Zustand zurückzuführen.
Instruktionspflicht	Anforderungen der Instruktionspflicht finden sich unter anderem hier: ■ Geräte- und Produktsicherheitsgesetz (GPSG) ■ Verordnungen zum GPSG entsprechend den EG-Richtlinien, die von den Mitgliedstaaten in nationales Recht umgesetzt sind ■ Produkthaftungsgesetz ■ Medizinproduktegesetz und zugehörige Verordnungen [**Thiele 2011**, S.136] [Die Instruktionspflicht des Herstellers besteht darin, dass er] dafür zu sorgen [hat], dass die Produkte, die er dem Markt zuführt, verkehrssicher sind. Neben der Verpflichtung zur fehlerfreien Konstruktion und Fabrikation seiner Produkte muss der Hersteller den Produktbenutzer, soweit dies erforderlich ist, auch in den bestimmungsgemäßen und sicheren Umgang mit dem Produkt einweisen. Mit zunehmender Komplexität der Produkte steigt der Informationsbedarf des Produktbenutzers und damit die Notwendigkeit, diesen von der Herstellerseite mit einer umfassenden Betriebsanleitung zu versorgen. [**Thiele 2011**, S.138]

Integriertes Fertigungssystem, IMS	Gruppe von Maschinen, die in koordinierter Weise zusammenwirken, durch ein Materialfördersystem miteinander verbunden und durch Steuerungen [...] zum Zwecke der Fertigung, Be- und Verarbeitung, Bewegung oder des Verpackens von Einzelteilen oder Baugruppen miteinander verbunden sind. [**DIN EN ISO 11161**:2010-10]
Integriertes Managementsystem	Ist ein in die Prozesse eines Unternehmens integriertes Managementsystem, welches vor allem der Aufdeckung potentieller Unternehmensrisiken für bestimmte Bereiche (z. B. Qualität, Umwelt, Sicherheit) dient. Integrierte Managementsysteme sind z. B. Systeme für Anlagensicherheitsmanagement, Arbeitssicherheitsmanagement, Datensicherheitsmanagement, Produktsicherheitsmanagement, Qualitätsmanagement, Transportsicherheitsmanagement, Umweltmanagement. [Vgl. **VDI 4060 Blatt 1**:2005-06]
Interface	Elektrische Schnittstelle, z. B. zwischen Steuerung und Maschine oder das Mensch-Maschinen-Interface, d. h. Bedientafel mit Anzeigen und Eingabeelementen. [**Kief 2013**, S.607]
internationale Normungsorganisation	→ Normungsorganisation, internationale
Interne Technische Dokumentation	Beinhaltet alle technischen Informationen über ein Produkt, die im Unternehmen verbleiben. Anmerkung: Interne Technische Dokumentation muss sämtliche Produktentwicklungsschritte als Nachweis transparent, reproduzierbar und nachvollziehbar festhalten – von der Produktanalyse bis hin zur Entsorgung. Über den Umfang einer Internen Technischen Dokumentation zu einem Produkt entscheidet immer allein der Hersteller entsprechend den gesetzlichen Forderungen und der Verantwortung gegenüber den Kunden. [**VDI 4500 Blatt 4**:2011-12] Zu der internen Technischen Dokumentation gehört u. a. auch die Risikobeurteilung, welche eine wichtige Vorraussetzung für Erlangung der Konformität für ein Produkt ist.
Intranet	Firmeninternes Rechnernetz, das auf Internet-Technik beruht. Rechnernetz zur plattform- und applikationsübergreifenden Informationsaufbereitung und –verteilung in einem Unternehmen. Im Gegensatz zum Internet stellt ein Intranet Informationen bereit, auf die nur eine geschlossene Benutzergruppe Zugriff hat. [**VDI 4500 Blatt 3**:2006-06]

Inverkehrbringen	[Ist] die erstmalige Bereitstellung eines Produkts auf dem Markt; die Einfuhr in den Europäischen Wirtschaftsraum steht dem Inverkehrbringen eines neuen Produkts gleich [**ProdSG** vom 08.11.2011]
	[Inverkehrbringen ist] die entgeltliche oder unentgeltliche erstmalige Bereitstellung einer Maschine oder einer unvollständigen Maschine in der Gemeinschaft im Hinblick auf ihren Vertrieb oder ihre Benutzung [**MRL 2006/42/EG**]
	[Inverkehrbringen ist] das erstmalige Bereitstellen eines Gerätes im Markt der Mitgliedstaaten der Europäischen Union und der anderen Vertragsstaaten des Abkommens über den Europäischen Wirtschaftsraum zum Zwecke seines Vertriebs oder seines Betriebs auf dem Gebiet eines dieser Staaten; das Inverkehrbringen bezieht sich dabei auf jedes einzelne Gerät, unabhängig vom Fertigungszeitpunkt und –ort und davon, ob es in Einzel- oder Serienfertigung hergestellt wurde; Inverkehrbringen ist nicht das Aufstellen und Vorführen eines Gerätes auf Ausstellungen und Messen [**EMVG** vom 26.02.2008]
Irreversibler Schaden	→ Schaden, irreversibler
ISO	„International Organization for Standardization". Internationale Vereinigung von Normungsorganisationen mit Sitz in Genf.
Isometrische Darstellung	→ Darstellung, isometrische
Istwert	Ist das Ergebnis einer Ermittlung eines quantitativen Merkmals. Ein „Istwert" ist ein von einem Messsystem zurückgemeldeter, augenblicklicher Wert einer Regelgröße.
Justieren	Einstellen oder Abgleichen eines Messgerätes, um systematische Messabweichungen zu beseitigen. Erfordert Eingriff, der das Messgerät bleibend verändert. [**DIN 1319-1**:1995-01]
Kabelplan	Schema, das Informationen über Kabel enthält, wie beispielsweise Leiterkennzeichen, Lage der Kabelenden und erforderlichenfalls Kenngrößen, Leitungsführung und Funktion [**DIN EN ISO 10209**:2012-11]
Kabelschema	→ Kabelplan

Kabel- verlaufsplan	Zeichnung, die den Verlauf von Kabeltrassen elektrischer Installationen zeigt [**DIN EN ISO 10209**:2012-11]
Kalibrierung	Ermitteln des Zusammenhangs zwischen Messwert und dem wahren Wert der Messgröße. Erfordert keinen Eingriff, der das Messgerät verändert. [**DIN 1319-1**:1995-01] Vergleich (oder Justage) einer Messeinrichtung oder eines Systems mit unbekannter Genauigkeit mit einer Messeinrichtung oder einem System mit bekannter oder akzeptierter Genauigkeit. [**Schmidtke 2013**, S.706]
Kenn- buchstaben	Dem Gefahrensymbol nach Stoffrichtlinie zugeordnete Buchstaben zur Identifizierung des Gefahrensymbols, z. B. T für Totenkopf, Xn für gesundheitsschädlich. [**Bender 2013**, S.586]
Kenn- zeichnung	Logo, Schrift, grafisches Symbol, Piktogramm, tastbare Indikatoren, Warnzeichen auf dem Produkt, um seinen Typ zu identifizieren oder Anweisung zu geben. [...] Der Begriff „Kennzeichnung" darf auch kurze Textmitteilungen enthalten. [**DIN EN 82079-1**:2013-06] Kennzeichen oder Beschriftungen vorzugsweise zum Zweck der Identifizierung von Ausrüstungen, Baugruppen und/oder Geräten [**DIN EN 60204-1**:2014-10 (Entwurf)]
Kennzeichn- ungspflicht	[Angaben der Maschinenrichtlinie zur Kennzeichnungspflicht:] Auf jeder Maschine müssen mindestens folgende Angaben erkennbar, deutlich lesbar und dauerhaft angebracht sein: Firmenname und vollständige Anschrift des Herstellers und gegebenenfalls seines Bevollmächtigten, Bezeichnung der Maschine, CE-Kennzeichnung [...], Baureihen- oder Typbezeichnung, gegebenenfalls Seriennummer, Baujahr [...]. Ist die Maschine für den Einsatz in explosionsgefährdeter Umgebung konstruiert und gebaut, muss sie einen entsprechenden Hinweis tragen. Je nach Beschaffenheit müssen auf der Maschine ebenfalls alle für die Sicherheit bei der Verwendung wesentlichen Hinweise angebracht sein. [...] Muss ein Maschinenteil während der Benutzung mit Hebezeugen gehandhabt werden, so ist sein Gewicht leserlich, dauerhaft und eindeutig anzugeben. [**MRL 2006/42/EG**, Anhang I] Die Angaben werden üblicherweise auf ein Typenschild aufgebracht, welches an die Maschine oder Anlage an zentraler Stelle angeschlagen wird.
Ketten- bemaßung	Die einzelnen Maße werden bei dieser Methode der Bemaßung in einer Reihe angeordnet. [Vgl. **ISO 129-1**:2004-09]

Ketten, Seile und Gurte	[Sind nach Maschinenrichtlinie] für Hebezwecke als Teil von Hebezeugen oder Lastaufnahmemitteln entwickelte und hergestellte Ketten, Seile und Gurte [**MRL 2006/42/EG**], [**9. ProdSV** vom 15.12.2011]
Klassifikation	Verfahren zur Strukturierung definierter Daten (Objekte oder Dokumente) in Klassen und Unterklassen, entsprechend ihrer Eigenschaften [**DIN EN ISO 7200**:2004-05]
Kleingutförderanlage	Ist ein zusammenfassender Begriff für Förderanlagen kleiner und leichter Güter, z. B. Rohrpost, Aktenförderanlagen.[**Hompel 2011**, S.150]
Klimatisierungszeichnung	→ Heizungs-, Lüftungs- und Klimatisierungszeichnung
Kollaborationsraum	Arbeitsraum innerhalb des geschützten Bereichs, in dem der Roboter und der Mensch während des Produktionsbetriebs gleichzeitig Aufgaben ausführen können. [**DIN EN ISO 10218-1**:2012-01]
kollaborierender Betrieb	→ Betrieb, kollaborierender
Kommissionieren	Ist das Zusammenstellen von Einzelpositionen zu einem Auftrag. „Kommissionieren hat das Ziel, aus einer Gesamtmenge von Gütern (Sortiment) Teilmengen aufgrund von Anforderungen (Aufträgen) zusammenzustellen." (VDI3590). Im Allgemeinen wird auch die Entnahme von ganzen, artikelreinen Lagereinheiten (Paletten, Behälter usw.) aus der Gesamtmenge als Teil der Kommissionierung angesehen. Bei einer Umformung von einem lagerspezifischen in einen verkaufs- oder verbrauchsspezifischen Zustand können verschiedene ergänzende, vom Kommissionierer oder weiteren Personen durchzuführende Tätigkeiten hinzukommen, z. B. • Zählen, Messen, Wiegen, Konfektionieren (Ablängen), • Set-Bildung (auch Verkaufsständer, Verkaufshilfen), • Etikettieren und Preisauszeichnen, • einfache Verschraubungs- oder Verbindungsarbeiten. [**Hompel 2011**, S. 152]
Komponenten	Als Komponenten gelten Bauteile, die für den sicheren Betrieb von Geräten und Schutzsystemen erforderlich sind, ohne jedoch selbst eine autonome Funktion zu erfüllen. [**11. ProdSV** vom 12.12.1996]

Konformität	Erfüllung festgelegter Anforderungen [**DIN EN 82079-1**:2013-06]
Konformitäts-bewertung	[Ist] das Verfahren zur Bewertung, ob spezifische Anforderungen an ein Produkt, ein Verfahren, eine Dienstleistung, ein System, eine Person oder eine Stelle erfüllt worden sind [**ProdSG** vom 08.11.2011]
Konformitäts-bewertungs-stelle	[Nach Produktsicherheitsgesetz] ist Konformitätsbewertungsstelle eine Stelle, die Konformitätsbewertungstätigkeiten einschließlich Kalibrierungen, Prüfungen, Zertifizierungen und Inspektionen durchführt [**ProdSG** vom 08.11.2011] Eine Akkreditierungsstelle ist keine Konformitätsbewertungsstelle. [**DIN EN ISO/IEC 17000**:2005-03]
Konformitäts-bewertungs-system	Regeln, Verfahren und Management für die Durchführung von Konformitätsbewertungen. ANMERKUNG Konformitätsbewertungssysteme können auf internationaler, regionaler, nationaler oder sub-nationaler Ebene betrieben werden. [**DIN EN ISO/IEC 17000**:2005-03]
Konformitäts-dokumentation	Technische Dokumentation, die notwendig zum Prüfen und zur Einsichtnahme der Überwachungsbehörden erstellt und bereitgehalten werden muss als Voraussetzung zum Ausstellen der Konformitätserklärung (z. B. EG-Maschinenrichtlinie, EMV-EG-Richtlinie usw.). Umfang und Inhalt der Konformitätsdokumentation sind in den für die einzelnen Bereiche geltenden Rechtsnormen vollständig und abschließend festgelegt. [**VDI 4500 Blatt 1**:2006-06]
Konformitätserklärung	→ EG-Konformitätserklärung
Konformitäts-prüfung	Prüfung auf Übereinstimmung der maßgeblichen Merkmale einer Einheit durch Messung, Beobachtung oder Prüfung [**DIN EN 13306**:2010-12]
Konformitäts-vermutung	Die Mitgliedstaaten betrachten eine Maschine, die mit der CE-Kennzeichnung versehen ist und der die EG-Konformitätserklärung [...] beigefügt ist, als den Bestimmungen dieser Richtlinie entsprechend. [..] Ist eine Maschine nach einer harmonisierten Norm hergestellt worden, deren Fundstellen im Amtsblatt der Europäischen Union veröffentlicht worden sind, so wird davon ausgegangen, dass sie den von dieser harmonisierten Norm erfassten grundlegenden Sicherheits- und Gesundheitsschutzanforderungen entspricht. [**MRL 2006/42/EG**] [Ist] die pauschale Annahme, dass mit der Anwendung harmonisierter EN-Normen die Anforderungen einer Europäischen Richtlinie erfüllt sind. Sie wird ausgelöst, wenn der Hersteller nachweist, er habe sein Produkt nach harmonisierten EN-Normen gebaut. Aufsichtsbehörden sind dann vorerst verpflichtet anzunehmen, dass der Hersteller alle Anforderungen der jeweiligen EG-Richtlinien eingehalten hat. [**Neudörfer 2011**, S.537]

Konstruktion, inhärent sichere	Schutzmaßnahme, die entweder Gefährdungen beseitigt oder die mit den Gefährdungen verbundenen Risiken vermindert, indem ohne Anwendung von trennenden oder nichttrennenden Schutzeinrichtungen die Konstruktions- oder Betriebseigenschaften der Maschine verändert werden [**DIN EN ISO 12100**:2011-03]
Konstruktionselement	Modellgeometrie, die ein physisches Element eines Teils repräsentiert [**DIN ISO 16792**:2008-12]
Konstruktionsmodell	Teil des Datensatzes, der Modell und Hilfsgeometrien umfasst [**DIN ISO 16792**:2008-12]
Konzepterarbeitung	Teil eines Produktentwicklungsprozesses, der die Erstellung der Entwurfsspezifikationen und Entwurfsvorschläge für ein Produkt umfasst. [**DIN EN ISO 11442**:2006-06]
Koordinaten	Satz numerischer geordneter Werte und ihrer Maßeinheiten, die eindeutig die Lage eines Punktes in einem Koordinatensystem angeben. [**DIN EN ISO 10209**:2012-11]
Koordinatenachsen	Drei aufeinander bezogene gerade Linien im Raum, die sich im Ursprung schneiden und dadurch ein Koordinatensystem bilden. [**DIN EN ISO 10209**:2012-11]
Koordinatenebene	Jede der drei Ebenen, die durch jeweils zwei Koordinatenachsen bestimmt werden. [**DIN EN ISO 10209**:2012-11]
Koordinatensystem	Grundlage für die Herstellung einer Beziehung zwischen jedem Punkt im Raum und den drei entsprechenden Koordinaten und umgekehrt. [**DIN EN ISO 10209**:2012-11]
Koordinatensystem, rechtwinkliges	Koordinatensystem, das auf einem Bezugssystem basiert, welches durch drei zueinander orthogonale Achsen (rechtwinklige Koordinatenachsen), die vom selben Punkt ausgehen (Ursprung), und deren Maße angegeben ist. [**DIN EN ISO 10209**:2012-11]
korrektive Instandhaltung	→ Instandhaltung, korrektive
korrigierende Instandhaltung	→ Service
Kran	Krane sind Hebezeuge für den vertikalen und horizontalen Transport von Stück- oder Schüttgütern innerhalb eines abgegrenzten Arbeitsbereichs, bei denen die Last an einem Tragmittel (z. B. Seil) hängt, gehoben, gesenkt und in mehreren Achsen verfahren werden kann. [**Hompel 2011**, S.161f]

krebserzeugende (kanzerogene) Stoffe	[Stoffe], wenn sie bei Einatmen, Verschlucken oder Aufnahme über die Haut Krebs hervorrufen oder die Krebshäufigkeit erhöhen können [**GefStoffV vom 26. November 2010**, Stand 2015, §3 Gefährlichkeitsmerkmale]
Kreisförderer	Ist ein flurfreies Fördersystem, bei dem über eine endlose Kette angetrieben Gehänge kontinuierlich umlaufen, bspw. Transport von Blechteilen einer Lackiererei in der Automobilindustrie. [**Hompel 2011**, S.162]
Kriterium	Ist ein unterscheidendes Merkmal.
Kunde	Kunde ist, wer das durch die Organisation/ Hersteller hergestellte Produkt erhält. [**VDI 4003**:2007-03] Einzelperson oder Organisation, die ein Produkt kauft oder empfängt. Anmerkung […]: Beispiele sind Verbraucher, Klient, Endnutzer, Einzelhändler, Nutznießer und Käufer. Anmerkung […]: Der Begriff „Kunde" schließt „Verbraucher" ein, hat aber eine breitere Bedeutung. [**DIN EN 82079-1**:2013-06]
Kundendienst	Ergebnis der Tätigkeiten zwischen Anbieter und Kunde und interne Tätigkeiten des Anbieters mit dem Zweck, die Anforderungen des Kunden zu erfüllen. [**DIN EN 82079-1**:2013-06]
Kundenspezifikation	→ Lastenheft
künstliche Intelligenz	Forschungsbereich der Informatik, der sich mit der Entwicklung von Computern beschäftigt, die menschliche Intelligenzleistungen nachvollziehen können. Da es keine genaue Definition von Intelligenz gibt ist der Begriff schwierig zu definieren. Beispiele: Mustererkennung, Lernfähigkeit, Dialogfähigkeit. [**Kief 2013**, S.609]
Kupplung	Einrichtung, die die Bewegung des Schwungrades auf den Stößel überträgt. [**DIN EN 692**:2009-10]
Kupplung, formschlüssig	Kupplungsart, die, einmal eingerastet oder betätigt, erst dann wieder ausgerückt werden kann, wenn der Stößel einen vollständigen Hub ausgeführt hat, z. B. vorwiegend Keilkupplungen. Eingeschlossen sind auch Kupplungen, die nur in bestimmten Positionen des Arbeitszyklus ausgerückt werden können. [**DIN EN 692**:2009-10]
Kupplung, kraftschlüssig	Kupplungsart, die an jeder Stelle des Stößelhubes ein- oder ausgeschaltet werden kann, z. B. meist Reibungskupplungen. [**DIN EN 692**:2009-10]
LA	→ Lastaufnahmemittel, LA

Laie	Nach DIN VDE 1000 gilt jede Person als Laie, die weder als unterwiesene Person noch als Fachkraft gelten kann.
Lageplan	→ Übersichtsplan
Lagerfähigkeit	Zeitspanne, in welcher Rohstoffe, Materialien, Komponenten oder Produkte gelagert werden können ohne Verlust oder Änderung der Eigenschaften. [Vgl. **ISO 5843-8**:1988-03]
Längenmaß	Entweder der lineare Abstand zwischen zwei Elementen oder die lineare Größe eines Maßelementes [Vgl. **ISO 129-1**:2004-09]
Laser	Jedes Bauteil, das dazu benutzt werden kann, elektromagnetische Strahlung im Wellenlängenbereich von 180 nm bis 1 mm primär durch den Vorgang der kontrollierten stimulierten Emission zu erzeugen oder zu verstärken. [**DIN EN 60825-1**:2015-07]
Laserbearbeitungsmaschine	Maschine, in der (ein) eingebaute® Laser ausreichend Energie/Leistung liefert/liefern, um zu schmelzen, zu verdunsten oder einen Phasenübergang in zumindest einem Teil des Werkstücks zu erzeugen, und die hinsichtlich ihrer Funktion und Sicherheit so vollständig ist, dass sie betriebsbereit ist. [**DIN EN ISO 11553-1**:2009-03]
Laserbereich	Bereich, in dem die Bestrahlungsstärke oder die Bestrahlung die geltende maximal zulässige Bestrahlung (MZB) der Hornhaut des Auges übertrifft, einschließlich der Möglichkeit einer zufälligen Ablenkung des Laserstrahls. Anmerkung [...]: Schließt man die Möglichkeit der Betrachtung mittels optischer Hilfsmittel ein, so wird der entsprechende Bereich „erweiterter Laserbereich" genannt. [**DIN EN 60825-1**:2015-07]
Lasereinrichtung	Jede Einrichtung oder Zusammenstellung von Bauteilen, die einen Laser oder ein Lasersystem darstellt, enthält oder später enthalten solle [**DIN EN 60825-1**:2015-07]
Laser-Gefahrenbereich	Bereich, in dem die Exposition des Auges und/oder der Haut die jeweiligen maximal zulässigen Bestrahlungswerte (MZB) übertrifft; Siehe Laserbereich [...] Anmerkung [...]: Um Unklarheiten zu vermeiden, sollten zusätzlich Informationen angegeben werden, ob der Gefahrenbereich auf den Augen- oder Haut-MZB-Wert basiert. [**DIN EN 60825-1**:2015-07]
Laserschutzbeauftragter	Person, die das Fachwissen hat, Gefährdungen durch Laser abzuschätzen und zu beherrschen und die Verantwortung für die Überwachung der Schutzmaßnahmen gegen Lasergefährdung trägt [**DIN EN 60825-1**:2015-07]

Lasersintern, Selektives	Ist ein Rapid Prototyping-Verfahren zur Herstellung hochbelastbarer Prototypen auf Basis von CAD-Daten durch schichtweises Verschmelzen von pulverförmigen Werkstoffen mit fokussierter Laserstrahlung. Auch aus speziellem Formsand lassen sich Formen und Kerne für den Metallguss herstellen. [Vgl. **Kief 2013**, S.622]
Laserstrahlung	[Ist] jede elektromagnetische Strahlung zwischen 180 nm und 1 mm, die als Ergebnis kontrollierter stimulierter Emission von einer Lasereinrichtung emittiert wird [**DIN EN 60825-1**:2015-07]
	[Laserstrahlung sind elektromagnetische] Wellen im Bereich der optischen Strahlung mit extremer Bündelung der Strahlung. Im biologisch interessierenden Wellenlängenbereich 200 nm bis 1 mm kann es durch Laserstrahlung zu photochemisch induzierten Schäden an Nukleinsäuren, Zellen und Zellkomplexen, zu thermischer Denaturierung biologischer Makromoleküle und zu mechanisch bedingten Schäden an Molekülen durch Druckwellen kommen. [**Schmidtke 2013**, S.712]
Lastaufnahmemittel, LA	„Lastaufnahmemittel" [sind] ein nicht zum Hebezeug gehörendes Bauteil oder Ausrüstungsteil, das das Ergreifen der Last ermöglicht und das zwischen Maschine und Last oder an der Last selbst angebracht wird oder das dazu bestimmt ist, ein integraler Bestandteil der Last zu werden, und das gesondert in Verkehr gebracht wird; als Lastaufnahmemittel gelten auch Anschlagmittel und ihre Bestandteile [**MRL 2006/42/EG**]
	Teil des Gerätes zum Aufnehmen der bestimmungsgemäßen Last. [**DIN EN 528**:2009-02]
Last, bestimmungsgemäße	Last mit spezifischen Eigenschaften (Masse, Abmessungen, Palette oder Container, Verpackung usw.), für deren Aufnahme das Gerät ausgelegt ist. [**DIN EN 528**:2009-02]
Lastenheft	Vom Auftraggeber oder in dessen Auftrag erstellte Zusammenstellung aller Anforderungen des Auftraggebers hinsichtlich Liefer- und Leistungsumfang als Ausschreibungs-, Angebots- und/oder Vertragsgrundlage. Anmerkung 1: Im Lastenheft sind die Anforderungen aus Anwendersicht einschließlich aller Randbedingungen zu beschreiben. Diese sollten quantifizierbar und prüfbar sein. Anmerkung 2: Im Lastenheft wird definiert, was und wofür zu lösen ist und unter welchen Randbedingungen. [**VDI/VDE 3694**:2014-04]
	[Das Lastenheft] beschreibt die Gesamtheit der Forderungen des Auftraggebers. [...] Im Pflichtenheft ist in konkreterer Form beschrieben, wie der Auftragnehmer die Anforderungen im Lastenheft zu lösen gedenkt. [**VDI 4500 Blatt 4**:2011-12]

Lastträger	Teil der Maschine, auf oder in dem Personen und/oder Güter zur Aufwärts- oder Abwärtsbeförderung untergebracht sind. [**MRL 2006/42/EG**, Anhang I]
Lastübergabebereich	Bereich, wo Lasten in den oder aus dem Arbeitsbereich des Gerätes gebracht werden. [**DIN EN 528**:2009-02]
Layout von Anlagen	Beschreibt die Anordnung und Zuordnung von Einrichtungen, Verkehrswegen und Versorgungsleitungen in zeichnerischer Darstellung. [**Hompel 2011**, S.178]
LCC	→ Lebenszykluskosten
Lean Production	[Bezeichnet] eine Unternehmensstrategie aus einem System von Grundsätzen, Zielen und Maßnahmen, das in der Gesamtheit zum „schlanken" und somit besonders wettbewerbsfähigen Zustand eines Unternehmens führt. Ziel ist auch die Komplexitätsreduktion durch „flache" Hierarchien. Die Bezeichnung wurde durch die Analyse der Produktionsmethoden japanischer Automobilhersteller durch Womack (1991) geprägt. [**Hompel 2011**, S.179]
Lebensdauer	Betriebsdauer einer nichtinstandzusetzenden Einheit vom Anwendungsbeginn bis zum Zeitpunkt des Versagens. [**DIN 40041**:1990-12]
	Lebensdauer ist die Zeitspanne, wahrend der ein Produkt unter festgelegten Betriebsbedingungen und Inanspruchnahme von Wartungs- und Reparaturleistungen in der Lage ist, seine Funktionsfähigkeit ausreichend zu erfüllen. [**Neudörfer 2011**, S.537]
	Bei Maschinen oder Anlagen mit beschränkter Lebensdauer ist die Lebensdauer im Kapitel Technischen Daten der Betriebs- oder Wartungsanleitung mit aufzunehmen. Einer begrenzten Lebensdauer einer Maschine oder Anlage können verschiedene Ursachen zugrunde liegen, wie z. B. Korrosion, Rost, Kriechen oder Materialermüdungserscheinungen.
Lebenszyklus	Dieser Begriff beschreibt die vier Lebensphasen eines Produktes. Es handelt sich dabei um folgende: Entwicklung, mit Konzept, Konstruktion sowie Verifizierung; Herstellung, mit Einbau sowie Inbetriebnahme; Betrieb inklusive der Instandhaltung; Entsorgung sowie Wiederverwertung. [**VDI 4003**: 2007-03]
	[Lebenszyklus ist das] Zeitintervall vom Produktstart bis zur Außerbetriebnahme des Produktes und dessen Entsorgung
Anmerkung 1 [...]: Der Lebenszyklus umfasst die Entstehung eines Produktes, von dessen Konzeptualisierung bis zu dessen Einstellung. „Einstellung" sollte dabei als endgültige Außerdienststellung des Produktes verstanden werden, die über die Einstellung von Serviceleistungen für das Produkt hinausgeht.
Anmerkung 2 [...]: Die Untersuchung des Lebenszyklus darf möglicherweise auftretende Nutzungsbedingungen des Produktes

berücksichtigen, einschließlich der Planung von Szenarien, Risikobewertung, Transport, Warenumschlag, Lagerung, bestimmungsgemäßer Nutzungsdauer und anderer Faktoren. [**DIN EN 1325**:2014-07]

Ebenso wie bei dem Begriff des „Produktlebenszyklus" wird die Lebensdauer eines Produkts im „Lebenszyklus" in verschiedene Phasen unterteilt: Produktanalyse, Konzeption und Planung, Entwicklung, Fertigung, Qualitätssicherung, Markteinführung, Nutzung, Instandhaltung, Herausnahme aus dem Markt, Entsorgung.

Lebenszykluskosten	Die Kosten für den Erwerb und den Besitz eines Produktes für einen bestimmten Zeitraum seines Lebenszyklus Anmerkung […]: Die Lebenszykluskosten können die Kosten der Entwicklung, des Erwerbs, der Anwenderschulung, des Betriebs, der Instandhaltung, der Unterstützung, der Außerdienststellung und der Entsorgung umfassen. [**DIN EN 1325**:2014-07] Der Begriff Lebenszykluskosten wird abgekürzt durch Verwendung der Kurzform von Life-Cycle-Cost: „LCC".
Legierung	Ein metallisches, in makroskopischem Maßstab homogenes Material, das aus zwei oder mehr Elementen besteht, die so verbunden sind, dass sie durch mechanische Mittel nicht ohne weiteres getrennt werden können. [**CLP-Verordnung (EG) Nr. 1272**/2008]
leichtentzündliche Stoffe	[Stoffe], wenn sie a) sich bei gewöhnlicher Temperatur an der Luft ohne Energiezufuhr erhitzen und schließlich entzünden können, b) in festem Zustand durch kurzzeitige Einwirkung einer Zündquelle leicht entzündet werden können und nach deren Entfernen in gefährlicher Weise weiterbrennen oder weiterglimmen, c) in flüssigem Zustand einen sehr niedrigen Flammpunkt haben, d) bei Kontakt mit Wasser oder mit feuchter Luft hochentzündliche Gase in gefährlicher Menge entwickeln [**GefStoffV vom 26. November 2010**, Stand 2015, §3 Gefährlichkeitsmerkmale]
Leistungsverzeichnis	Dokument für eine Ausschreibung, im Regelfall in einheitlicher Form, bestehend aus einer Liste, die den Arbeitsumfang beschreibt, und einer Beschreibung der Werkstoffe, Arbeitsqualität und anderen für Konstruktionsarbeiten notwendigen Stoffe. [**DIN EN ISO 10209**:2012-11]

Leuchtmelder	Einrichtung mit einer oder mehreren Lampen, durch die farbkodierte Informationen vermittelt werden, die anzeigen, dass eine bestimmte Aufgabe zu erfüllen bzw. eine Zustandsänderung eingetreten ist oder die einen Befehl oder einen Zustand bestätigen. [**Schmidtke 2013**, S.714]
Leuchttaster	Taster mit eingebauter Lampe, durch die der aktuell eingestellte Zustand sichtbar gemacht wird. [**Schmidtke 2013**, S.714]
Lichtgitter	Auch Lichtvorhang genannt, beruht auf demselben Prinzip wie Lichtschranken, jedoch mit mehreren Lichtstrahlen (Sendern und Empfängern), so dass ein flächendeckendes Gitter erzeugt werden kann, um z. B. den Zugang zu Maschinen zu überwachen. [**Börcsök 2009**, S.71]
	Lichtgitter, bzw. Lichtvorhänge sind mehrstrahlige optisch berührungslos wirkende Schutzeinrichtungen mit Annäherungsreaktion (BWS), welche aufgrund ihres geringen Auflösevermögens in einem ebenen Schutzfeld Personen, bzw. deren eindringende Körperteile zuverlässig zu erkennen in der Lage sind. [Vgl. **Neudörfer 2011**, S.537]
Lichtschranke	Eine Einweg-Lichtschranke ist eine einstrahlige optische berührungslos wirkende Schutzeinrichtung mit voneinander getrenntem Sender und Empfänger. [**VDI 2854**:1991-06]
	Bei einer Unterbrechung des Lichtstrahls wird eine Änderung des Schaltzustandes ausgelöst.
Lichtvorhang	→ Lichtgitter
Lieferant	→ Anbieter
Lieferantendokument	Beschreibendes und/oder begleitendes Dokument zu dem Produkt, dem Bauteil oder der Baugruppe eines Lieferanten.
Lieferantendokumentation	→ Zulieferdokumente
Lieferantenzeichnung	Zeichnung, auf welcher ein Bauteil oder eine Baugruppe eines Lieferanten definiert wird. Das dargestellte Bauteil oder die Baugruppe wurde von dem Lieferanten entwickelt und er ist für dieses verantwortlich. [Vgl. **ISO 29845**:2011-09]
Lieferbedingungen	Lieferbedingungen regeln die Modalitäten für Liefervorgänge zwischen Lieferanten und Kunden, wie z. B. Verteilung der Transport- und Versicherungskosten, Lieferort usw. [**Hompel 2011**, S.181]
Lieferkette	Berücksichtigt drei Parteien, die zur Herstellung eines Produktes notwendig sind. Es handelt sich dabei um: - Lieferant - Organisation/Hersteller

– Kunde [**VDI 4003**: 2007-03]

Life-Cycle-Cost	→ Lebenszykluskosten
Life-Cycle-Dokument	Dokument, das während des Anlagenbetriebs gemäß dem aktuellen Stand gepflegt wird. [**Weber 2008**, S.306]
Linearmotoren	Elektrische Antriebe für lineare Bewegungen von Maschinenachsen ohne zusätzliche mechanische Übersetzungen wie bei rotierenden Motoren. Bei der linearen Direktantriebstechnik werden Elastizitäts-, Spiel- und Reibungseffekte ebenso vermieden wie Eigenschwingungen im Antriebsstrang. Das ermöglicht ein Höchstmaß an Dynamik und Präzision in der Bewegungsführung. [**Kief 2013**, S.6]
Linienabstandsfaktor	Faktor, der den Abstand zwischen aufeinanderfolgenden Grundlinien eines Textes in Bezug zur Höhe der Schriftzeichen angibt. [**DIN EN 81714-2**:2007-08]
Liste	Dokument oder Teil eines Dokumentes, in welchem Informationen in Spalten und Zeilen dargestellt werden. [Vgl. **ISO 29845**:2011-09]
Liste wichtiger Dokumentenarten	Strukturierte Zusammenstellung aller wichtigen Dokumentenarten aus der Gesamtdokumentation über die Anlage [**Weber 2008**, S.306]
Logistik	Organisation, Planung und Steuerung der gezielten Bereitstellung und des zweckgerichteten Einsatzes von Produktionsfaktoren (Arbeitskräfte, Betriebsmittel, Werkstoffe) zur Erreichung der Betriebsziele, sowie das Lager- und Transportwesen. [**Kief 2013**, S.610]
lokale Steuerung	→ Steuerung, lokale
Los	Menge von Einheiten/Produkte, denen unterstellt wird, dass die interessierenden Merkmale übereinstimmen. [**DIN 55350-31**:1985-12]
	Bestimmter Teil einer Grundgesamtheit, der im Wesentlichen unter denselben Bedingungen wie die Grundgesamtheit in Bezug auf das Ziel der Stichprobenahme entstanden ist. Anmerkung Das Ziel der Stichprobenahme kann beispielsweise sein, über die Annehmbarkeit des Loses zu entscheiden oder den Mittelwert eines einzelnen Merkmals zu schätzen. [**DIN ISO 3534-2**:2013-12]
Löschmittel	Stoff, der zum Löschen von Feuer geeignet ist [**DIN EN 13478**:2008-12]
Lösemittel	eine Flüssigkeit, in der eine andere Substanz gelöst werden kann. [**DIN EN 12921-1**:2011-02]

Lüftung, technische	Der durch Ventilatoren oder andere kraftbetriebene Einrichtungen erzielte Luftaustausch, durch den Dämpfe, Rauche, Gase, Nebel usw. aus der Anlage entfernt werden. [**DIN EN 12921-1**:2011-02]
Lüftungszeichnung	→ Heizungs-, Lüftungs- und Klimatisierungszeichnung
Magnetschalter	Besteht aus einer kodierten Anordnung mehrerer Reedkontakte, die unter dem Einfluss des zugehörigen Magnetfelds ihren Schaltzustand ändern. Durch die Kodierung ist eine Manipulation ausgeschlossen. [**Börcsök 2009**, S.77]
Management	Aufeinander abgestimmte Tätigkeiten zum Führen und Steuern einer Organisation. [**DIN EN ISO 9000**:2015-11]
Managementdaten	Daten, die für die Freigabe, die Lenkung bzw. die Aufbewahrung von Produktdefinitionsdaten erforderlich sind sowie andere relevante Entwicklungsdaten [**DIN ISO 16792**:2008-12]
Managementsystem	Ist ein System, das mit entsprechenden Werkzeugen ausgestattet ist, wie z. B. Unternehmensleitlinien, die Unternehmensabläufe in die entsprechende Richtung lenken soll. Ziel ist es Verluste zu vermeiden und Unternehmensziele planbarer zu machen. [**VDI 4060 Blatt 1**:2005-06]
Mangel	Nichtkonformität [..] in Bezug auf einen beabsichtigten oder festgelegten Gebrauch. Anmerkung [...]: Die Unterscheidung zwischen den Begriffen Mangel und Nichtkonformität ist wegen ihrer rechtlichen Bedeutung wichtig, insbesondere derjenigen, die im Zusammenhang mit Produkt- [..] und Dienstleistungshaftungsfragen [..] steht. Anmerkung [...]: Der vom Kunden [..] beabsichtigte Gebrauch kann durch die Art der vom Anbieter [..] bereitgestellten Informationen [..], wie Gebrauchs- oder Instandhaltungsanweisungen, beeinträchtigt werden. [**DIN EN ISO 9000**:2015-11] Ein Mangel besteht, wenn eine zuvor festgelegte Anforderung nicht erfüllt wird. Hierfür muss der beabsichtigte Gebrauch zuvor festgelegt worden sein. Die neue Definition der ISO 9000 grenzt den Begriff des Mangels nicht mehr vom Fehler ab, sondern von der Nichtkonformität. Vom Mangel spricht man demzufolge nur dann, wenn Anforderungen an den Gebrauch nicht stimmen oder nicht vorhanden sein sollten. Dabei spielt auch die zum Produkt zugehörige Dokumentation eine Rolle.
Manuelle Betriebsart	→ Betriebsart, manuelle
Manueller Betrieb	Manueller Betrieb ist der Betrieb eines Gesamtsystems oder Teilsystems durch manuelles Steuern, wie er z. B. beim Programmieren, Testen oder Einrichten notwendig ist. Nicht verstanden wird hierunter das manuelle Produzieren mit einzelnen Maschinen des Systems. [**VDI 2854**:1991-06]

manuelle Rückstellung	[Ist eine] interne Funktion des sicherheitsbezogenen Teiles einer Steuerung zum manuellen Wiederherstellen einer oder mehrerer Sicherheitsfunktionen, vor dem Neustart einer Maschine verwendet [**DIN EN ISO 13849-1**:2008-12]
Marginalien	Marginalien sind ein Mittel zur optischen Strukturierung von Text. Marginalien werden in der Technischen Dokumentation oft eingesetzt, in Form von inhaltlichen Randbemerkungen in einer Texten und Bildern nebengeordneten Randspalte.
Marktaufsicht	[Ist nach Maschinenrichtlinie] ein wesentliches Instrument zur Sicherstellung der korrekten und einheitlichen Anwendung von Richtlinien. Es ist deshalb notwendig, einen Rechtsrahmen zu schaffen, in dem die Marktaufsicht abgestimmt erfolgen kann. [..] Die Mitgliedstaaten treffen alle erforderlichen Maßnahmen, um sicherzustellen, dass Maschinen nur in Verkehr gebracht und/oder in Betrieb genommen werden dürfen, wenn sie den für sie geltenden Bestimmungen dieser Richtlinie entsprechen und wenn sie bei ordnungsgemäßer Installation und Wartung und bei bestimmungsgemäßer oder vernünftigerweise vorhersehbarer Verwendung die Sicherheit und Gesundheit von Personen und gegebenenfalls von Haustieren und Sachen nicht gefährden. [**MRL 2006/42/EG**]
	Damit die Hersteller durch die Selbstzertifizierung nicht zur Nachlässigkeit verleitet werden, soll es in den Mitgliedstaaten Behörden zur Marktüberwachung geben, die die Einhaltung der wesentlichen Anforderungen sicherstellen. Diese Behörden können handeln, sobald sie Zweifel an der Konformität eines Produktes haben. Tätig wird die Marktaufsicht z. B. durch stichprobenartige Prüfungen, Hinweise anderer Behörden oder dann, wenn ein Unfall passiert ist. Generell haben die Marktaufsichtsbehörden folgende Befugnisse: • die Herausgabe der CE-Dokumentation fordern • Ermittlungsmaßnahmen durchführen • Grundstücke und Räume betreten • Prüfmaßnahmen anordnen oder durchführen • Muster zur (zerstörenden) Prüfung kostenlos entnehmen • Bußgelder verhängen • technische Maßnahmen oder Anbringung von Warnhinweisen anordnen • das Inverkehrbringen der Maschine untersagen oder Rückruf anordnen • die Information aller Nutzer anordnen Das bedeutet, dass der Staat trotz der im New Approach gewährten Freiheit für den Hersteller im Zweifel massive Eingriffe vornehmen kann, um die Nutzer vor unsicheren Produkten zu schützen. Für Hersteller ist es sicher sinnvoll, solch unangenehmen Prozeduren aus dem Wege zu gehen und lieber gleich alles richtig zu machen. Insbesondere in der Technischen Dokumentation. [**Kothes 2011, S.9**]

Marktüber-wachung	[Nach Produktsicherheitsgesetz] ist Marktüberwachung jede von den zuständigen Behörden durchgeführte Tätigkeit und von ihnen getroffene Maßnahme, durch die sichergestellt werden soll, dass die Produkte mit den Anforderungen dieses Gesetzes übereinstimmen und die Sicherheit und Gesundheit von Personen oder andere im öffentlichen Interesse schützenswerte Bereiche nicht gefährden [**ProdSG** vom 08.11.2011]
Marktüberwa-chungsbehörde	[Nach Produktsicherheitsgesetz] ist Marktüberwachungsbehörde jede Behörde, die für die Durchführung der Marktüberwachung zuständig ist [**ProdSG** vom 08.11.2011]
Maß	Ein Maß beschreibt entweder die Entfernung zwischen zwei Elementen oder die Größe eines Maßelementes [Vgl. **ISO 129-1**:2004-09]
Maschine	[Ist eine] mit einem Antriebssystem ausgestattete oder dafür vorgesehene Gesamtheit miteinander verbundener Teile oder Vorrichtungen, von denen mindestens eine(s) beweglich ist und die für eine bestimmte Anwendung zusammengefügt sind ANMERKUNG [..] Der Begriff „Maschine" gilt auch für Maschinenanlagen, die so angeordnet und gesteuert werden, dass sie als einheitliches Ganzes funktionieren, um das gleiche Ziel zu erreichen. [**DIN EN ISO 12100**:2011-03]
	[Eine Maschine im Sinne der Maschinenrichtlinie ist] eine mit einem anderen Antriebssystem als der unmittelbar eingesetzten menschlichen oder tierischen Kraft ausgestattete oder dafür vorgesehene Gesamtheit miteinander verbundener Teile oder Vorrichtungen, von denen mindestens eines bzw. eine beweglich ist und die für eine bestimmte Anwendung zusammengefügt sind [**MRL 2006/42/EG**]
	Eine Maschine ist ein komplexes Arbeitsmittel mit mindestens einem Antrieb und einer Hauptfunktion. Funktionen können z. B. sein: das Aufbereiten, das Behandeln, Fortbewegen oder Verarbeiten von Arbeitsgegenständen durch Wirkbewegungen. Eine Maschine ist dadurch bestimmt, dass sie eine funktionelle Verkettung von Mechanismen zum Umwandeln von Energiearten, Realisieren von Bewegungsabläufen und zum technischen Umsetzen von Kräften ist. Die Hauptfunktion entsteht meist aus mehreren ineinandergreifenden, aufeinander abgestimmten Teilfunktionen, die durch untergeordnete Systeme realisiert werden. Dabei werden unterschiedlichste physikalische Effekte bzw. Energien genutzt. Die Teilfunktionen laufen entweder gleichzeitig oder nacheinander ab, teils offensichtlich, teils verborgen, meist als eine Folge wiederholbarer Schritte. Teilfunktionen können dabei auch für Menschen gefährlich werden. Deshalb müssen Sicherheitsvorkehrungen auf dem Stand der Technik konstruktiv in die Maschine integriert werden. [Vgl. **Neudörfer 2011**, S.538]

Maschinen-Antriebs-element	Kraftbetriebener Mechanismus, der die Bewegung der Maschine bewirkt [**DIN EN ISO 13850**:2008-09]
Maschinen-auslastung	Maschinenauslastung = (IST-Zeit/SOLL-Zeit) × 100 % [**Schmidtke 2013**, S.716]
Maschinenbau	Ist ein wichtiger technischer Teilsektor und einer der industriellen Kernbereiche der Wirtschaft in der Gemeinschaft. Die sozialen Kosten der durch den Umgang mit Maschinen unmittelbar hervorgerufenen zahlreichen Unfälle lassen sich verringern, wenn der Aspekt der Sicherheit in die Konstruktion und den Bau von Maschinen einbezogen wird und wenn Maschinen sachgerecht installiert und gewartet werden. [**MRL 2006/42/EG**]
Maschinen-daten-Erfassung, MDE	Automatische Erfassung und Speicherung wesentlicher Maschinendaten während der Bearbeitungsphase, ergänzt durch manuell eingegebene Zusatzinformationen. Dient der besseren Transparenz der Fertigungsmittel und ermöglicht die schnelle Analyse technischer und organisatorischer Schwachstellen. Erfasst werden z. B.: Maschinenlaufzeit, -stillstandszeit und –ausfallzeit sowie deren Ursachen, Fehlermeldungen und deren Ursachen, manuelle Eingriffe in den automatischen Ablauf, Korrekturwerteingaben. [**Kief 2013**, S.611]
Maschinen-einrichter	Ernannte Person, ausgebildet und qualifiziert, um das Rüsten und Anfahren eines Arbeitsprozesses einer Maschine durchzuführen. [Vgl. **DIN EN 869**:2009-12]
Maschinen-Kennzeichnung	→ Typenschild
Maschinen-laufzeit	Die tatsächliche Betriebszeit einer Maschine. [**Schmidtke 2013**, S.716]
Maschinenrichtlinie	→ EG-Maschinenrichtlinie
Maschine, von der aufgrund ihrer Beweglichkeit Gefährdungen ausgehen	Eine „Maschine, von der aufgrund ihrer Beweglichkeit Gefährdungen ausgehen", ist: - eine Maschine, die bei der Arbeit entweder beweglich sein muss oder kontinuierlich oder halbkontinuierlich zu aufeinander folgenden festen Arbeitsstellen verfahren werden muss, oder - eine Maschine, die während der Arbeit nicht verfahren wird, die aber mit Einrichtungen ausgestattet werden kann, mit denen sie sich leichter an eine andere Stelle bewegen lässt. [**MRL 2006/42/EG**, Anhang I]

Maschine, unvollständige	[Ist] eine Gesamtheit, die fast eine Maschine bildet, für sich genommen aber keine bestimmte Funktion erfüllen kann. Ein Antriebssystem stellt eine unvollständige Maschine dar. Eine unvollständige Maschine ist nur dazu bestimmt, in andere Maschinen oder in andere unvollständige Maschinen oder Ausrüstungen eingebaut oder mit ihnen zusammengefügt zu werden, um zusammen mit ihnen eine Maschine im Sinne dieser Richtlinie zu bilden. [**MRL 2006/42/EG**], [9. ProdSV vom 15.12.2011]
	Zwar sind nicht alle Bestimmungen dieser Richtlinie auf unvollständige Maschinen anwendbar, doch muss der freie Verkehr derartiger Maschinen mittels eines besonderen Verfahrens gewährleistet werden. [**MRL 2006/42/EG**]
	Eine unvollständige Maschine ist z. B. eine Druckgussmaschine ohne Sicherheitseinrichtungen. Diese darf ohne das nachträgliche installieren der normengerechten Sicherheitseinrichtungen nicht in Betrieb genommen werden.
	Für die unvollständigen Maschinen gibt es ein gesondertes Verfahren für die Erlangung der Teil-Konformität als unvollständige Maschine, welches mit der Erstellung einer Einbauerklärung (und nicht einer Konformitätserklärung) abschließt. Eine weitere Besonderheit ist, dass der Technische Redakteur für unvollständige Maschinen keine Betriebsanleitung, sondern eine Montageanleitung zu erstellen hat. Die Inhalte der Montageanleitung weichen in einigen Punkten von denen der Betriebsanleitung ab. Die abweichenden Punkte werden in der Maschinenrichtlinie MRL 2006/42/EG aufgeführt.
Maßblatt	→ Abmessungen
Maßhilfslinie	Verbindende Linie zwischen dem zu bemaßenden Element und dem Ende der jeweiligen Maßlinie. [Vgl. **ISO 129-1**:2004-09]
Maßlinie	In einer Zeichnung: Linie zwischen zwei Elementen oder zwischen einem Element und einer Maßhilfslinie oder zwischen zwei Maßhilfslinien, die das Maß graphisch angibt. Diese Linie kann gerade oder gekrümmt sein. [Vgl. **ISO 129-1**:2004-09]
Maßstab	Verhältnis der in einer Originalzeichnung dargestellten linearen Maße eines Bereiches zu den wirklichen linearen Maßen desselben Bereiches eines Gegenstandes. [**DIN ISO 5455**:1979-12]
Maßstab, natürlicher	Maßstab mit dem Verhältnis 1:1 [**DIN ISO 5455**:1979-12]
Maßtoleranz	Unterschied zwischen der oberen und der unteren Toleranzgrenze eines Maßes [Vgl. **ISO 129-1**:2004-09]

Maßzeichnung	Zeichnung, die notwendige Maße für die Bauausführung oder Produktion festlegt [**DIN EN ISO 10209**:2012-11]
maximaler Arbeitsdruck	→ Arbeitsdruck, maximaler
maximal zulässiger Druck	→ Druck, maximal zulässiger
MDE	→ Maschinendaten-Erfassung, MDE
mechanische Fertigstellung	→ Fertigstellung, mechanische
mechanische Presse	→ Presse, mechanische
Mechanisierung	Unterstützung der menschlichen Arbeitskraft durch den Einsatz von Maschinen. Der Arbeitsvorgang wird ganzheitlich vom Menschen geleistet; Maschinen haben lediglich die Aufgabe der Übersetzung (z. B. Drehmoment, Drehzahl oder Kraft) und der Werkzeughaltung. [**Heinrich 2015**, S.364]
Mechatronik	Interdisziplinares Gebiet der Ingenieurwissenschaften, das auf Maschinenbau, Elektrotechnik und Informatik aufbaut. Im Vordergrund steht die Ergänzung und Erweiterung mechanischer Systeme durch Sensoren und Mikrorechner zur Realisierung teil-intelligenter Produkte und Systeme. [**Kief 2013**, S.611]
Medium	Mittel zur Speicherung, Darstellung und Weiterleitung von Informationen [**DIN EN ISO 10209**:2012-11]
Mehrfach-Stichprobenprüfung	→ Stichprobenprüfung, Mehrfach-
Meldeanzeige	Anzeige, die den aktuellen Zustand eines technischen Systems übermittelt. [**Schmidtke 2013**, S.717]
Meldung	Bericht vom Eintreten eines Ereignisses oder einer Zustandsänderung. [**Schmidtke 2013**, S.717]
Meldungsbereich	Bereich, in dem Information wie Statusaktualisierung und/oder andere Information (z. B. Fehlermeldungen, Fortschrittsanzeige, Rückmeldungen) angezeigt wird [**DIN EN ISO 9241-12**:2000-08]
Mensch-Computer, Schnittstelle	→ Schnittstelle Mensch-Computer
Mensch-Maschine, Schnittstelle	→ Schnittstelle Mensch-Maschine

Mensch-Maschine-System	Zusammenwirken und Gesamtheit der Wechselbeziehungen zwischen Mensch und Betriebsmitteln bei der Arbeit. [**VDI 4006 Blatt 1**:2015-03] Allgemeiner Beschreibungsbegriff für ein System, das zur Funktionserfüllung wechselseitiger Interaktionen und Transformationen zwischen Mensch und technischen Komponenten bedarf [**Schmidtke 2013**, S.718] Der Begriff Mensch-Maschine-System, der das Zusammenwirken von Menschen und Betriebsmitteln beschreibt, wird abgekürzt mit dem Kürzel „MMS".
Menschliches Versagen	→ Versagen, menschliches
Menü	Am Bildschirm angebotene Auswahl von Möglichkeiten für den Bediener, um eine gestellte Aufgabe zu erfüllen. [**Kief 2013**, S.611] Eine Gruppe auswählbarer Optionen. [**DIN EN ISO 9241-14**:2000-12]
Messen	Experimentelle Ermittlung eines oder mehrerer Werte, die sinnvoll einer Größe zugeordnet werden können. [**DIN IEC 60050-351**:2014-09]
Messfühler	→ Messtaster
Messglied	Das Messglied dient der Erfassung der Regelgröße. Es wandelt die Regelgröße in die Rückführgröße um, die in der Regeleinrichtung verarbeitet wird. [**Heinrich 2015**, S.364]
Messprinzip	Das Messprinzip erlaubt es, anstelle der Messgröße eine andere Größe zu messen, um aus ihrem Wert eindeutig den der Messgröße zu ermitteln. Es beruht auf einer immer wieder herstellbaren physikalischen Erscheinung (Phänomen, Effekt) mit bekannter Gesetzmäßigkeit zwischen der Messgröße und der anderen Größe. [**DIN 1319-1**:1995-01]
Messtaster	Sind schaltende Feintaster mit hoher Schaltgenauigkeit und Reproduzierbarkeit des Schaltpunktes. Messtaster werden für Messaufgaben eingesetzt. Diese Aufgaben können z. B. das Messen der Werkstücklage oder Messen der Werkzeuglänge sein. Messtaster werden auch als Bearbeitungs- und Genauigkeitskontrolle genutzt. Die gemessenen Positionswerte werden softwaretechnisch gespeichert und daraus werden z. B. Korrekturwerte, Positionswerte oder Toleranzen berechnet. [Vgl. **Kief 2013**, S.612]
Messpunkt	Punkt auf der Horizontlinie, der rechtwinklig zu der Fluchtlinie einer bestimmten horizontalen Linie liegt, die den Winkel zwischen der Horizontlinie und der Fluchtlinie dieser gegebenen Linie halbiert, und der es ermöglicht, die wahre Länge der gegebenen Linie in der Projektion zu ermitteln [**DIN EN ISO 5456-4**:2002-12]

Messverfahren	Ist eine praktische Anwendung eines Messprinzips und einer Messmethode. [**DIN 1319-1**:1995-01]
Messwertgeber	Sensoren, d. h. Gerate, die eine physikalische Größe messen und die Messwerte in elektrisch auswertbare Ausgangssignale umwandeln. Messwertgeber können z. B. für Messungen in folgenden Aufgabenfeldern eingesetzt werden: Achspositionen, Geschwindigkeiten, Drehzahlen, Drehmomente, Ströme und Temperaturen. [**Kief 2013**, S.612]
Metadaten	Merkmale zur Identifizierung und Beschreibung eines Dokuments [**Weber 2008**, S.306]
Methode	Das planmäßige, durchdachte, zielsichere Vorgehen zur Erreichung eines bestimmten Zieles. [**Kief 2013**, S.612]
Mindestabstand	Berechneter Abstand zwischen der Schutzeinrichtung und dem Gefährdungsbereich, der notwendig ist, um zu verhindern, dass eine Person oder ein Körperteil einer Person den Gefährdungsbereich vor Beendigung der gefahrbringenden Maschinenfunktion erreicht. ANMERKUNG Verschiedene Mindestabstände können für unterschiedliche Bedingungen oder Arten der Annäherung berechnet werden, aber bei der Auswahl der Anordnung der Schutzeinrichtungen wird der größte dieser Mindestabstände verwendet. [**DIN EN ISO 13855**:2010-10]
mitgeltende Dokumente	Bei den mitgeltenden Dokumenten handelt es sich um Dokumente, die Aussagen/Regelungen enthalten, die für dieses Dokument Gültigkeit besitzen, aber im Dokument nicht zwingend explizit genannt werden müssen. Typischerweise sind Rahmendokumente mitgeltende Dokumente. [**Reiss 2014**, S.413]
MMS	→ Mensch-Maschine-System
Modell	Ist eine dreidimensionale physikalische oder digitale Beschreibung der idealen Gestalt eines Objekts. [Vgl. **ISO 29845**:2011-09]
Modellgeometrie	Geometrieelemente in Produktdefinitionsdaten, die das entwickelte Produkt repräsentieren [**DIN ISO 16792**:2008-12]

Modifikation	Eingriffe, die an einem Produkt vorgenommen wurden, um dessen bestimmungsgemäßen Gebrauch zu ändern. [**DIN EN 82079-1**:2013-06]
	Änderung an der Maschine, die die Bearbeitung von Materialien in einer Weise ermöglicht, die sich von der ursprünglichen Auslegung unterscheidet, oder die die Bearbeitung von Materialien ermöglicht, die sich von denjenigen unterscheiden, die bei der ursprünglichen Auslegung vorgesehen waren, oder die die Sicherheitskennwerte einer Maschine beeinflusst [**DIN EN ISO 11553-1**:2009-03]
Montage	Gesamtheit aller Arbeiten, die zur physischen Errichtung der Anlage auf der Baustelle zu erledigen sind. [**Weber 2008**, S.306]
Montageanleitung	Im allgemeinen Sinne gehört die Montageanleitung in der Regel zur externen Technischen Dokumentation und ist eine Benutzerinformation. Im Sinne der Maschinenrichtlinie gehört die Montageanleitung zu einer unvollständigen Maschine. [**Schlagowski 2015**, S.706]
Montageanleitung für eine unvollständige Maschine	Die Montageanleitung ersetzt die Betriebsanleitung, die für unvollständige Maschinen bzw. unvollständige Maschinenanlagen nach der Maschinenrichtlinie 2006/42/EG nicht mehr gefordert wird. In der Montageanleitung für eine unvollständige Maschine und Maschinenanlagen ist anzugeben, welche Bedingungen erfüllt sein müssen, damit die unvollständige Maschine ordnungsgemäß und ohne Beeinträchtigung der Sicherheit und Gesundheit von Personen mit den anderen Teilen zur vollständigen Maschine zusammengebaut werden kann. [...] Die Montageanleitung muss der unvollständigen Maschine/Maschinenanlage ebenso wie die Einbauerklärung beigefügt werden. Sofern der Käufer eine Betriebsanleitung für die unvollständige Maschine bzw. unvollständige Maschinenanlagen benötigt, muss er das privatvertraglich vereinbaren. Er sollte sich nicht darauf verlassen, dass ihm der Hersteller von sich aus z. B. aus anderen Gründen (Instruktionspflicht, Produkthaftungsrecht) eine Betriebsanleitung liefert. [**Schneider 2008**, S.206]
	In der Montageanleitung für eine unvollständige Maschine ist anzugeben, welche Bedingungen erfüllt sein müssen, damit die unvollständige Maschine ordnungsgemäß und ohne Beeinträchtigung der Sicherheit und Gesundheit von Personen mit den anderen Teilen zur vollständigen Maschine zusammengebaut werden kann. Die Montageanleitung ist in einer Amtssprache der Europäischen Gemeinschaft abzufassen, die vom Hersteller der Maschine, in die die unvollständige Maschine eingebaut werden soll, oder von seinem Bevollmächtigten akzeptiert wird. [**MRL 2006/42/EG**, Anhang II]
Motorsteuereinheit	Einheit zur Steuerung der Bewegung, des Stillsetzens und des Stillstands eines Elektromotors mit oder ohne integrierter Elektronik, z. B. Frequenzumrichter, Schütz [**DIN EN 201**:2010-02]

MZB, maximal zulässige Bestrahlung	Höhe der Laserstrahlung, der Personen unter normalen Umständen ausgesetzt sein können, ohne dass schädliche Folgen eintreten Anmerkung […]: Die MZB-Werte stellen die maximalen Werte dar, denen das Auge oder die Haut ausgesetzt werden kann, ohne dass damit Verletzungen unmittelbar oder nach einer langen Zeit verbunden sind. [**DIN EN 60825-1**:2015-07] Der MZB-Wert als Angabe der maximalen zulässigen Laserbestrahlung ist ein Sicherheitswert zum Thema Gefahren durch Laser bzw. Lasereinrichtungen.
Nachhaltigkeit	Nachhaltige Entwicklung bedeutet nach der Weltkommission für Umwelt und Entwicklung eine Entwicklung, die den Bedürfnissen der gegenwärtig lebenden Menschen entspricht, ohne die Fähigkeiten zukünftiger Generationen zur Befriedigung ihrer Bedürfnisse zu gefährden. [**Schmidtke 2013**, S.720]
Nachlauf des gesamten Systems	Zeitintervall zwischen dem Auslösen der Sensorfunktion und der Beendigung der gefahrbringenden Maschinenfunktion. [**DIN EN ISO 13855**:2010-10]
Nachlaufzeit	Zeit von der Einleitung des Stillsetzens bis der Stillstand erreicht ist [**DIN EN 201**:2010-02]
Nachrüstung	Umrüstung einer Maschine oder Anlage von einer veralteten auf eine neuere, leistungsfähigere Steuerung, meistens in Verbindung mit der Modernisierung der Antriebe und der Messsysteme, sowie dem Austausch der Steuerungselektrik gegen eine SPS. Eine Nachrüstung ist wirtschaftlich nur sinnvoll bei gut erhaltenen und teueren Großmaschinen oder Anlagen. [Vgl. **Kief 2013**, S.613]
nationale Normungsorganisation	→ Normungsorganisation, nationale
natürlicher Maßstab	→ Maßstab, natürlicher
NC	→ Numerische Steuerung, NC
Nennfrequenz	Vom Hersteller angegebene Frequenz des Versorgungsstromkreises. [**DIN EN 60950-1**:2014-08]
Nennspannung	Vom Hersteller angegebene Spannung, mit der die Einrichtung betrieben wird [**DIN EN 60950-1**:2014-08]
Nennspannungsbereich	Vom Hersteller angegebener (zulässiger) Spannungsbereich des Versorgungsstromkreises, ausgedrückt durch seine untere und seine obere Nennspannung. [**DIN EN 60950-1**:2014-08]

Nennstrom	Vom Hersteller für die Einrichtung angegebener Aufnahmestrom [**DIN EN 60950-1**:2014-08]
Nennweite, DN	[Nach Druckgeräterichtlinie] eine numerische Größenbezeichnung, welche für alle Bauteile eines Rohrsystems benutzt wird, für die nicht der Außendurchmesser oder die Gewindegröße angegeben werden; es handelt sich um eine gerundete Zahl, die als Nenngröße dient und nur näherungsweise mit den Fertigungsmaßen in Beziehung steht; die Nennweite wird durch DN, gefolgt von einer Zahl, ausgedrückt [**RICHTLINIE 2014/68/EU**]
Neue Konzeption	→ New Approach
Neues Konzept	→ New Approach
New Approach	Bezeichnung für das Konzept der Regulierung von bestimmten Produkten im Europäischen Binnenmarkte seit 1985 und gleichzeitig Bezeichnung für das Gesamtkonzept der Konformitätsbewertung. Ziel dabei ist das Abbauen von Handelshemmnissen und die Beschränkung der Eingriffsmöglichkeiten des Staates auf ein unentbehrliches Mindestmaß. Seit der Entstehung des New Approach vor ca. 20 Jahren sind mehr als 20 Richtlinien in Kraft getreten, die auf diesem Konzept beruhen. Für eine Vielzahl von Produkten ist innerhalb des Europäischen Binnenmarktes die CE-Kenn-zeichnung verpflichtend vorgesehen. Hierzu gehören u. a. Maschinen, Persönliche Schutzausrüstung, Aufzüge, Messgeräte und Druckgeräte.
nicht bestimmungsgemäßer Betrieb	Die betrachtete Einheit befindet sich in einem unzulässigen fehlerhaften Zustand. [**VDI/VDE 2180 Blatt 3**:2007-04]
	Als nicht bestimmungsgemäßer Betrieb gilt z. B. ein Betrieb des Produktes nach einem Umbau, welcher nicht dem bestimmungsgemäßen Betrieb entspricht und nicht vom Hersteller explizit genehmigt wurde oder die Nutzung des Produktes für Teile für welche das Produkt nicht ausgelegt ist, oder die Nutzung des Produktes in einem fehlerhaften und/oder unsicherem (nicht sicherheitsgerechtem) Zustand.
nichttrennende Schutzeinrichtung	→ Schutzeinrichtung, nichttrennende
Niederspannungsrichtlinie	Richtlinie 2014/35/EU. Diese Richtlinie, zusammen mit der EMV-Richtlinie, regelt wichtige Sicherheitsaspekte von elektrisch betriebenen Produkten innerhalb der EU. Im Übergangszeitraum bis 19. April 2016 kann nach wie vor die Richtlinie 2006/95/EG zugrunde gelegt werden.

NFC, Near Field Communication	Engl. Für Nahfeld-Kommunikation; bezeichnet einen Kommunikationsstandard zur Funkübertragung von Daten über kurze Entfernungen. NFC ermöglicht z. B. die Übertragung multimedialer Inhalte zwischen zwei in unmittelbarer Nähe befindlichen Handys. NFC wird auch zur Kommunikation im RFID-Bereich verwendet (zu passiven und aktiven Tags). NFC ist ein Peer-to-Peer-Protokoll mit relativ hoher Datenübertragungsrate (464 Kbit/s bei 13,56 MHz) [Vgl. **Hompel 2011**, S.206f]
NOHA	→ Laserbereich
Nomogramm	Diagramm, das es ermöglicht, ohne Berechnung den angenäherten numerischen Wert einer oder mehrerer Größe(n) zu ermitteln [**DIN EN ISO 10209**:2012-11]
Nonkonformität	Nichterfüllung einer Anforderung [**VDI 4001 Blatt 2**:2006-07]
Norm	Dokument, das mit Konsens erstellt und von einer anerkannten Institution angenommen wurde und das für die allgemeine und wiederkehrende Anwendung Regeln, Leitlinien oder Merkmale für Tätigkeiten oder deren Ergebnisse festlegt, wobei ein optimaler Ordnungsgrad in einem gegebenen Zusammenhang angestrebt wird [**ISO/IEC Guide 2**:2004-11]
	„Norm" eine von einer anerkannten Normungsorganisation angenommene technische Spezifikation zur wiederholten oder ständigen Anwendung, deren Einhaltung nicht zwingend ist und die unter eine der nachstehenden Kategorien fällt: a) „internationale Norm": eine Norm, die von einer internationalen Normungsorganisation angenommen wurde; b) „europäische Norm": eine Norm, die von einer europäischen Normungsorganisation angenommen wurde; c) „harmonisierte Norm": eine europäische Norm, die auf der Grundlage eines Auftrags der Kommission zur Durchführung von Harmonisierungsrechtsvorschriften der Union angenommen wurde; d) „nationale Norm": eine Norm, die von einer nationalen Normungsorganisation angenommen wurde [**VERORDNUNG (EU) Nr. 1025/2012** vom 25. Oktober 2012]
Normalbetrieb	[Ist] der Zustand, wenn alle Ausrüstungen, Schutzsysteme und Anlagenteile ihre bestimmungsgemäße Funktion innerhalb der durch Gestaltung und Konstruktion festgelegten Parameter erfüllen [**DIN EN 12921-1**:2011-02]
Normallast (elektrische Größe)	Betriebsweise, für Prüfzwecke, die so genau wie möglich die ungünstigsten Bedingungen verkörpert, die vernünftigerweise bei bestimmungsgemäßen Betrieb erwartet werden können [**DIN EN 60950-1**:2014-08]

Normal-projektion	Rechtwinklige Projektion von Gegenständen, die im Regelfall mit ihrer Hauptansicht parallel zu den Koordinatenebenen von einer oder mehreren Projektionsebenen in einer Koordinatenebene oder parallel dazu angeordnet werden [**DIN EN ISO 10209**:2012-11]
Normal-verteilung	Eingipfelige, symmetrische Verteilung, die sich asymptotisch der Abszisse nähert und die entsteht, wenn die ein Merkmal verursachenden Faktoren zahlreich, voneinander unabhängig und in ihrem Zusammenwirken additiv sind. [**Schmidtke 2013**, S.721]
Normen-recherche	Folgende Websites sind geeignet für die [Normen-] Recherche: - Beuth Verlag www.beuth.de - Deutsches Institut für Normung e.V. (DIN) – www.din.de - American National Standards Institute (ANSI) – www.ansi.org - International Standardization Organization – www.iso.org - International Electrotechnical Commission (IEC) – www.iec.ch - Comite Europeen de Normalisation (Europäisches Komitee für Normung) (CEN) – www.cenorm.be - Comite Europeen de Normalisation Electrotechnique (Europäisches Komitee für Elektrotechnische Normung) (CENELEC) – www.cenelec.eu [**Galbierz Pichler 2014**, S.50]
Normentwurf	[Nach der Verordnung Europäische Normung] ein Schriftstück, das den Text von technischen Spezifikationen für ein bestimmtes Thema enthält und dessen Annahme nach dem einschlägigen Normungsverfahren in der Form beabsichtigt ist, in der das Schriftstück als Ergebnis der Vorbereitungsarbeiten zur Stellungnahme oder für eine öffentliche Anhörung veröffentlicht wurde [**VERORDNUNG (EU) Nr. 1025/2012** vom 25. Oktober 2012]
Norm, harmonisierte	Eine harmonisierte Norm ist eine nicht verbindliche technische Spezifikation, die von einer europäischen Normenorganisation auf Grund eines Auftrags der Kommission nach den in der Richtlinie 98/34/EG des Europäischen Parlaments und des Rates vom 22. Juni 1998 über ein Informationsverfahren auf dem Gebiet der Normen und technischen Vorschriften und der Vorschriften für die Dienste der Informationsgesellschaft [...] in ihrer jeweils geltenden Fassung festgelegten Verfahrens angenommen wurde. [**9. ProdSV** vom 15.12.2011]
Normungs-organisation, europäische	[Eine der aufgeführten Organisationen:] 1. CEN – Europäisches Komitee für Normung 2. Cenelec – Europäisches Komitee für elektrotechnische Normung 3. ETSI – Europäisches Institut für Telekommunikationsnormen [**VERORDNUNG (EU) Nr. 1025/2012** vom 25. Oktober 2012, Anhang I]

Normungs-organisation, internationale	[Die] Internationale Normenorganisation (ISO), die Internationale Elektrotechnische Kommission (IEC) und die Internationale Fernmeldeunion (ITU) **[VERORDNUNG (EU) Nr. 1025/2012** vom 25. Oktober 2012]
Normungs-organisation, nationale	[Eine] Organisation die der Kommission von einem Mitgliedstaat […] mitgeteilt worden ist. **[VERORDNUNG (EU) Nr. 1025/2012** vom 25. Oktober 2012]
Not-Aus	Handlung der Betätigung eines Not-Aus-Gerätes im Notfall. Hierdurch wird die Energieversorgung eines Systems oder eines Teilsystems abgeschaltet. Der Not-Aus ist aber nur eine ergänzende Schutzmaßnahme, welche zusätzlich zu anderen primären Schutzmaßnahmen angebracht wird, um das Risiko vor Gefährdungen weiter zu mindern.
Not-Aus-Gerät	Manuell betätigtes Steuergerät, das die Abschaltung der elektrischen Energieversorgung zu einer ganzen oder einem Teil einer Installation bewirkt oder die Abschaltung einleitet, wenn ein Risiko für elektrischen Schlag oder ein anderes Risiko elektrischen Ursprungs besteht [**DIN EN 60204-1**:2014-10 (Entwurf)]
Not-Entsperrung	Möglichkeit des manuellen Entsperrens einer Zuhaltung im Gefahrenfall ohne Hilfsmittel und ohne dass die Tür erst betriebsmäßig entriegelt werden muss von der Zugangsseite (außerhalb des Gefahrbereichs) aus. Das Aufheben der nachfolgenden Blockierung und das Wiederherstellen des betriebsbereiten Zustands müssen einer Reparatur vergleichbaren Aufwand erfordern. [**Neudörfer 2011**, S.539]
notifizierte Stelle	→ Stelle, notifizierte
Notifizierung	[Ist] die Mitteilung der Befugnis erteilenden Behörde an die Europäische Kommission und die übrigen Mitgliedstaaten, dass eine Konformitätsbewertungsstelle Konformitätsbewertungsaufgaben […] wahrnehmen kann [**ProdSG** vom 08.11.2011]
Notfall	Gefährdungssituation, die dringend beendet werden muss oder dringender Abhilfe bedarf. ANMERKUNG Ein Notfall kann eintreten während des Normalbetriebs der Maschine (z. B. durch menschlichen Eingriff oder als Folge äußerer Einflüsse), oder als Folge einer Fehlfunktion oder des Ausfalls irgendeines Teils der Maschine. [**DIN EN ISO 12100**:2011-03]

Not-Halt-Befehlsgerät	Manuell betätigtes Steuergerät, das zur Auslösung einer Not-Halt-Funktion verwendet wird. [**DIN EN ISO 13850**:2008-09]
	Das NOT-HALT-Befehlsgerät muss deutlich erkennbare, gut sichtbare und schnell zugängliche Stellteile haben; den gefährlichen Vorgang möglichst schnell zum Stillstand bringen, ohne dass dadurch zusätzliche Risiken entstehen; erforderlichenfalls bestimmte Sicherungsbewegungen auslösen oder ihre Auslösung zulassen. Die NOT-HALT-Funktion muss unabhängig von der Betriebsart jederzeit verfügbar und betriebsbereit sein. NOT-HALT-Befehlsgeräte müssen andere Schutzmaßnahmen ergänzen, aber dürfen nicht an deren Stelle treten. [**MRL 2006/42/EG**, Anhang I]
Not-Halt-Funktion	Die Not-Halt-Funktion mittels eines oder mehrerer Not-Halt-Befehlsgeräte ist eine primäre Schutzmaßnahme, die von der Maschinenrichtlinie vorgeschrieben wird. Dabei muss die Not-Halt-Funktion Vorrang vor den anderen Funktionen haben. Die Rückstellung der Not-Halt-Funktion darf nur über eine manuelle Handlung des Bedieners und nicht automatisch erfolgen. Über die Rückstellung des Not-Haltes nach einer Auslösung darf lediglich die Möglichkeit des erneuten Startens freigegeben werden.
Not-Halt-Gerät	→ Not-Halt-Befehlsgerät
Notsignal, akustisches	Signal, das den Beginn und, falls erforderlich, die Dauer und das Ende der gefährlichen Situation anzeigt [**DIN EN ISO 7731**:2008-12]
Notsignal, akustisches für Räumung	Signal, das den Beginn oder das tatsächliche Vorhandensein eines Notzustandes mit unmittelbarer Schädigungsmöglichkeit anzeigt und die Person(en) auffordert, den Gefahrenbereich in der festgelegten Weise zu verlassen [**DIN EN ISO 7731**:2008-12]
Notsignal, optisches	[Optisches] Signal, das den Beginn oder das tatsächliche Vorhandensein einer Gefahrenlage anzeigt, die ein sofortiges Handeln erfordert [**DIN EN 842**:2009-01]
Numerische Steuerung, NC	Auch „Zahlenverstehende Steuerung", d. h. die Befehle werden als Zahlen eingegeben. Bei Werkzeugmaschinen versteht man darunter insbesondere die direkten Maßzahlen, welche die Relativbewegung zwischen Werkzeug und Werkstück steuern (Weginformationen). Hinzu kommen noch die Zahlenwerte für Drehzahl, Vorschubgeschwindigkeit, Werkzeugnummer und verschiedene Hilfsfunktionen (Schaltinformationen).
	Die Daten-Eingabe kann wahlweise über eine Tastatur, einen elektronischen Datenträger oder über Kabelanschluss (DNC) erfolgen. Die heutigen Steuerungen sind ausnahmslos unter Verwendung von Mikroprozessoren aufgebaut. [**Kief 2013**, S.614]

Nutzfläche	Gesamtfläche minus nichtnutzbarer Flächen, wie Pfeilerumgebungen, ungünstige Ecken und in der Nähe von Ein- und Ausgängen [**DIN EN ISO 11064-3**:2000-09]
Nutzlast	Maximale Last, für die das Gerät ausgelegt ist, ohne das Gewicht (die Masse) der Bedienungsperson(en) und sonstiger Teile des Gerätes [**DIN EN 528**:2009-02]
obere Explosionsgrenze	→ Explosionsgrenze, obere
OEG	→ Explosionsgrenze, obere
offenes Betriebsmittel	→ Betriebsmittel, offenes
öffentlicher Brandschutz	→ Brandschutz, öffentlicher
optisches Gefahrensignal	→ Gefahrensignal, optisches
optisches Notsignal	→ Notsignal, optisches
optisches Warnsignal	→ Warnsignal, optisches
optoelektronische Schutzeinrichtung, aktive	→ Schutzeinrichtung, aktive optoelektronische
Ordnungsprinzip	Dokumentarischer Grundgedanke, nach dem ein Ordnungssystem aufgebaut ist [**Weber 2008**, S.306]
Original	Erstversion eines Dokuments [**Weber 2008**, S.307]
Originalbetriebsanleitung	Die der Maschine beiliegende Betriebsanleitung muss eine „Originalbetriebsanleitung" oder eine „Übersetzung der Originalbetriebsanleitung" sein; im letzteren Fall ist der Übersetzung die Originalbetriebsanleitung beizufügen. [**MRL 2006/42/EG**, Anhang I]
	Begriff aus der Maschinenrichtlinie. Diese verlangt, dass die mit der Maschine auszuliefernde Betriebsanleitung den Vermerk „Originalbetriebsanleitung" trägt. Damit ist diese Sprachversion die zugrunde liegende verbindliche Version. Jede weitere Sprachversion ist dann als Übersetzung davon anzusehen und muss den Vermerk → „Übersetzung der Originalbetriebsanleitung" erhalten. Die Betriebsanleitung muss in einer Amtssprache der EU erstellt sein und in der/den Amtssprache/n des Verwenderlandes geliefert werden. Beispiel: Die Maschinenlieferung mit der Betriebsanleitung geht von Deutschland nach Frankreich. Dann kann eine einzige Betriebsanleitung in französischer Sprache mit dem Vermerk „Originalbetriebsanleitung" geliefert werden oder zwei Betriebsanleitungen, davon eine in deutscher Sprache mit dem Vermerk „Originalbetriebsanleitung" und eine in französischer Sprache mit dem Vermerk

	„Übersetzung der Originalbetriebsanleitung". [**Schlagowski 2015**, S.708f]
Original-dokument	Dokument, das die technische Beschreibung oder Definition eines Produktes festhält und welches die Grundlage für spätere Änderungen legt [**DIN EN ISO 11442**:2006-06]
Originaltreue	Stufe der Fähigkeit einer Dokumentenkopie, die Informationen des Originaldokumentes wiederzugeben [**DIN EN ISO 11442**:2006-06]
Original-zeichnung	Zeichnung von als verbindlich erklärten Informationen und Daten mit Angabe der letzten Änderung [**DIN EN ISO 10209**:2012-11]
orthogonale Darstellung	→ Darstellung, orthogonale
ortsbindende Schutzeinrichtung	→ Schutzeinrichtung, ortsbindende
ortsfeste Anlage	→ Anlage, ortsfeste
ortsfeste Einrichtung	→ Einrichtung, ortsfeste
ortsfeste Schleifmaschine	→ Schleifmaschine, ortsfeste
OSHA	Occupational Safety and Health Act (OSHA) Gesetz der Vereinigten Staaten von Amerika vom 29. Dezember 1970 zur Regelung der Sicherheits- und Gesundheitsbedingungen von Arbeitnehmerinnen und Arbeitnehmern. [**Börcsök 2009**, S.95f]
Palette	Eine aus zwei Schichten bestehende, in ihrer Größe genormte Plattform, in die die Gabeln eines Gabelstaplers hineinfahren können, um die auf ihr gestapelten Materialien zu transportieren [**Schmidtke 2013**, S.723]
	Eine Palette ist ein tragendes Ladehilfsmittel. Materialien oder auch Produkte können mittels der Palette einfacher transportiert und z. B. auch gestapelt werden. Eine bekannte Standardvariante ist die Europalette.
Parallel-Projektion	Projektionsmethode, bei der das Projektionszentrum im Unendlichen liegt und alle Projektionslinien parallel verlaufen [**DIN EN ISO 10209**:2012-11]
passiver Fehler	→ Fehler, passiver
PB	zulässiger Betriebsdruck

PDF	Das Portable Document Format (PDF) wurde als plattformunabhängiges Austauschformat für Dokumente entwickelt. Der Standard wurde 1993 von dem Unternehmen Adobe Systems veröffentlicht und eignet sich sehr gut für die Langzeitarchivierung von Dokumenten. Man kann davon ausgehen, dass das Dateiformat noch lange Zeit (z. B. in 10 oder 20Jahren) von Programmen unterstützt wird und somit auch dann noch lesbar sein wird.
Performance Level, PL	Diskreter Level, der die Fähigkeit von sicherheitsbezogenen Teilen einer Steuerung spezifiziert, eine Sicherheitsfunktion unter vorhersehbaren Bedingungen auszuführen. [**DIN EN ISO 13849-1**:2008-12]
	[Der Performance Level beschreibt] die Wahrscheinlichkeit eines gefahrbringenden Ausfalls pro Stunde und beschreibt die Fähigkeit eines (sicherheitsbezogenen) Systems eine Sicherheitsanforderung unter gegebenen Umständen auszuführen. Performance Level besitzt fünf Unterteilungsstufen bzw. Kategorien (Level) [...] Zum Erreichen eines PL sind neben der durchschnittlichen Wahrscheinlichkeit eines gefährlichen Ausfalles weitere Maßnahmen erforderlich. [**Börcsök 2009**, S.98]
	Die Angabe um die erwartete Risikominderung zu erfüllen erfolgt in den Stufen [a] bis [e], wobei Stufe [a] den niedrigsten und Stufe [e] den höchsten Sicherheitslevel angibt.
Performance Level, erforderlicher	Ist der Performance Level, um die erforderliche Risikominderung für jede Sicherheitsfunktion zu erreichen. [**Neudörfer 2011**, S.539]
persistent	Stoffe, die in der Umwelt nur sehr langsam abgebaut werden und sich anreichern können. [**Bender 2013**, S.589]
Person, gefährdete	Eine Person, die sich ganz oder teilweise in einem Gefahrenbereich befindet. [**MRL 2006/42/EG**, Anhang I]
Person, unterwiesene	Entsprechend der DIN VDE 1000-10 gilt als unterwiesene Person, wer über die übertragenen Aufgaben und möglicherweise dabei vorhandene Gefahren unterrichtet und erforderlichenfalls angelernt wurde. Die unterwiesene Person weiß sachgemäßes von unsachgemäßem Verhalten zu unterscheiden und wurde des Weiteren über die notwendigen Schutzeinrichtungen, Schutzmaßnahmen und möglicherweise zu tragender persönlicher Schutzausrüstung belehrt.
Persönliche Schutzausrüstung	→ Schutzausrüstung, Persönliche
perspektivische Darstellung	→ Darstellung, perspektivische

Piktogramm	Aus Graphiken bestehendes Symbol, welches Gegenstände, Hinweise oder Tätigkeiten stilisiert abbildet [**Schmidtke 2013**, S.725] Bild oder Zeichen mit eindeutig festgelegter Bedeutung. [**Hahn 1996**, S.210]
Pilzdrucktaster	Ist ein von Hand auszulösender Drucktaster mit einem pilzförmigen Aussehen. Der Kopf des Pilzes hat die Signalfarbe rot. Der Drucktaster wird zum Auslösen einer Not-Halt-Funktion oder einer Not-Aus-Funktion bei Eintritt einer Gefahrensituation verwendet.
Pflichtenheft	Beschreibung der Realisierung aller Anforderungen des Lastenhefts. Anmerkung 1: Das Pflichtenheft nimmt Bezug auf alle Anforderungen des Lastenhefts. Im Pflichtenheft werden die Anwendervorgaben detailliert und ihre Realisierung beschrieben. Anmerkung 2: Im Pflichtenheft wird definiert, wie und womit die Anforderungen zu realisieren sind. Es wird eine definitive Aussage über die Realisierung des Automatisierungssystems gemacht. Anmerkung 3: Das Pflichtenheft wird in der Regel nach Auftragserteilung vom Auftragnehmer erstellt, falls erforderlich unter Mitwirkung des Auftraggebers. Anmerkung 4: Der Auftragnehmer prüft bei der Erstellung des Pflichtenhefts die Widerspruchsfreiheit und Realisierbarkeit der im Lastenheft genannten Anforderungen. Anmerkung 5: Das Pflichtenheft bedarf der Genehmigung durch den Auftraggeber. Nach Genehmigung durch den Auftraggeber wird das Pflichtenheft die verbindliche Vereinbarung für die Realisierung und Abwicklung des Projekts für Auftraggeber und Auftragnehmer und darf nicht ohne die Zustimmung beider verändert werden. Es wird empfohlen, eine Vorgehensweise vertraglich zu vereinbaren, wie im Fall nachträglicher Änderungswünsche vorgegangen werden soll. [**VDI/VDE 3694**:2014-04] Das Pflichtenheft beschreibt im Detail, wie alle Anforderungen, die im Lastenheft aufgestellt wurden, zu verwirklichen sind. Dabei muss der Auftragnehmer prüfen, dass die gemachten Angaben mit denen des Lastenheftes übereinstimmen und, dass diese überhaupt realisierbar sind. Anschließend ist das Pflichtenheft vom Auftraggeber nochmals zu überprüfen und als gültiges Dokument zu genehmigen. Nach diesem Zeitpunkt dürfen Änderungen nur noch mit dem beidseitigen Einverständnis (Auftraggeber und Auftragnehmer) durchgeführt werden.

Phonologie	Systematik der akustischen Repräsentation sprachlicher Zeichen [**Brandt 2006**, S.23]
pH-Wert	Maß für die Säure- und Basenstärke, pH = 7 (Neutralpunkt), pH < 7 (sauer), pH > 7 (alkalisch). [**Bender 2013**, S.589]
PL	→ Performance Level, PL
PL, erforderlicher	→ Performance Level, erforderlicher
Platzhalter	vorgegebene Möglichkeit, Informationen einzufügen, die in Verbindung mit dem Objekt stehen und die durch das Vorkommen eines graphischen Symbols dargestellt sind [**DIN EN 81714-2**:2007-08]
Positionieren	Tätigkeit, ein Objekt an einen gewünschten Ort zu bewegen. [**Schmidtke 2013**, S.726]
Positionierlaser	→ Vermessungslaser
Positionsanzeige	Visuelle Anzeige der absoluten, vom Wegmesssystem zurückgemeldeten Position eines Maschinenschlittens, vom Achsennullpunkt oder vom Programmnullpunkt aus gemessen. [**Kief 2013**, S.617]
Positionsschalter	Schalter, der von einem bewegten Teil der Maschine betätigt wird, sobald dieses Teil eine vorher festgelegte Stellung erreicht oder verlässt. [**DIN EN 693**:2011-11]
Positionsschalter mit Sicherheitsfunktion	Teil der Verriegelung einer trennenden Schutzeinrichtung, der seinen Schaltzustand (zwangsöffnende Kontakte) in Abhängigkeit von einem mechanisch gegebenen Steuerbefehl beim Erfassen einer diskreten Position einer beweglichen Schutzeinrichtung ändert. [**Neudörfer 2011**, S.539]
Pragmatik	[In den Sprachwissenschaften beschäftigt sich die Pragmatik mit: dem] Verwendungszweck sprachlicher Zeichen; Relation Intention <-> Sprachhandlung; Steuerung der syntaktischen, semantischen und phonologischen Mittel nach der Sprecherintention [**Brandt 2006**, S.23]
präventive Instandhaltung	→ Instandhaltung, präventive → Wartung

Presse, hydraulische	Maschine zur Kaltbearbeitung von Metall oder teilweise aus kaltem Metall bestehenden Werkstoffen durch Formgebung zwischen linear bewegten und schließenden Werkzeugen. Die Energieübertragung zum Werkzeug erfolgt auf hydraulischem Wege. Diese Energie wird durch die Wirkung von hydrostatischem Druck erzeugt [**DIN EN 693**:2011-11]
Presse, mechanische	Maschine, geplant oder vorgesehen zur Energieübertragung vom Hauptantrieb zu einem Werkzeug auf mechanischem Wege zur Bearbeitung (z. B. Umformen oder Formgebung) von kaltem Metall oder teilweise aus kaltem Metall bestehenden Werkstoffen zwischen den Werkzeugen. Die Energieübertragung vom Hauptantrieb zum Werkzeug erfolgt auf mechanischem Wege. Diese Energieübertragung kann durch Schwungrad und Kupplung oder durch einen Direktantrieb erfolgen. [**DIN EN 692**:2009-10]
Probe	→ Stichprobe
Probenahme	Bereitstellung einer Probe des Gegenstandes der Konformitätsbewertung nach einem Verfahren. [**DIN EN ISO/IEC 17000**:2005-03]
Probelauf	Funktionsprüfung einer Maschine. [**Weber 2006**, S.376]
Produkt	Waren, Stoffe oder Zubereitungen, die durch einen Fertigungsprozess hergestellt worden sind. [**ProdSG** vom 08.11.2011]
	[Ein Produkt ist jedes] Produkt, das – auch im Rahmen der Erbringung einer Dienstleistung – für Verbraucher bestimmt ist oder unter vernünftigerweise vorhersehbaren Bedingungen von Verbrauchern benutzt werden könnte, selbst wenn es nicht für diese bestimmt ist, und entgeltlich oder unentgeltlich im Rahmen einer Geschäftstätigkeit geliefert oder zur Verfügung gestellt wird, unabhängig davon, ob es neu, gebraucht oder wiederaufgearbeitet ist. Diese Begriffsbestimmung gilt nicht für gebrauchte Produkte, die als Antiquitäten oder als Produkte geliefert werden, die vor ihrer Verwendung instand gesetzt oder wiederaufgearbeitet werden müssen, sofern der Lieferant der von ihm belieferten Person klare Angaben darüber macht. [**Richtlinie 2001/95/EG**]
	Beabsichtigtes oder erreichtes Ergebnis einer Arbeit oder eines natürlichen oder künstlichen Vorgangs, das eine Ware oder eine Dienstleistung sein kann. Anmerkung 1 zum Begriff: Gebrauchsanleitungen werden als Teil eines Produkts gesehen. [**DIN EN 82079-1**:2013-06]
	Ein Produkt hat gewöhnlich Teile-Nr., Bestell-Nr., eine Typkennzeichnung und/ oder einen Namen. Ein technisches System oder eine Anlage kann als ein Produkt angesehen werden. [**VDI 4500 Blatt 3**:2006-06]
	[Nach dem Produkthaftungsgesetz ist ein Produkt] jede bewegliche Sache, auch wenn sie einen Teil einer anderen beweglichen Sache oder einer unbeweglichen Sache bildet, sowie Elektrizität.

	[**ProdHaftG** vom 15.12.1989]
Produktanalyse	Die Produktanalyse liefert die Anforderungen an die Inhalte der Technischen Dokumentation, damit der Anwender das Produkt effizient nutzen kann. Grundlagen für die Produktanalyse sind: • bestimmungsgemäße Verwendung des Produkts • Fehlgebrauch • Funktionen, Arbeitsweisen und Handhabungen • mögliche (Rest-)Gefahren • erforderliche Wartungs- und Instandhaltungsmaßnahmen Diese Informationen stellen die Fachabteilungen für Marketing, Entwicklung, Konstruktion, Vertrieb, Qualitätssicherung und Kundendienst zur Verfügung. [**VDI 4500 Blatt 4**:2011-12]
produktbegleitende Dokumentation	→ Dokumentation, produktbegleitende
Produktbeobachtung	Sorgfaltspflicht des Herstellers über den gesamten Produktlebenszyklus hinweg, sich systematisch von der Bewährung oder Nichtbewährung seiner Produkte zu überzeugen. Die Pflichten des Herstellers enden nicht mit dem Inverkehrbringen des Produkts. Vielmehr trifft ihn – je nach Art und Umfang der von seinem Produkt ausgehenden (Rest-)Gefahren – als Nebenpflicht die Verantwortung zur Produktbeobachtung. Der Hersteller muss beobachten, wie sein Produkt am Markt verwendet wird und welche typischen Mängel oder Schäden dabei auftreten. Stellt er dabei Umstände fest, die auf eine Gefahr hindeuten, so muss er gezielt darauf reagieren und wirkungsvolle Warn- oder Rückrufaktionen starten, will er behördliche Warnungen oder Eingriffe vermeiden. [**VDI 4500 Blatt 1**:2006-06]
Produktdefinitionsdatensatz	Sammlung einer oder mehrerer Dateien, die durch graphische oder textliche Mittel oder eine Kombination beider die physischen und funktionalen Anforderungen eines Produkts (direkt oder durch Verweis) beschreiben. [**DIN ISO 16792**:2008-12]
Produktdokumentation, technische	Gesamtheit technischer Dokumente, die ein Produkt beschreiben und für die Herstellung, Installation, Wartung, den Gebrauch oder die Beschaffung dieses Produkts benötigt werden. [**Weber 2008**, S.310]
	Angabe der gesamten oder teilweisen Auslegungsdefinition oder Spezifikation eines Produkts. [**DIN EN ISO 10209**:2012-11]
Produkte, verwendungsfertige	[Produkte], wenn sie bestimmungsgemäß verwendet werden können, ohne dass weitere Teile eingefügt zu werden brauchen; verwendungsfertig sind Produkte auch, wenn a) alle Teile, aus denen sie zusammengesetzt werden sollen, zusammen von einer Person in den Verkehr gebracht werden, b) sie nur noch aufgestellt oder angeschlossen zu werden brauchen oder c) sie ohne die Teile in den Verkehr gebracht werden, die üblicherweise gesondert beschafft und bei der bestimmungsgemäßen Verwendung eingefügt werden [**ProdSG** vom 08.11.2011]

Produktfehler	→ Produkt, fehlerhaftes
Produkt, fehlerhaftes	[Nach Produkthaftungsrichtlinie ist ein Produkt dann] fehlerhaft, wenn es nicht die Sicherheit bietet, die man unter Berücksichtigung aller Umstände, insbesondere a) der Darbietung des Produkts, b) des Gebrauchs des Produkts, mit dem billigerweise gerechnet werden kann, c) des Zeitpunkts, zu dem das Produkt in den Verkehr gebracht wurde, zu erwarten berechtigt ist. Ein Produkt kann nicht allein deshalb als fehlerhaft angesehen werden, weil später ein verbessertes Produkt in den Verkehr gebracht wurde. [**Richtlinie 85/374/EWG**]
Produkt, gefährliches	[Ist] jedes Produkt, das nicht der Begriffsbestimmung des sicheren Produkts [...] entspricht [**Richtlinie 2001/95/EG**]
Produkthaftung	Haftung für durch fehlerhafte Produkte verursachte Körper-, Gesundheits- und Sachschäden. Produkthaftung wurde für Personen- und Sachschäden durch die höchstrichterliche Rechtsprechung des BGH nach § 823,1 BGB entwickelt. Für Personen- und Sachschäden durch Produkte, die vornehmlich für den privaten Ge- und Verbrauch bestimmt und so hauptsächlich benutzt wurden, gilt das Produkthaftungsgesetz, dessen Anwendung nicht ausgeschlossen werden kann. Für einen Schaden, den Nachweis eines Fehlers des Produktes und dessen Ursächlichkeit für den Schaden trägt der Anspruchsteller stets die volle zivilrechtliche Beweislast. Nach § 823 BGB gilt danach für den Hersteller eine Beweislastumkehr. Das Produkthaftungsgesetz konstituiert die verschuldensunabhängige Haftung für fehlerhafte Produkte seines Geltungsbereiches. Die Rechtsprechung nach § 823 BGB wird unterteilt in die unselbständigen Teilbereiche Konstruktion, Fabrikation, Instruktion, Produktbeobachtung und Organisation. Durch die Umkehr der Beweislast hat der Hersteller die zum Schaden führenden Vorgänge, Abläufe und Zusammenhänge vollständig aufzuklären und dabei nachzuweisen, dass ihn und seine Mitarbeiter für die Ursachen und deren Wirksamwerden kein Verschulden trifft. Die Ursachen waren zum Zeitpunkt des Inverkehrbringens gemessen am Stand der Technik nicht vorhersehbar oder die dazu führenden Vorgänge technisch (noch) nicht beherrschbar (Entwicklungsfehler). Unvollständige Aufklärung und unzureichende Nachweise gelten als Verschulden und verpflichten zum Schadenersatz. Weitere Einzelheiten sind nach sektoralen Schutzgesetzen einzuhalten und nachzuweisen [**VDI 4500 Blatt 1**:2006-06]
Produkt, sicheres	[Ein sicheres Produkt ist nach Produktsicherheitsrichtlinie] jedes Produkt, das bei normaler oder vernünftigerweise vorhersehbarer Verwendung, was auch die Gebrauchsdauer sowie gegebenenfalls die Inbetriebnahme, Installation und Wartungsanforderungen einschließt, keine oder nur geringe, mit seiner Verwendung zu vereinbarende und unter Wahrung eines hohen Schutzniveaus für die Gesundheit und Sicherheit von Personen vertretbare Gefahren

birgt, insbesondere im Hinblick auf i) die Eigenschaften des Produkts, unter anderem seine Zusammensetzung, seine Verpackung, die Bedingungen für seinen Zusammenbau, sowie gegebenenfalls seine Installation und seine Wartung; ii) seine Einwirkung auf andere Produkte, wenn eine gemeinsame Verwendung mit anderen Produkten vernünftigerweise vorhersehbar ist; iii) seine Aufmachung, seine Etikettierung, gegebenenfalls Warnhinweise und seine Gebrauchs- und Bedienungsanleitung und Anweisungen für seine Beseitigung sowie alle sonstigen produktbezogenen Angaben oder Informationen; iv) die Gruppen von Verbrauchern, die bei der Verwendung des Produkts einem Risiko ausgesetzt sind, vor allem Kinder und ältere Menschen. Die Möglichkeit, einen höheren Sicherheitsgrad zu erreichen, oder die Verfügbarkeit anderer Produkte, von denen eine geringere Gefährdung ausgeht, ist kein ausreichender Grund, um ein Produkt als gefährlich anzusehen [**Richtlinie 2001/95/EG**]

Produktion

Phase, während der die Maschine bestimmungsgemäß verwendet wird, einschließlich der folgenden Operationen: a) Laden und Entladen der Werkstücke und/oder Materialien und b) automatische Bearbeitung des Werkstückes. (Das Laden/Entladen kann ganz oder teilweise automatisch oder manuell erfolgen.) [Vgl. **DIN EN ISO 11553-1**:2009-03]

Produktkategorien

Vier übergeordnete Produktkategorien sind in ISO 9000:2000 angegeben: Dienstleistungen (z. B. Transport), Software (z. B. Rechnerprogramm, Wörterbuch), Hardware (z. B. Motor, mechanisches Teil), verfahrenstechnische Produkte (z. B. Schmiermittel). Viele Produkte bestehen aus Elementen, die zu verschiedenen übergeordneten Produktkategorien gehören. Ob das Produkt als Dienstleistung, Software, Hardware oder verfahrenstechnisches Produkt bezeichnet wird, hängt vom vorherrschenden Element ab. [**DIN EN ISO/IEC 17000**:2005-03]

Produktlebensdauer

Die Gesamtlebensdauer eines Produktes, von der Entwicklung bis zur Entsorgung. In der Regel nur mit unbestimmten Zeitangaben zu bezeichnen, da die tatsächlichen Lebensdauern der einzelnen Produkte auch gleicher Konstruktion, Fertigung und Anwendung sich nach der Art und Intensität der Nutzung wesentlich unterscheiden. [**VDI 4500 Blatt 1**:2006-06]

Produktlebenszyklus

Periode von der konzeptionellen Idee zur endgültigen Entsorgung eines Produkts [**DIN EN 82045-1**:2002-11]

[Produktlebenszyklus] ist der Zyklus eines Produktes oder einer Produktreihe von der Entwicklung, Markteinführung, Marktversorgung bis hin zur Herausnahme aus dem Markt, weil es den Anforderungen nicht mehr genügt (z. B. wegen technischer Veraltung) oder weil die Absatzmenge die übrigen Aufwendungen nicht mehr rechtfertigt. [**Hompel 2011**, S.238]

Produkt-sicherheitslabel	An einem Produkt angebrachtes Zeichen, meistens als Aufkleber, welches über eine oder mehrere potenzielle Gefährdungen informiert. Auch auf Sicherheitsvorkehrungen und vorsorgende Handlungen um die Gefährdung zu vermeiden kann über das angebrachte Zeichen informiert werden. [Vgl. **ISO 17724**:2003-08]
	Es vermittelt eine Gefährdung, eine gefährliche Situation, eine Vorkehrung, um die Gefährdung zu vermeiden und/oder das Ergebnis der Nichtvermeidung der Gefährdung. [**DIN ISO 3864-2**:2008-07]
Produktsicherheitsschild	→ Produktsicherheitslabel
Produkt-spezifikation, technische, TPS	Technische Produktdokumentation, die die gesamte Konstruktionsdefinition und die Spezifikation eines Produkts für Herstellungs- und Prüfungszwecke umfasst ANMERKUNG Eine TPS [die Zeichnungen, 3D-Modelle, Teilelisten oder andere Dokumente, die einen integralen Teil der Spezifikation bilden, enthalten kann (in welchem Format auch immer)], kann aus einer oder mehreren TPDs [technischen Produktdokumentationen] bestehen. [**DIN EN ISO 10209**:2012-11]
Produktsymbol	Graphisches Symbol zur Darstellung eines Objekts mit einem definierten Verhalten und versehen mit Anschlüssen, die spezifisch entweder in Hard- oder Software implementiert sind [**DIN EN 81714-2**:2007-08]
Programm	Ist eine nach den Regeln der verwendeten Sprache festgelegte syntaktische Einheit aus Anweisungen und Vereinbarungen, welche die zur Lösung einer Aufgabe notwendigen Elemente umfasst [Vgl. **DIN IEC 60050-351**:2014-09]
Programmier-handgerät	In der Hand gehaltenes Gerät, das mit der Steuerung verbunden ist und mit dem ein Roboter programmiert oder bewegt werden kann. [**DIN EN ISO 10218-1**:2012-01]
Projekt	Allgemeiner Begriff für die Summe aller kaufmännischen und/oder technischen Aktivitäten, zugehörig zu einem bestimmten Objekt oder Vorhaben. [Vgl. **DIN EN 61355**:1997-11]
Projekt-dokumentation	Die Projektdokumentation beinhaltet alle Dokumente, die im Rahmen von einem Projekt erstellt werden.
Projektion, dimetrische	Axonometrische Darstellung, bei der zwei Koordinatenachsen im selben und eine Koordinatenachse in einem anderen Maßstab ausgeführt werden [**DIN EN ISO 10209**:2012-11]
Projektion, trimetrische	Axonometrische Darstellung, bei der die Maßstäbe aller drei Koordinatenachsen unterschiedlich sind [**DIN EN ISO 10209**:2012-11]

Projektions-ebene	Ebene, auf die der Gegenstand projiziert wird, um eine Darstellung dieses Gegenstandes zu erhalten [**DIN EN ISO 10209**:2012-11]
Projektions-methode	Regeln zur Erzeugung eines zweidimensionalen Bildes von einem dreidimensionalen Gegenstand [**DIN EN ISO 10209**:2012-11]
Projektions-winkel	Winkel zwischen der Projektionsebene und der Horizontebene [**DIN EN ISO 5456-4**:2002-12]
Projektions-zentrum	Punkt, von dem alle Projektionslinien ausgehen [**DIN EN ISO 10209**:2012-11]
Projekt-management	Gesamtheit von Führungsaufgaben, -Organisation, -techniken und –mitteln für die Initiierung, Definition, Planung, Steuerung und den Abschluss von Projekten. [**DIN 69901-5**:2009-01]
Projektphase	Eine Projektphase ist ein zeitlicher Abschnitt im Projektverlauf, der sachlich von anderen Abschnitten getrennt ist und mit einem definierten Ergebnis endet. [**Reiss 2014**, S.414]
Prozess	Gesamtheit von aufeinander wirkenden Vorgängen in einem System, durch die Material, Energie oder Information umgeformt, transportiert oder gespeichert wird. [**DIN EN 81346-1**:2010-05]
Prozessablauf-diagramm	Die Konfiguration der Prozesse eines Produktes oder einer verfahrenstechnischen Anlage werden mit graphischen Symbolen in einem Diagramm dargestellt [Vgl. **ISO 15519-1**:2010-03]
Prozessleit-system	System zur Prozesssteuerung, welches funktional integriert ist und aus Teilsystemen besteht. Die Teilsysteme können physisch getrennt und räumlich weit voneinander entfernt sein. [Vgl. **ISO 3511-4**:1985-08]
Prozess-management	Koordinierte Maßnahmen, um Prozesse zu steuern und zu lenken. [**DIN ISO 3534-2**:2013-12]
Prozess-meldung	Betriebs- oder Störungsmeldung aus der Produktionsanlage, die auf den Zustand des Produktionsprozesses schließen lässt. [**Schmidtke 2013**, S.727]
Prozessrechner	Gerät, welches programmierbar ist und Prozessdaten in Echtzeit verarbeitet um Überwachungs- und/oder Steuerungsfunktionen auszuführen. Die Steuerungsfunktionen können vom Benutzer festgelegt werden. [Vgl. **ISO 3511-4**:1985-08]
Prüfbeauftrag-ter, Hersteller-	Hersteller-Prüfbeauftragter

Prüfbericht	Zusammenstellung von Prüfungen und Dokumentation der Prüfergebnisse. Ein Prüfbericht kann für ein Bauteil, eine Baugruppe, ein neues Produkt oder ein System, nach durchgeführten Prüfungen, erstellt werden. [Vgl. **ISO 29845**:2011-09]
Prüfen	Ermittlung eines oder mehrerer Merkmale an einem Gegenstand der Konformitätsbewertung nach einem Verfahren. ANMERKUNG „Prüfen" gilt typischerweise für Werkstoffe, Produkte oder Prozesse. [**DIN EN ISO/IEC 17000**:2005-03]
Prüflast	Nutzlast plus Zusatzlast für Prüfzwecke [**DIN EN 528**:2009-02]
Prüfliste	Fragenkatalog, mit dem die Betriebsbereitschaft, die Systemleistung, die Funktions-/Arbeitssicherheit, der Gesundheitsschutz, der Bedienungskomfort u. A. geprüft werden kann [**Schmidtke 2013**, S.727]
Prüflos	Los, das zur Qualitätsprüfung herangezogen wird, um die Gesamtheitsqualität zu beurteilen. [**VDI 4001 Blatt 2**:2006-07]
Prüfplan	In diesem Dokument werden die Ressourcen für die Umsetzung von Prüfungen, die Pläne für die beabsichtigten Prüfmaßnahmen und die Anwendungsbereiche der Prüfungen beschrieben. [Vgl. **ISO 29845**:2011-09]
Prüf-spezifikation	Ist eine Spezifikation, welche beschreibt, wie die Prüfmaßnahmen entsprechend dem Prüfplan durchgeführt werden. [Vgl. **ISO 29845**:2011-09]
Prüfstelle	Stelle (Unternehmen, Institution, Genossenschaft, Verband), die berechtigt ist, bestimmte Prüfungen durchzuführen. Die Prüfungen können frei (z. B. DOCcert) oder gesetzlich geregelt (z. B. TÜV-Prüfstelle für Kraftfahrzeuge) sein. Die durchgeführten Prüfungen sind freiwirtschaftlich oder gesetzlich vorgeschrieben. [**Hennig Tjarks-Sobhani 1998**, S.183]
Prüfung	Ist der eigentliche, technische Vorgang, um nach vorgegebenem Prüfverfahren festzustellen, ob Qualitätsanforderungen erfüllt sind. [**VDI 4001 Blatt 2**:2006-07]
Prüfung, dynamische	Prüfung, bei der die Maschine zum Heben von Lasten in allen möglichen Betriebszuständen mit einer Last gleich dem Produkt aus der maximalen Tragfähigkeit und dem vorgesehenen dynamischen Prüfungskoeffizienten und unter Berücksichtigung ihres dynamischen Verhaltens betrieben wird, um ihr ordnungsgemäßes Funktionieren zu überprüfen. [**MRL 2006/42/EG** vom 17. Mai 2006, Anhang I]

Prüfungs-koeffizient (Tragfähigkeit)	Arithmetisches Verhältnis zwischen der für die statische oder dynamische Prüfung der Maschine zum Heben von Lasten oder des Lastaufnahmemittels verwendeten Last und der auf der Maschine zum Heben von Lasten oder dem Lastaufnahmemittel angegebenen maximalen Tragfähigkeit. [**MRL 2006/42/EG** vom 17. Mai 2006, Anhang I]
Prüfung, Statische	Prüfung, bei der die Maschine zum Heben von Lasten oder das Lastaufnahmemittel zunächst überprüft und dann mit einer Kraft gleich dem Produkt aus der maximalen Tragfähigkeit und dem vorgesehenen statischen Prüfungskoeffizienten belastet wird und nach Entfernen der Last erneut überprüft wird, um sicherzustellen, dass keine Schäden aufgetreten sind. [**MRL 2006/42/EG** vom 17. Mai 2006, Anhang I]
PS	→ Druck, maximal zulässiger
PSA	→ Schutzausrüstung, Persönliche
QM	→ Qualitätsmanagement
Qualität	Gesamtheit von Merkmalen einer Einheit bezüglich ihrer Eignung, festgelegte und vorausgesetzte Erfordernisse zu erfüllen. [**DIN EN 61511-1**: 2012-10] Grad, in dem ein Satz inhärenter Merkmale [..] eines Objekts [..] Anforderungen [..] erfüllt. Anmerkung 1 [...]: Die Benennung „Qualität" kann zusammen mit Adjektiven wie schlecht, gut oder ausgezeichnet verwendet werden. Anmerkung 2 [...]: „Inhärent" bedeutet im Gegensatz zu „zugeordnet" „einem Objekt [..] innewohnend". [**DIN EN ISO 9000**:2015-11] Die Summe von Eigenschaften und Merkmalen einer Betrachtungseinheit (eines Produktes, einer Information oder einer Verrichtung), die die Fähigkeit wiedergibt, festgelegte und selbstverständliche Forderungen zu erfüllen. [**Schmidtke 2013**, S.728]
Qualitäts-kontrolle	Die Planung, Überwachung und Korrektur der Herstellung eines Produktes oder der Ausführung einer Tätigkeit mit dem Ziel, die vorgegebenen Qualitätsanforderungen zu erfüllen. [**Schmidtke 2013**, S.728] Ist Kontrolle dahingehend, ob bzw. dass ein Produkt oder eine Dienstleistung die allgemeinverbindlichen Standards (Normen) oder die mit den Kunden vereinbarten und selbstgesetzten Qualitätsstandards einhält. [**Hompel 2011**, S.243]
Qualitäts-management	Maßnahmen des Managements, die der Verbesserung von Produkten bzw. der Erreichung der vorgegebenen Qualität dienen. Es umfasst die Optimierung von Kommunikationsstrukturen, Definition der dafür erforderlichen Verantwortlichkeiten, Prozesse und erfor-

derlichen Mittel für die Qualitätspolitik eines Unternehmens oder einer Organisation. Anmerkung: Das Qualitätsmanagement ist in der ISO-9000-Familie beschrieben, aber auch in anderen Normen wie DIN EN ISO/IEC 17025. [**VDI 4500 Blatt 4**:2011-12]

Management [..] bezüglich Qualität. [..]
Anmerkung [...]: Qualitätsmanagement kann das Festlegen der Qualitätspolitiken [..] und der Qualitätsziele [..], sowie Prozesse [..] für das Erreichen dieser Qualitätsziele durch Qualitätsplanung [..], Qualitätssicherung [..], Qualitätssteuerung [..] und Qualitätsverbesserung [..] umfassen. [**DIN EN ISO 9000**:2015-11]

Gesamtheit der organisatorischen und technischen Maßnahmen zum Absichern einer vorgegebenen Qualität von betrieblichen Leistungsprozessen. Aus institutioneller Sicht benennt Qualitätsmanagement die Mitarbeiter, welche in einem Unternehmen mit der Qualitätssicherung betraut sind. Organisationsstruktur, Verantwortlichkeiten und Befugnisse, Verfahren und Prozesse sowie die für die Verwirklichung des Qualitätsmanagements erforderlichen Mittel werden dabei als Qualitätsmanagement-System bezeichnet. Zum Qualitätsmanagement zählen alle Tätigkeiten im Unternehmen, die die Qualitätspolitik, Ziele und Verantwortlichkeiten festlegen sowie die Mittel und Methoden zu deren Verwirklichung wie Qualitätsplanung, -sicherung und –verbesserung. [**VDI 4500 Blatt 1**:2006-06]

Qualitätsmanagement kann allgemein gesagt werden, sind die geplanten und aufeinander abgestimmten Tätigkeiten, um eine Organisation bezüglich der Qualität ihrer Produkte und ihrer Vorgänge zu leiten und zu lenken. Bei diesen Tätigkeiten spielen folgende Themen eine wichtige Rolle: Qualitätspolitik, Qualitätsziele, Qualitätsplanung, Qualitätslenkung, Qualitätssicherung und die Qualitätsverbesserung.

Qualitätsmanagementhandbuch	Dokumentation der Abläufe, Aufbauorganisation, Verfahren, Verantwortlichkeiten und Mittel zur Verwirklichung des Dualitätsmanagements. [**Hennig Tjarks-Sobhani 1998**, S.188]
Qualitätsmanagementsystem	Ein Qualitätsmanagementsystem besteht aus der Aufbau- und Ablauforganisation, die die Qualität eines Produkts sichern sollen (z. B. nach DIN EN ISO 9000 ff). [**Hahn 1996**, S.211]
Qualitätsmerkmal	Inhärentes Merkmal eines Objekts, das sich auf eine Anforderung bezieht. Anmerkung 1 [..]: Inhärent bedeutet „einer Einheit innewohnend", insbesondere als ständiges Merkmal. Anmerkung 2 [..]: Ein einem Produkt, einem Objekt zugeordnetes Merkmal (z. B. der Preis eines Objekts) stellt kein Qualitätsmerkmal dieses Objekts dar. [**DIN EN ISO 9000**:2015-11] Ein Qualitätsmerkmal ist ein einem Produkt, Prozess oder System innewohnendes Merkmal, das sich auf eine Anforderung dieses Produktes bezieht. Es gibt aber auch Merkmale von Produkten, die keine Qualitätsmerkmale sind, wie z. B. den Preis oder den Eigen-

	tümer des Produktes.
Qualitätsplan	Ist ein Dokument, welches eine Reihe von geplanten Maßnahmen festlegt, die zur Erzielung der angestrebten Qualität im Projekt beitragen. [Vgl. **ISO 29845**:2011-09]
Qualitätsplanung	Im Rahmen eines installierten Qualitätsmanagementsystems nach DIN EN ISO 9000ff. wird eine Qualitätsplanung gefordert. Sie legt fest und dokumentiert, wie die seitens der Kunden geforderte Qualität von Produkten oder Dienstleistungen erbracht wird. Die Qualitätsplanung muss im Einklang mit den vorhandenen Möglichkeiten sowie allen anderen Forderungen an das QM-System stehen. Im einzelnen sind folgende Arbeitsschritte festzulegen: Ausarbeitung von Qualitätsmanagementplänen; Bereitstellen von Lenkungsmaßnahmen, Prozessen, Einrichtungen, Mitteln und Fertigkeiten; Sicherstellen der Verträglichkeit von Prozessen und Verfahren untereinander; Feststellen von Defiziten in Bezug auf die Durchführung von Tätigkeiten sowie deren Behebung; Weiterentwickeln von Qualitätslenkungs- und Prüfverfahren; Feststellen und Vorbereiten der Qualitäts-Aufzeichnungen. Qualitätsmanagement. [**Hennig Tjarks-Sobhani 1998**, S.189]
Qualitätsprüfung	Feststellen, inwieweit eine Einheit die Qualitätsforderung erfüllt. [**DIN 55350-17**:1988-08]
Qualitätsregelkarte	Plan zur Visualisierung von statistischen Parametern einer Stichprobenserie mit Angaben zu Eingriffswerten, Warngrenzen und Mittellinie. [**VDI 4001 Blatt 2**:2006-07]
Qualitätssicherung	Teil des Qualitätsmanagements [..], der auf das Erzeugen von Vertrauen darauf gerichtet ist, dass Qualitätsanforderungen [..] erfüllt werden [**DIN EN ISO 9000**:2015-11]
	Produktinformationen wie z. B. die Anleitung [sind] Produktbestandteil. Demnach sind Fehler in der Anleitung gleichzusetzen mit Fehlern am Produkt selbst. Darüber hinaus steht der Hersteller auch in einer Verantwortung, denn der Kunde muss das Produkt sicher verwenden können. Nicht zu vernachlässigen sind auch die After-Sales-Aspekte: Die Produktinformationen sind die „letzten" und dauerhaftesten Informationen, die der Kunde vom Hersteller bekommt. [**Kothes 2011**, S.58f]
	Kontinuierliches Bemühen zum Optimieren aller Tätigkeiten, welche die Qualität eines Produktes, eines Prozesses oder einer Dienstleistung beeinflussen. Die grundlegenden Aufgaben der Qualitätssicherung sind die Koordinierung, Überwachung und Ausführung von Maßnahmen in einem Qualitätsmanagement-System. Dabei prägen drei Instrumentarien die funktionale Struktur der Qualitätssicherung: Qualitätsplanung, Qualitätslenkung, Qualitätsprüfung. Für die Technische Dokumentation bedeutet Qualitätssicherung z. B. das Messen qualitätsbestimmender Werte (Durchlaufzeit, Antwortzeit, Schreibfehler, Termintreue), Einhalten der Auftragsabwicklung

	(Anfrage, Prüfen der Durchführbarkeit, Bearbeitungskapazität, Angebot, Auftragsbestätigung) usw. [**VDI 4500 Blatt 1**:2006-06]
Qualitäts-strategie	Wird für ein Qualitätsmanagementsystem langfristig festgelegt. Sie definiert globale aber auch individuelle Qualitätsziele, die auf eine kontinuierliche Verbesserung der Qualität abzielen. Die in der Qualitätsstrategie formulierten Ziele beziehen sich auf die Schlüsselelemente der Qualität (z. B. Eignung zum Gebrauch, Leistung, Sicherheit und Zuverlässigkeit), die jeweils messbar sein müssen. [**Hennig Tjarks-Sobhani 1998**, S.190]
Qualitäts-technik	Für das Qualitätsmanagement werden wissenschaftlich also auch technische Erfahrungen und Führungsmethoden verwendet. [**VDI 4001 Blatt 2**:2006-07]
Qualitätsziel	Ziel bezüglich Qualität. Anmerkung: Qualitätsziele beruhen üblicherweise auf der Qualitätspolitik der Organisation. [Vgl. **DIN EN ISO 9000**:2015-11]
	Das Qualitätsziel ist allgemein ausgedrückt ein Ziel, bezüglich der Qualität eines Produktes, bezogen auf einen zukünftig anzustrebenden, bzw. zu erreichenden Zustand des Produktes.
Rapid Prototyping	Zählt zu den generativen Fertigungsverfahren, einer relativ jungen Technologie zum computergestützten Bau physikalischer Prototyp-Modelle durch Anwendung spezieller Maschinen und Verfahren. Ausgangspunkt ist ein vollständiger, geschlossener Datensatz (Volumenmodell) auf einem CAD-System, welches durch eine spezielle Software in einzelne Schichten „zerlegt" wird. Beispiele: Stereolithografie, Laser-Sintern/Schmelzen, Schicht-(Laminat-) Verfahren, 3D-Drucken. [**Kief 2013**, S.619]
Raum, eingeschränkter	Teil des maximalen Raumes, der mit Begrenzungseinrichtungen eingeschränkt ist, welche die nicht überschreitbaren Grenzen sicherstellen. [**DIN EN ISO 10218-1**:2012-01]
Raumbeleuchtung	Lichttechnische Maßnahmen zur Ausleuchtung eines Raumes oder einer Raumzone. [**Schmidtke 2013**, S.729]
REACH-Verordnung, EG-Verordnung Nr. 1907/2006	EU-Chemikalienverordnung für die Registrierung, Bewertung, Zulassung und Beschränkung von Chemikalien. REACH steht für Registration, Evaluation, Authorisation and Restriction of Chemicals. Die REACH-Verordnung gilt in allen Mitgliedstaaten der EU.
Reaktionszeit	Maximale Zeit zwischen dem Auftreten des Ereignisses, das zum Ansprechen des Sensorteiles führt, und dem Erreichen des AUS-Zustandes der Ausgangsschaltelemente [**DIN EN 61496-1**:2014-05]

Recherche	Gezieltes Suchen und Wiederfinden von Dokumenten zu einem interessierenden Sachverhalt. [**Weber 2008**, S.308]
	Zu den wesentlichen Vorarbeiten bei der Erstellung von Anleitungen gehören die Produkt-, Normen- und Zielgruppenanalyse. Anhand der daraus gewonnenen Kenntnisse können Sie Ihre Anleitungen produktorientiert und zielgruppengerecht erstellen.[…] Da die Ergebnisse der Zielgruppenanalyse, der Produktanalyse und der Normenrecherche entscheidend für die Verständlichkeit, die sachliche Richtigkeit und die Vollständigkeit einer Anleitung sind, sollten Sie alle Unterlagen, die Sie im Zusammenhang mit Ihren Recherchen erstellt haben, in der internen technischen Dokumentation ablegen. Damit können Sie später Ihre Sorgfalt beim Erstellen einer Anleitung im Schadensfall nachweisen. [**Thiele 2011**, S.8f]
rechtwinkliges Koordinatensystem	→ Koordinatensystem, rechtwinkliges
Recycling	Unter Recycling versteht man die Rückführung von Rest- und Abfallstoffen in den Produktionskreislauf. [**Schmidtke 2013**, S.729]
Redundanz	Anwendung von mehr als einem Gerät oder System, oder Teil eines Gerätes oder Systems, um sicherzustellen, dass bei Fehlverhalten ein anderes verfügbar ist, diese Funktion auszuführen. [**DIN EN 693**:2011-11]
	Redundanz ist das Vorhandensein von mehr als für die vorgesehene Funktion notwendigen technischen Mitteln. [**VDI 2854**:1991-06]
Reduzierte Geschwindigkeit	→ Geschwindigkeit, reduzierte
Referenzsymbol	eindeutig gekennzeichnetes graphisches Symbol, versehen mit Platzhaltern zur Darstellung von Daten, die mit einem Objekt, das im Plan durch das Vorkommen eines graphischen Symbols dargestellt ist, verbunden sind [**DIN EN 81714-2**:2007-08]
Referenzwert	Größenwert, der als Grundlage für den Vergleich mit Werten von Größen der gleichen Art verwendet wird. ANMERKUNG 1 Ein Referenzwert kann ein wahrer Wert einer Messgröße sein, dann ist er unbekannt, oder ein vereinbarter Wert, dann ist er bekannt. ANMERKUNG 2 Ein Referenzwert mit beigeordneter Messunsicherheit wird üblicherweise angegeben mit Bezug auf: a) ein Material, z. B. ein zertifiziertes Referenzmaterial, b) ein Gerät, z. B. ein stabilisierter Laser, c) ein Referenzmessverfahren, d) einen Vergleich von Normalen. [**ISO/IEC Guide 99**:2007-12]

Regel-einrichtung	Die Regeleinrichtung ist diejenige Funktionseinheit, welche die Regelungsfunktion ausführt. Das heißt, sie soll dafür sorgen, dass die Aufgabengröße den gewünschten Wert oder Verlauf annimmt. Aus der Zielgröße c und der Rückführgröße r bildet die Regeleinrichtung die Stellgröße. [**DIN IEC 60050-351**:2014-09]
Regelgröße	Diejenige Größe, die als Istwert über das Messglied zum Regler rückgeführt wird. [**Heinrich 2015**, S.365]
Regelkreis, geschlossener	Steuerungssystem mit Rückführung des Messwertes der zu regelnden Größe. Numerische Steuerungen vergleichen z. B. ständig den vorgegebenen Sollwert einer Achs-Position mit dem augenblicklich zurückgemeldeten Istwert und ermitteln daraus die notwendigen Steuerbefehle für den Antrieb, um Übereinstimmung (Ist = Soll) zu erreichen. [**Kief 2013**, S.620]
	Im Regelkreis wirkt die zu regelnde Größe über das Ergebnis des Vergleiches mit dem vorgegebenen Wert im Sinne einer Gegenkopplung wieder auf sich selbst zurück. [Vgl. **DIN IEC 60050-351**:2014-09]
Regeln der Technik, allgemein anerkannte	Eine Allgemein Anerkannte Regel der Technik ist das praktisch erprobte, ausreichend bewährte und schriftlich veröffentlichte technische Wissen, von dessen Richtigkeit die Mehrzahl der jeweiligen Fachleute überzeugt ist. Dabei ist es unerheblich, ob einzelne Personen oder Personengruppen die Regel nicht anerkennen oder sie überhaupt nicht kennen. [**VDI 4500 Blatt 1**:2006-06]
	[Der Begriff] wird [verwendet] für Fälle mit vergleichsweise geringem Gefährdungspotenzial oder für Fälle verwendet, die auf Grund gesicherter Erfahrungen technisch beherrschbar sind. Allgemein anerkannte Regeln der Technik sind schriftlich fixierte oder mündlich überlieferte technische Festlegungen für Verfahren, Einrichtungen und Betriebsweisen, die nach herrschender Auffassung der beteiligten Kreise (Fachleute, Anwender, Verbraucherinnen und Verbraucher und öffentliche Hand) geeignet sind, das gesetzlich vorgegebene Ziel zu erreichen und die sich in der Praxis allgemein bewährt haben oder deren Bewährung nach herrschender Auffassung in überschaubarer Zeit bevorsteht. [**Bundesanzeiger Nr.160a/2008-09** (ISSN 0720-6100), Rn.255]
Regel für das Verhalten im Brandfall	Anweisungen, die Nutzer einer baulichen Anlage im Brandfall befolgen sollen. [**DIN ISO 23601**:2010-12]
Reinigung	Entfernung von Verschmutzungen [**DIN EN ISO 14159**:2008-07]

Reinigungsflüssigkeit	Alle Flüssigkeiten, die als Flüssigkeit oder als Dampf zur Oberflächenbehandlung (Reinigung und/oder Waschen) von Werkstücken in der Anlage verwendet werden können ANMERKUNG 1 Es wird unterschieden zwischen: wässrigen Reinigungsflüssigkeiten und brennbaren Lösemitteln und halogenierten Lösemitteln. ANMERKUNG 2 Einige Zubereitungen zum Reinigen und Entfetten bei Zimmertemperatur werden auch Reinigerlösungen genannt. Sie können gesundheitsschädlich und brennbar sein, als Gemisch mit Luft können ihre Dämpfe explosionsfähig sein. [**DIN EN 12921-1**:2011-02]
Reinigungsflüssigkeit, brennbare	Eine Flüssigkeit, die bei Entzündung eine exotherme Reaktion mit Luft eingehen kann ANMERKUNG Eine Flüssigkeit kann nur bei engem Kontakt ihrer Moleküle mit Luftsauerstoff brennen. Eine Zündung ist möglich, wenn sich Dampf aus der Flüssigkeit in der Luft anreichert oder wenn die brennbare Flüssigkeit als feine Verteilung kleiner Tröpfchen in der Luft (Aerosol) vorliegt. [**DIN EN 12921-1**:2011-02]
Reinigungsmittel	Wasser mit oder ohne Zugabe von gasförmigen, lösbaren oder mischbaren Reinigungssubstanzen oder festen Schleifmitteln [**DIN EN 1829-1**:2010-05]
reizende Stoffe	[Stoffe], wenn sie ohne ätzend zu sein bei kurzzeitigem, länger andauerndem oder wiederholtem Kontakt mit Haut oder Schleimhaut eine Entzündung hervorrufen können [**GefStoffV vom 26. November 2010**, Stand 2015, §3 Gefährlichkeitsmerkmale]
relevante Gefährdung	→ Gefährdung, relevante
Reparatur	Teil der korrektiven Instandhaltung, in dem Tätigkeiten an einem Produkt ausgeführt werden, einschließlich Austausch verschlissener Teile und Wiederaufarbeitung fehlerhafter oder beschädigter Teile oder Funktionen. [**DIN EN 82079-1**:2013-06]
Restgefahren	→ Restrisiko
Restrisiko	Risiko, das verbleibt, nachdem Schutzmaßnahmen getroffen wurden. ANMERKUNG [..] In dieser Internationalen Norm wird unterschieden zwischen: dem Restrisiko, nachdem Schutzmaßnahmen durch den Konstrukteur getroffen wurden; dem Restrisiko, welches verbleibt, nachdem sämtliche Schutzmaßnahmen getroffen wurden. [**DIN EN ISO 12100**:2011-03] Sämtliche von einem Produkt ausgehende Risiken, welche während der einzelnen Lebensphasen eines Produktes für mit dem Produkt in Berührung kommende Personen ausgehen, werden in dem Prozess der Risikobeurteilung daraufhin überprüft, inwieweit technische Gefahrvermeidungs- oder Schutzmöglichkeiten hinzugezogen werden können um die Risiken zu vermeiden. Nachdem alle konstruktiven Maßnahmen zur Gefahrbeseitigung erfolgt sind,

sind Restgefahren, bzw. Restrisiken diejenigen Gefahren und Risiken, welche übrig bleiben und somit nicht technisch beseitigt werden konnten. Restrisiken sind somit das Ergebnis des Prozesses der Risikobeurteilung und werden im daraus hervorgehenden Dokument Risikobeurteilung aufgeführt. Ohne Risikobeurteilung gibt es, von rechtlicher Seite aus, auch keine Restgefahren.
Ein Beispiel zu den Informationen der Gefahrenvermeidung: Ein wichtiger Teil der Gefahrenvermeidung nimmt die jeweils anzulegende persönliche Schutzausrüstung (z.b. eine Schutzbrille) ein, auf welche bei einer bestehenden Restgefahr (z.b. Schutz vor splitternden Partikeln bei einer Werkstückbearbeitung) hingewiesen werden muss.
Desweiteren müssen Restgefahren auch über Warnschilder direkt an der Maschine ersichtlich werden.

Rettungswege-Zeichnung	Zeichnung der Rettungswege sowie der Vorgehensweise bei Alarmierung und Zugang bei Feuerwehr- oder anderen Notfalleinsätzen [**DIN EN ISO 10209**:2012-11]
Rettungszeichen	Sicherheitszeichen, das einen Fluchtweg, den Ort einer Erste-Hilfe-Einrichtung oder ein sicheres Verhalten kennzeichnet. [**DIN ISO 3864-1**:2012-06]
reversibel	Umkehrbar, reversible Körperreaktionen bewirken keine dauerhafte Veränderung. [**Bender 2013**, S.590]
Review	Ein Review beschreibt die Begutachtung eines Dokuments, das der Beurteilung und Qualitätssicherung dient. [**Reiss 2014**, S.415]
Richtlinie	→ EG-Richtlinie
Richtwert	Wert eines quantitativen Merkmals, dessen Einhaltung durch die Istwerte empfohlen wird, ohne dass Grenzwerte vorgegeben sind. [**Schmidtke 2013**, S.731]
Risiken durch herabfallende oder herausgeschleuderte Gegenstände	Es sind Vorkehrungen zu treffen, um das Herabfallen oder das Herausschleudern von Gegenständen zu vermeiden, von denen ein Risiko ausgehen kann. [**MRL 2006/42/EG** vom 17. Mai 2006, Anhang I]
Risiken durch Oberflächen, Kanten und Ecken	Zugängliche Maschinenteile dürfen, soweit ihre Funktion es zulässt, keine scharfen Ecken und Kanten und keine rauen Oberflächen aufweisen, die zu Verletzungen führen können. [**MRL 2006/42/EG** vom 17. Mai 2006, Anhang I]

Risiko	[Ist nach Produktsicherheitsgesetz] die Kombination aus der Eintrittswahrscheinlichkeit einer Gefahr und der Schwere des möglichen Schadens [**ProdSG** vom 08.11.2011]
	Kombination der Wahrscheinlichkeit des Eintritts eines Schadens und seines Schadensausmaßes [**DIN EN ISO 12100**:2011-03]
	Beim Konstruieren von Maschinen ist Risiko eine Wahrscheinlichkeitsaussage (kalkulierte Prognose einer gesundheitlichen Beeinträchtigung oder eines Sachschadens), hergeleitet aus der Kombination der Häufigkeit der Ereignisse sowie des Schweregrades möglicher Verletzungen oder Gesundheitsschädigungen während einer Gefährdungsexposition und der anwendbaren Schutzmöglichkeiten. [**Neudörfer 2011**, S.540]
Risikoanalyse	Kombination aus Festlegung der Grenzen der Maschine, Identifizierung der Gefährdungen und Risikoeinschätzung. [**DIN EN ISO 12100**:2011-03]
	Um frühzeitig Gefahren ausschließen, korrigieren und optimieren zu können, erfolgt die quantitative Sicherheitsanalyse bereits in der Planungsphase. Denn lokalisierte Schwachstellen können so ganzheitlich in die Betrachtungen der Auswirkungen für Mensch, Maschine und Umwelt mit einbezogen werden. [**Börcsök 2009**, S.115]
	Systematische Verwendung von verfügbaren Informationen zur Identifizierung von Gefährdungen und Einschätzung von Risiken [**DIN EN ISO 14971**:2013-04]
Risiko- beurteilung	Gesamtheit des Verfahrens, das eine Risikoanalyse und Risikobewertung umfasst. [**DIN EN ISO 12100**:2011-03]
	Der Hersteller einer Maschine oder sein Bevollmächtigter hat dafür zu sorgen, dass eine Risikobeurteilung vorgenommen wird, um die für die Maschine geltenden Sicherheits- und Gesundheitsschutzanforderungen zu ermitteln. Die Maschine muss dann unter Berücksichtigung der Ergebnisse der Risikobeurteilung konstruiert und gebaut werden. Bei den vorgenannten iterativen Verfahren der Risikobeurteilung und Risikominderung hat der Hersteller oder sein Bevollmächtigter die Grenzen der Maschine zu bestimmen, was ihre bestimmungsgemäße Verwendung und jede vernünftigerweise vorhersehbare Fehlanwendung einschließt; die Gefährdungen, die von der Maschine ausgehen können, und die damit verbundenen Gefährdungssituationen zu ermitteln; die Risiken abzuschätzen unter Berücksichtigung der Schwere möglicher Verletzungen oder Gesundheitsschäden und der Wahrscheinlichkeit ihres Eintretens; die Risiken zu bewerten, um zu ermitteln, ob eine Risikominderung gemäß dem Ziel dieser Richtlinie [Maschinenrichtlinie] erforderlich ist; die Gefährdungen auszuschalten oder durch Anwendung von Schutzmaßnahmen die mit diesen Gefährdungen verbundenen Risiken [...] zu mindern. [**MRL 2006/42/EG** vom 17. Mai 2006, Anhang I]

Wichtig für den Prozess, bzw. das Verfahren der Risikobeurteilung ist, dass die Risikobeurteilung ein früher Arbeitsschritt bei der Konstruktion eines Produktes darstellt. Die Maschinenrichtlinie schreibt verpflichtend die Durchführung einer Risikobeurteilung vor. In der Risikobeurteilung wird die Wahrscheinlichkeit eines Schadenseintritts mittels der Häufigkeit des räumlichen und zeitlichen Zusammentreffens mit Risiken (Gefährdungen) betrachtet und beurteilt. Bei der Einschätzung des möglichen Schadensausmaßes ist von den erfahrungsgemäß schwerstmöglichen Fällen von Gesundheitsschädigungen oder Verletzungen auszugehen. Derart ist es Aufgabe des Konstrukteurs, anhand von Gesetzen, Normen und seinen Erfahrungen Gefährdungen zu identifizieren und konstruktive Gegenmaßnahmen durchzuführen. Die konkrete Form der Risikobeurteilung ist jedoch in der Maschinenrichtlinie 2006/42/EG nicht vorgeschrieben und bleibt dem Konstrukteur überlassen. Lösungsmöglichkeiten zur Risikobeurteilung werden z. B. in der Norm DIN EN 1050 aufgezeigt. Die DIN EN 1050 nennt mehrere mögliche Beurteilungs-Verfahren. Die Risikobeurteilung ist ein gesetzlich geforderter Bestandteil der internen technischen Dokumentation. Ergebnis und Ziel der Risikobeurteilung ist, die Restrisiken (Restgefahren) am Produkt aufzudecken, welche der Technische Redakteur anschließend in der von ihm zu erstellenden Betriebsanleitung aufzunehmen hat. Der Nutzer muss auf diese Restrisiken an passender Stelle über Sicherheitshinweise aufmerksam gemacht werden. Im Optimalfall lassen sich die Art der Restgefährdungen und die für den Sicherheitshinweis passenden Signalwörter direkt aus der Risikobeurteilung ableiten. Neben der Nennung der Restrisiken müssen dabei auch Hinweise zur Gefahrenvermeidung gegeben werden. Risikobeurteilung und Betriebsanleitung müssen betreffend der vorhandenen Restrisiken, aber z. B. auch betreffend der bestimmungsgemäßen Verwendung und der Grenzen der Maschine eine Einheit bilden. Desweiteren müssen Restgefahren auch über Warnschilder direkt an der Maschine ersichtlich werden.

Risiko-
bewertung

[Auf] der Risikoanalyse beruhende Beurteilung, ob die Ziele zur Risikominderung erreicht wurden. [**DIN EN ISO 12100**:2011-03]

Mit der Gefährdungsanalyse und der anschließenden Risikobewertung erhält man gemäß der Maschinenrichtlinie [..] das für die Maschine maßgebliche Sicherheitsprogramm. Am Ende der Risikobewertung und der daraus resultierenden Schutzmaßnahmen findet eine Überprüfung des Restrisikos statt. Dabei wird ermittelt, ob dieses Restrisiko vertretbar ist oder ob Warnhinweise am Produkt angebracht werden müssen. Die gefundenen Schutzmaßnahmen und die auf der Maschine angebrachten Warnhinweise müssen darauf abzielen, Unfallrisiken während der voraussichtlichen Lebensdauer der Maschine, einschließlich der Zeit, in der die Maschine auf- und abgebaut wird, selbst in den Fällen auszuschließen, in denen sich Unfallrisiken aus vorhersehbaren ungewöhnlichen Situationen ergeben. [**Schneider 2008**, S.208]

Risiko-einschätzung	Bestimmung des wahrscheinlichen Ausmaßes eines Schadens und der Wahrscheinlichkeit seines Eintritts. [**DIN EN ISO 12100**:2011-03]
Risiko, ernstes	[Ist nach Produktsicherheitsgesetz] jedes Risiko, das ein rasches Eingreifen der Marktüberwachungsbehörden erfordert, auch wenn das Risiko keine unmittelbare Auswirkung hat [**ProdSG** vom 08.11.2011]
Risikograph	Der Risikograph wird eingesetzt, um grundlegende Sicherherheitsbetrachtungen für Schutzeinrichtungen durchzuführen. [Vgl. **Börcsök 2009**, S.116]
Risiko-handbuch	Das unternehmensweite Risikohandbuch bildet die Grundlage eines unternehmensweiten Risikomanagements. Es stellt organisatorische Maßnahmen und Regelungen dar, die zur Risikoerkennung, -quantifizierung, -kommunikation, -steuerung und -kontrolle zu beachten sind. [**Reiss 2014**, S.415]
Risiko, individuelles	Risiko, auf eine einzelne Person bezogen
Risiko, kollektives	Risiko, auf eine Personengruppe bezogen
Risiko-management	Ein Prozess der Regelung der Gefahrenexposition, der Entscheidung, welche Risiken akzeptabel sind, der Auswahl alternativer Lösungen unter gegebenen Bedingungen und der Abwägung möglicher Konsequenzen. [**Schmidtke 2013**, S.732]
Risiko-minderung, hinreichende	Risikominderung, die unter Berücksichtigung des Standes der Technik zumindest den gesetzlichen Anforderungen entspricht. [**DIN EN ISO 12100**:2011-03]
Risiko-parameter	Qualitative Erfassung des Schadensmaß und der Schadenshäufigkeit zur Bestimmung eines SIL. [**VDI/VDE 2180 Blatt 1**:2007-04]
Risiko, tolerierbares	→ Risiko, vertretbares
Risiko, vertretbares	Risiko, das in einem bestimmten Zusammenhang nach den gültigen Wertvorstellungen der Gesellschaft akzeptiert wird. [**DIN ISO 3864-2**:2008-07]
Roboter	Programmgesteuerte Geräte, die komplexe Bewegungsabläufe durchführen können und mit Greifern oder Werkzeugen ausgerüstet sind. Ihr Einsatz erfolgt vorwiegend zur Handhabung von Werkzeugen oder Werkstücken sowie in der Montage. Beispiele: Beschichten, Schweissen, Entgraten, Gussputzen, Werkzeug-

	wechsel. [**Kief 2013**, S.620]
Roboterantrieb	Angetriebener Mechanismus, der elektrische, hydraulische oder pneumatische Energie in Bewegung umwandelt. [**DIN EN ISO 10218-1**:2012-01]
Rohrleitungen (Druckgeräte)	[Zur] Durchleitung von Fluiden bestimmte Leitungsbauteile, die für den Einbau in ein Drucksystem miteinander verbunden sind; zu Rohrleitungen zählen insbesondere Rohre oder Rohrsysteme, Rohrformteile, Ausrüstungsteile, Ausdehnungsstücke, Schlauchleitungen oder gegebenenfalls andere druckhaltende Teile; Wärmetauscher aus Rohren zum Kühlen oder Erhitzen von Luft sind Rohrleitungen gleichgestellt [**RICHTLINIE 2014/68/EU**]
Rollenförderer	Das Fördergut wird über ortsfeste, horizontal gelagerte und drehbare Rollen geführt. Zwischen Last und Tragmittel erfolgt damit […] eine Relativbewegung. Die Tragmittel (Paletten, Behälter usw.) müssen [..] an der Unterseite bestimmten mechanischen Anforderungen genügen, damit Transportstörungen weitgehend vermieden werden. Die Bewegung der Güter wird manuell, bei geneigten Rollenförderern mittels Schwerkraft oder motorisch durch verschiedene Antriebsformen realisiert. [**Hompel 2011**, S.260]
Röntgendarstellung	Bildliche Darstellung, im Regelfall perspektivisch, die, um ihre wesentlichen Teile hervorzuheben, die zusammengesetzten Gegenstände so zeigt, als ob sie ganz oder teilweise transparent wären [**DIN EN ISO 10209**:2012-11]
Rücknahme	[Ist nach dem Produktsicherheitsgesetz] jede Maßnahme, mit der verhindert werden soll, dass ein Produkt, das sich in der Lieferkette befindet, auf dem Markt bereitgestellt wird [**ProdSG** vom 08.11.2011]
	[Ist nach der Produktsicherheitsrichtlinie] jede Maßnahme, mit der verhindert werden soll, dass ein gefährliches Produkt vertrieben, ausgestellt oder dem Verbraucher angeboten wird. [**Richtlinie 2001/95/EG**]
Rückruf	[Ist nach dem Produktsicherheitsgesetz] jede Maßnahme, die darauf abzielt, die Rückgabe eines dem Endverbraucher bereitgestellten Produkts zu erwirken [**ProdSG** vom 08.11.2011]
	[Ist nach der Produktsicherheitsrichtlinie] jede Maßnahme, die auf Erwirkung der Rückgabe eines dem Verbraucher vom Hersteller oder Händler bereits gelieferten oder zur Verfügung gestellten gefährlichen Produkts abzielt [**Richtlinie 2001/95/EG**]
Rückstellung, manuelle	→ manuelle Rückstellung

Rundtischanlage	Eine geschlossene Anlage mit einer rotierenden Plattform für die Bearbeitung von Werkstücken. [**DIN EN 12921**-1:2011-02]
Rüsten	Betriebszustand, wo jeder Prozessschritt in jeder Reihenfolge ausgewählt und manuell eingeleitet werden kann (z. B. Durchführung einzelner Prozessschritte (nicht notwendigerweise in der Reihenfolge des Betriebsablaufs), wie z. B. Formenwechsel). [**DIN EN 869**:2009-12]
Rüstzeit	Die bei Arbeitsbeginn und Arbeitsende sowie bei Einricht-, Abrüst- und Umrüstaufgaben von Betriebsmitteln anfallende Zeit. [**Schmidtke 2013**, S.733]
Rutschfestigkeit	Ortsstabilität eines Gegenstandes oder Objektes gegen seitlich einwirkende Kräfte. [**Schmidtke 2013**, S.733]
Sachmangel	Ersetzt die bisherige Definition des Fehlers in § 434 des BGB und definiert die Forderungen an Lieferungen einer ordnungsgemäß und ohne Sachmangel gelieferten Sache. Setzt für eine rechtlich zuverlässige Handhabung eine besonders sorgfältige Vereinbarung der Beschaffenheit und der gewöhnlichen Verwendung voraus, da die Erwartungen des Käufers „nach der Art der Sache" Beurteilungsmaßstab geworden sind. [**VDI 4500 Blatt 1**:2006-06] [Nach dem bürgerlichem Gesetzbuch BGB gelten die folgenden Regelungen:] (1) Die Sache ist frei von Sachmängeln, wenn sie bei Gefahrübergang die vereinbarte Beschaffenheit hat. Soweit die Beschaffenheit nicht vereinbart ist, ist die Sache frei von Sachmängeln, 1. wenn sie sich für die nach dem Vertrag vorausgesetzte Verwendung eignet, sonst 2. wenn sie sich für die gewöhnliche Verwendung eignet und eine Beschaffenheit aufweist, die bei Sachen der gleichen Art üblich ist und die der Käufer nach der Art der Sache erwarten kann. Zu der Beschaffenheit [...] gehören auch Eigenschaften, die der Käufer nach den öffentlichen Äußerungen des Verkäufers, des Herstellers [...] oder seines Gehilfen insbesondere in der Werbung oder bei der Kennzeichnung über bestimmte Eigenschaften der Sache erwarten kann, es sei denn, dass der Verkäufer die Äußerung nicht kannte und nicht kennen musste, dass sie im Zeitpunkt des Vertragsschlusses in gleichwertiger Weise berichtigt war oder dass sie die Kaufentscheidung nicht beeinflussen konnte. (2) Ein Sachmangel ist auch dann gegeben, wenn die vereinbarte Montage durch den Verkäufer oder dessen Erfüllungsgehilfen unsachgemäß durchgeführt worden ist. Ein Sachmangel liegt bei einer zur Montage bestimmten Sache ferner vor, wenn die Montageanleitung mangelhaft ist, es sei denn, die Sache ist fehlerfrei montiert worden. (3) Einem Sachmangel steht es gleich, wenn der Verkäufer eine andere Sache oder eine zu geringe Menge liefert. [**BGB**, Stand 20.11.2015] Es gibt umfangreiche neue Definitionen des Sachmangels/ Fehlerbegriffs durch das Schuldrechtmodernisierungsgesetz mit einer

Reihe auslegungs- und interpretationsbedürftiger allgemeiner Rechtsbegriffe, zu denen eine verbindliche Rechtsprechung noch nicht vorliegt und erst in einiger Zeit erwartet werden kann. Bedeutsam ist eine angemessene Darstellung der „gewöhnlichen Verwendung" und der „vereinbarten Beschaffenheit" zwischen den Vertragsparteien. Alle Aussagen der Werbung, von Benutzerinformationen und zusätzliche mündliche Erläuterungen der mit dem Kunden kommunizierenden Mitarbeiter sind hierauf abzustimmen. Die weitere Konkretisierung durch die Rechtsprechung bleibt abzuwarten. **[VDI 4500 Blatt 1**:2006-06**]**

SAFE-Methode

Handlungsbezogene Warnhinweise mit folgenden Elementen:
• Hinweis auf die Schwere der Restgefahr durch Verwendung genormter Signalwörter (nach DIN ISO 3864-2) mit genormtem Warnzeichen (nach DIN 4844-2, BGVA8, EN 61310 und ISO 7010, für die USA: ANSI Z 535.6)
• Art und Quelle der Restgefahr
• mögliche Folgen bei Missachtung der Restgefahr
• Maßnahmen zum Abwenden der Restgefahr
Anmerkung: Als Eselsbrücke zum Merken der vier wesentlichen Elemente dient das Akronym **SAFE** für **S**ignalwort mit Symbol, **A**rt und Quelle der Restgefahr, **F**olge der Missachtung, **E**ntkommen. **[VDI 4500 Blatt 4**:2011-12**]**

Safety Interlock

→ Sicherheitsverriegelung

Sammeldokument

Dokument, das gesondert gekennzeichnete Dokumente (Teile) enthält, die in einer logischen Abhängigkeit stehen, jedoch physisch unabhängig voneinander verwaltet werden können **[DIN EN 82045-1**:2002-11**]**

Schaden

Physische Verletzung oder Gesundheitsschädigung **[DIN EN ISO 12100**:2011-03**]**

Jeder Nachteil (unfreiwillige Einbuße), den jemand an einem geschützten Rechtsgut erleidet.
Die Rechtsprechung unterscheidet zwischen:
• Personenschaden (jemand wird an Körper oder Gesundheit verletzt)
• Sachschaden (eine Sache wird beschädigt)
• reinem Vermögensschaden (jemand wird nur wirtschaftlich geschädigt, z. B. durch Betrug)
• immateriellem Schaden (z. B. zugefügte Schmerzen) **[VDI 4500 Blatt 1**:2006-06**]**

[Schaden ist eine] physische Verletzung oder Schädigung der Gesundheit von Menschen, entweder direkt oder indirekt als ein Ergebnis von Schäden an Eigentum oder an der Umwelt. **[DIN EN 61511-1**:2012-10**]**

Schadenfeuer	Feuer, das Schaden an Menschen, Gebäuden, Maschinen und/oder Umwelt verursacht [**DIN EN 13478**:2008-12]
Schaden, irreversibler	Nicht mehr rückgängig zu machende Schaden, z. B. Krebserzeugung. [**Bender 2013**, S.586]
Schadens-ereignisbericht	Ein Schadensereignisbericht einer Betrachtungseinheit in einem Gesamtsystem sollte folgende Daten erfassen: Diagnosedaten des Ausfalls; Datum des Ausfalls; Laufzeit der Betrachtungseinheit seit dem letzten Ausfall; Schadensart; Kosten der Instandsetzung; Betriebliche Ausfallkosten bei Endprodukten bzw. Zwischenkosten wenn keine Redundanzen aktiviert werden konnten. Der Schadensereignisbericht wird erstellt nach dem Vorliegen des Instandsetzungsberichtes.
Schall	Ein sich dem atmosphärischen Luftdruck (statischem Gleichdruck) überlagernder Wechseldruck (Schalldruck) [**Schmidtke 2013**, S.733]
Schallemission	Ist der von einer Geräuschquelle an die umgebende Luft abgestrahlte Schall. [**Schmidtke 2013**, S.734]
Schaltelemente	Sind in elektromechanisch wirkende Positionsschalter eingebaut. Sie wandeln die Stößelbewegung in Öffnungsfunktion (Zwangsöffner) und Schließfunktion in Stromkreisen um. Schaltelemente können als Schleichschalter oder als Sprungschalter ausgeführt sein. [**Neudörfer 2011**, S.541]
scharfkantig	Werkstück-Außen- oder –Innenkante, deren Abweichung von der ideal-geometrischen Form annähernd Null ist [**DIN ISO 13715**:2000-12]
Schema	Zeichnung, die die Funktion einzelner Teile eines Systems und ihre Beziehungen zueinander mit Hilfe von graphischen Symbolen darstellt [**DIN EN ISO 10209**:2012-11]
Schleifmaschine	Werkzeugmaschine, die dazu bestimmt ist, mit Schleifwerkzeugen Werkstücke zu bearbeiten [**DIN EN 13218**:2010-09]
Schleifmaschine, ortsfeste	Schleifmaschine, die während des Betreibens an ihren Aufstellungsort gebunden ist, und ein oder mehrere Schleifverfahren umfassen kann. [**DIN EN 13218**:2010-09]
Schnitt	Darstellung, die nur die Umrisse eines Gegenstandes in einer oder mehreren Schnittebene(n) zeigt [**DIN ISO 128-40**:2002-05]
Schnittansicht	Schnitt, der zusätzlich die Umrisse hinter der Schnittebene zeigt [**DIN ISO 128-40**:2002-05]
Schnittebene	Gedachte Ebene, in der der dargestellte Gegenstand durchgeschnitten ist [**DIN ISO 128-40**:2002-05]

Schnittlinie	Linie, die die Lage einer Schnittebene oder den Schnittverlauf bei zwei oder mehr Schnittebenen kennzeichnet [**DIN ISO 128-40**:2002-05]
Schnittstelle Mensch-Computer	Ort des Informationsaustauschs zwischen Mensch und Computer. [**Schmidtke 2013**, S.735]
Schnittstelle Mensch-Maschine	Gehobene Bezeichnung für „Bedien- und Anzeigeeinrichtung einer Maschine" [**Kief 2013**, S.612]
	Ort des Energie- und Informationsüberganges zwischen Mensch und Maschine bzw. Maschine und Mensch. [**Schmidtke 2013**, S.735]
Schnittstellenzeichnung	Zeichnung, die Angaben zum Zusammenbau und zur Passung von zwei Teilen liefert, beispielsweise hinsichtlich ihrer Maße, Konfigurationsbegrenzungen, Leistung und Prüfanforderungen [**DIN EN ISO 10209**:2012-11]
Schriftzeichensatz, graphischer	[Ist ein] festgelegter Satz von unterschiedlichen graphischen Zeichen in einer bestimmten Schriftform, der Buchstaben eines bestimmten Alphabetes, Ziffern, diakritische Zeichen, Satzzeichen und zusätzliche graphische Symbole enthält und der für einen vorgegebenen Zweck vollständig ist [**DIN EN ISO 3098-1**:2015-06]
Schrittschaltung	Steuerungseinrichtung, bei der eine einzelne Betätigung im Zusammenwirken mit der Steuerung der Maschine nur eine begrenzte Wegstrecke eines Maschinenteiles erlaubt. [**DIN EN ISO 12100**:2011-03]
	Die Schrittschaltung ist nach DIN EN ISO 12100 eine Unterart einer nichttrennenden Schutzeinrichtung.
Schulung	Vermittlung der theoretischen Grundlagen und Zusammenhänge an die betreffenden Personen. [**Weber 2006**, S.377]
Schulungsunterlagen	Unterlagen, die zum Zweck der Information bzw. Weiterbildung von Personal (Vertriebspersonal, Anwender, Techniker) erstellt wird. Form und Umfang von Schulungsunterlagen sind abhängig von den Inhalten, den einzusetzenden Medien und der Unterrichtsform. [**Hennig Tjarks-Sobhani 1998**, S.206]
Schüttung	Bezeichnet lose, in einem umschließenden Ladehilfsmittel gehandhabte Stückgüter, auch lose Schüttung im Gegensatz zu Schüttgut. [**Hompel 2011**, S.275]

Schutz	Ist die Verringerung des Risikos durch Maßnahmen, die entweder die Eintrittshäufigkeit oder das Schadensausmaß oder beide einschränken. Verringerung des Risikos kann erreicht werden durch sichere Konstruktion, Schutzeinrichtungen, persönliche Schutzausrüstung, sicherheitsbezogene Informationen sowie Schulungs- und Organisationsmaßnahmen (in dieser Reihenfolge). [**Neudörfer 2011**, S.541]
Schutzausrüstung, Persönliche	Spezielles Gerät oder Vorrichtung, derart gestaltet, um von einer Einzelperson zu ihrem eigenen Schutz gegen eine oder mehrere Gesundheits- und Sicherheitsgefährdungen gehalten/getragen zu werden. [**DIN EN 82079-1**:2013-06]
Schutzbereich	Ist der bewusst gestaltete räumliche und funktionelle Bereich einer Maschine, dessen Baugruppen Arbeitspersonen oder Dritte vor Auswirkungen von Gefahren schützen. [**Neudörfer 2011**, S.541] Sperrbereich, Kontrollbereich oder Überwachungsbereich. [**Schmidtke 2013**, S.735]
Schutzeinrichtung	Trennende oder nichttrennende Schutzeinrichtung. [**DIN EN ISO 12100**:2011-03] Schutzeinrichtungen sind sicherheitstechnische Einrichtungen der mittelbaren Sicherheitstechnik und zusätzliche Maschinenelemente, die für die technologische Funktion einer Maschine nicht unbedingt notwendig sind, wohl aber für die Sicherheit der mit oder an Maschinen arbeitenden Menschen. [**Neudörfer 2011**, S.541] Eine Schutzeinrichtung ist eine Einrichtung welche Personen vor Gefahren schützt, die entstehen würden, wenn die Person die Gefahrstelle erreicht oder eine Einrichtung die Personen vor Gefahren schützt, die von Gefahrquellen ausgehen können.
Schutzeinrichtung, abweisende	Bezeichnet ein technisches Hindernis (niedrige Sperre, Geländer usw.), das die Zugangsmöglichkeit zu einem Gefährdungsbereich durch Blockierung des freien Zugangs einschränkt, ohne den Zugang zu diesem Bereich völlig zu verhindern. [**DIN EN ISO 12100**:2011-03]
Schutzeinrichtung, aktive optoelektronische	Einrichtung, deren Abtastfunktion durch aussendende und empfangende optoelektronische Bauteile erfolgt; durch Empfangsunterbrechung der im Gerät erzeugten optischen Strahlung wird die Anwesenheit eines undurchsichtigen Gegenstandes im festgelegten Wirkungsbereich nachgewiesen. [**DIN EN ISO 12100**:2011-03] Gerät, dessen Sensorfunktion durch optoelektronische Sende- und Empfangselemente erzeugt wird. Diffuse Reflektion wird hierbei von in dem Gerät erzeugter optischer Strahlung durch ein in einem festgelegten Schutzfeld befindlichem Objekt ausgemacht. [Vgl. **DIN CLC/TS 61496-3**:2009-08] Aktiv optoelektronische Schutzeinrichtung ist nach DIN EN ISO 12100 eine Unterart einer nichttrennenden Schutzeinrichtung. Eine

	aktive optoelektronische Schutzeinrichtung ist eine Sonderform einer berührungslos wirkenden Schutzeinrichtung. „AOPD" wird als Abkürzung für aktive optoelektronische Schutzeinrichtungen verwendet.
Schutzeinrichtung, berührungslos wirkende	Anordnung von Geräten und/oder Komponenten, die zusammenarbeiten, um für einen Zugangsschutz oder eine Anwesenheitserkennung zu sorgen, und die mindestens Folgendes beinhaltet: ein Sensorelement; Steuerungs-/Überwachungselemente; Ausgangsschaltelemente und/oder eine sicherheitsbezogene Datenschnittstelle. Anmerkung: Das mit der berührungslos wirkenden Schutzeinrichtung verbundene sicherheitsbezogene Steuerungssystem oder die berührungslos wirkende Schutzeinrichtung selbst kann ferner eine Sekundärschalteinrichtung, Überbrückungsfunktionen, eine Nachlaufzeitüberwachung usw. enthalten. Berührungslos wirkende Schutzeinrichtungen beziehen sich nur auf kontaktlose Sensorgeräte. [Vgl. **DIN EN 61496-1**:2014-05]; [Vgl. **DIN EN ISO 13855**:2010-10]
	Berührungslos wirkende Schutzeinrichtungen sind Schutzeinrichtungen mit Annäherungsreaktion. Veränderungen von akustischen, optischen oder elektromagnetischen Feldern lösen Schaltbefehle aus, die zum Unterbrechen oder zum Umsteuern gefahrbringender Situationen führen. „BWS" wird als Abkürzung für berührungslos wirkende Schutzeinrichtungen verwendet.
Schutzeinrichtung, bewegliche trennende	Trennende Schutzeinrichtung, die ohne Verwendung von Werkzeugen geöffnet werden kann. [**DIN EN ISO 12100**:2011-03]
Schutzeinrichtung, durch Formschluss wirkende	Einrichtung, die in einen Mechanismus ein mechanisches Hindernis (z. B. Keil, Spindel, Strebe, Anschlag) einführt, das durch seine Eigenfestigkeit jede gefährdende Bewegung verhindern kann. [**DIN EN ISO 12100**:2011-03]
	Eine durch Formschuss wirkende Schutzeinrichtung ist eine Unterart einer nichttrennenden Schutzeinrichtung.
Schutzeinrichtung, einstellbare trennende	Feststehende oder bewegliche trennende Schutzeinrichtung, die entweder als Ganzes einstellbar ist oder ein oder mehrere einstellbare Teile enthält. [**DIN EN ISO 12100**:2011-03]
Schutzeinrichtung, elektrosensitive	Ein System zur Realisierung eines Zugriffschutzes oder einer Anwesenheitserkennung, das zumindest aus folgenden Komponenten besteht: Sensorkomponente(n), Steuerungs- und Überwachungskomponente(n) bzw. Ausgangskomponente(n). [**Neudörfer 2011**, S.541]

Schutzeinrichtung, feststehende trennende	Trennende Schutzeinrichtung, die so befestigt ist (z. B. durch Schrauben, Muttern, Schweißen), dass sie nur mit Hilfe von Werkzeugen oder durch Zerstörung der Befestigungsmittel geöffnet oder entfernt werden kann. [**DIN EN ISO 12100**:2011-03]
Schutzeinrichtung mit Annäherungsreaktion	Verhindern Gefährdungen, indem sie gefahrbringende Bewegungen unterbrechen oder umsteuern, sobald sich Personen mit ihren Körperteilen an Gefahrstellen bis zu einem definierten Sicherheitsabstand angenähert haben. [**Neudörfer 2011**, S.541]
	Eine Schutzeinrichtung mit Annäherungsreaktion ist eine Schutzeinrichtung, die eine Gefährdung von Personen oder ihren Körperteilen bei Annäherung an eine Gefahrstelle verhindert, z. B. durch Abschalten, Stillsetzen oder Umsteuern einer gefahrbringenden Bewegung. Schutzeinrichtungen mit Annäherungsreaktion sind z. B. Lichtvorhänge und Lichtschranken, Schaltplatten und Schaltmatten für die Bereichssicherung, Pendelklappen. [**VDI 2854**:1991-06]
Schutzeinrichtung mit Zuhaltung, verriegelte trennende	Trennende Schutzeinrichtung mit einer Verriegelungseinrichtung und einer Zuhaltung, damit zusammen mit dem Steuerungssystem der Maschine die folgenden Funktionen ausgeführt werden: die mit der trennenden Schutzeinrichtung „abgesicherten" gefährdenden Maschinenfunktionen können nicht ausgeführt werden, bevor die trennende Schutzeinrichtung geschlossen und zugehalten ist; die trennende Schutzeinrichtung bleibt geschlossen und zugehalten, bis das Risiko durch die mit der trennenden Schutzeinrichtung „abgesicherten" gefährdenden Maschinenfunktionen nicht mehr vorliegt; die mit der trennenden Schutzeinrichtung „abgesicherten" gefährdenden Maschinenfunktionen können ausgeführt werden, sobald die trennende Schutzeinrichtung geschlossen und zugehalten ist. Das Schließen und Zuhalten der trennenden Schutzeinrichtung löst nicht selbsttätig die gefährdenden Maschinenfunktionen aus. [**DIN EN ISO 12100**:2011-03]
Schutzeinrichtung, nichttrennende	[Eine] Einrichtung ohne trennende Funktion, die allein oder in Verbindung mit einer trennenden Schutzeinrichtung das Risiko vermindert [**MRL 2006/42/EG**, Anhang I]
	[Eine nichttrennende Schutzeinrichtung ist eine] andere als eine trennende Schutzeinrichtung [**DIN EN ISO 12100**:2011-03]
	Beispiele für nichttrennende Schutzeinrichtungen sind nach DIN EN ISO 12100: Verriegelungseinrichtung; Zustimmungseinrichtung; Steuerungseinrichtung mit selbsttätiger Rückstellung; Zweihandschaltung; sensitive Schutzeinrichtung; aktive optoelektronische Schutzeinrichtung; durch Formschluss wirkende Schutzeinrichtung; Begrenzungseinrichtung und Schrittschaltung.

Schutzeinrichtung, ortsbindende	Eine ortsbindende Schutzeinrichtung ist eine Schutzeinrichtung, die Personen oder ihre Körperteile außerhalb von Gefahrstellen und Gefahrenbereichen bindet, wie z. B. eine Zweihandschaltung. [**VDI 2854**:1991-06]
Schutzeinrichtung, sensitive	Einrichtung für den Nachweis von Personen oder Körperteilen, die ein entsprechendes Signal an das Steuerungssystem übermittelt, um so das Risiko für die erkannten Personen zu vermindern
ANMERKUNG Das Signal kann erzeugt werden, sobald sich eine Person oder ein Körperteil über eine festgelegte Grenze bewegt – z. B. in einen Gefährdungsbereich hinein – (Annäherungsreaktion) oder solange die Anwesenheit einer Person in einem festgelegten Bereich nachgewiesen wird (Anwesenheitsmeldung) oder in beiden Fällen. [**DIN EN ISO 12100**:2011-03]
Sensitive Schutzeinrichtung ist nach DIN EN ISO 12100 eine Unterart einer nichttrennenden Schutzeinrichtung.
Schutzeinrichtung, trennende	Ein Maschinenteil, das Schutz mittels einer physischen Barriere bietet [**MRL 2006/42/EG**, Anhang I]
[Eine trennende Schutzeinrichtung ist eine] technische Sperre, die als Teil der Maschine ausgelegt ist, um Schutz zu bieten.
ANMERKUNG 1 Eine trennende Schutzeinrichtung darf entweder allein wirken, wobei sie in diesem Fall nur dann wirksam ist, wenn sie „geschlossen" ist (bei einer beweglichen trennenden Schutzeinrichtung) oder „sicher in Stellung gehalten" wird (bei einer feststehenden trennenden Schutzeinrichtung), oder in Verbindung mit einer Verriegelungseinrichtung mit oder ohne Zuhaltung, wobei der Schutz in diesem Fall unabhängig von der Stellung der trennenden Schutzeinrichtung sichergestellt wird.
ANMERKUNG 2 Je nach konstruktiver Ausführung darf eine trennende Schutzeinrichtung zum Beispiel als Gehäuse, Schild, Abdeckung, Schirm, Tür bzw. Verkleidung beschrieben werden. [**DIN EN ISO 12100**:2011-03]
Trennende Schutzeinrichtungen können die folgenden Funktionen erfüllen: Verhindern des Zugangs zu dem Bereich, der von der trennenden Schutzeinrichtung umschlossen bzw. abgeschlossen ist und/oder Kapselung/Fernhaltung von Werkstoffen, Werkstücken, Spänen, Flüssigkeiten, die von der Maschine ausgeworfen oder ausgestoßen werden können, und Verminderung von Emissionen (Lärm, Strahlung, Gefahrstoffe wie Staub, Dämpfe, Gase), die von der Maschine erzeugt werden können. Außerdem können sie möglicherweise besondere Eigenschaften hinsichtlich elektrischer Auflagung, Temperatur, Feuer, Explosion, Vibration, Sichtbarkeit […] und der Ergonomie des Arbeitsplatzes der Bedienperson (z. B. Benutzerfreundlichkeit, Bewegungen der Bedienperson, Körperhaltung, kurzzyklische Bewegungen) haben. [**DIN EN ISO 12100**:2011-03]
[Trennende Schutzeinrichtungen sind] materielle Barrieren, die in der Schutzstellung ein räumliches und zeitliches Zusammentreffen

von Personen mit Gefahrstellen und Gefahrquellen verhindern. Sie können auch vor anderen Gefahren, z. B. vor Gefahrstoffen, Hitze, Lärm, Strahlung usw., schützen. [**Neudörfer 2011**, S.541]

Schutzeinrichtung, trennende mit Startfunktion	→ trennende Schutzeinrichtung mit Startfunktion
Schutzeinrichtung, verriegelte trennende	Trennende Schutzeinrichtung mit einer Verriegelungseinrichtung, damit zusammen mit dem Steuerungssystem der Maschine die folgenden Funktionen ausgeführt werden: die mit der trennenden Schutzeinrichtung „abgesicherten" gefährdenden Maschinenfunktionen können nicht ausgeführt werden, bevor die trennende Schutzeinrichtung geschlossen ist; ein Stoppbefehl wird ausgelöst, wenn die trennende Schutzeinrichtung während gefährdender Maschinenfunktionen geöffnet wird; die mit der trennenden Schutzeinrichtung „abgesicherten" gefährdenden Maschinenfunktionen können ausgeführt werden, sobald die trennende Schutzeinrichtung geschlossen ist. Das Schließen der trennenden Schutzeinrichtung löst nicht selbsttätig die gefährdenden Maschinenfunktionen aus. [**DIN EN ISO 12100**:2011-03]
schützende Konstruktion	Materielles Hindernis, das die Bewegung des Körpers und/oder Körperteils einschränkt, um das Erreichen von Gefährdungsbereichen zu verhindern [**DIN EN ISO 13857**:2008-06]
Schutzfeld	Bereich, in dem ein festgelegter Prüfkörper durch die Schutzeinrichtung erkannt wird. [**DIN EN ISO 13855**:2010-10]
Schutzkleidung	Bekleidungsstück, das zum Schutz des Arbeiters vor gefährlichen Einwirkungen entwickelt und getragen wird. [**Schmidtke 2013**, S.735]
Schutzleiter	Leiter in der elektrischen Anlage des Gebäudes oder in der Anschlussleitung zum Versorgungsstromkreis, der eine Haupt-Schutzleiterklemme […] in der Einrichtung mit einem Erdungspunkt in der elektrischen Anlage des Gebäudes verbindet [**DIN EN 60950-1**:2014-08]
Schutzmaßnahme	Maßnahme, die zum Erreichen einer Risikominderung vorgesehen ist. [**DIN EN 62061**:2013-09]
	Mittel zur vorgesehenen Minderung des Risikos, umgesetzt vom: Konstrukteur (inhärent sichere Konstruktion, technische Schutzmaßnahmen und ergänzende Schutzmaßnahmen, Benutzerinformation) und/oder Benutzer (Organisation: sichere Arbeitsverfahren, Überwachung, Betriebserlaubnis zur Ausführung von Arbeiten; Bereitstellung und Anwendung zusätzlicher Schutzeinrichtungen; Anwendung persönlicher Schutzausrüstungen; Ausbildung) [**DIN EN ISO 12100**:2011-03]

Schutz-maßnahme, technische	Schutzmaßnahme, bei der Schutzeinrichtungen zur Anwendung kommen, um Personen vor Gefährdungen zu schützen, die durch inhärent sichere Konstruktion nicht in angemessener Weise beseitigt werden können, oder vor Risiken zu schützen, die dadurch nicht ausreichend vermindert werden können. [**DIN EN ISO 12100**:2011-03]
Schutzmittel	Oberbegriff für alle Einrichtungen, die Menschen oder technische Systeme vor gefährdenden oder gefährlichen Einwirkungen schützen [**Schmidtke 2013**, S.735]
Schutzsysteme (Explosionsgefahr)	Als Schutzsysteme werden alle Vorrichtungen […] bezeichnet, die anlaufende Explosionen umgehend stoppen oder den von einer Explosion betroffen Bereich begrenzen und als autonome Systeme gesondert auf dem Markt bereitgestellt werden. [**11. ProdSV** vom 12.12.1996]
Schutzziele	Schutzziele sind formulierte sicherheitstechnische Forderungen und Vorgaben. Während des Konstruktionsprozesses müssen oft die ursprünglichen Schutzziele der Aufgabenstellung noch um weitere Teilziele ergänzt werden. [**Neudörfer 2011**, S.542]
Schutzzonen	Schutzzonen sind Freiräume, die innerhalb des durch Schutzeinrichtungen abgegrenzten Bereiches liegen, in dem sich gefahrbringende Zustände nicht auswirken können. [**VDI 2854**:1991-06]
Schwachstellenanalyse	Im Rahmen einer Schwachstellenanalyse werden alle Daten der Ist-Aufnahme hinsichtlich möglicher Verbesserungspotenziale untersucht. Die Unterteilung der Schwachstellen lehnt sich dabei an die im Rahmen der Ist-Aufnahme genannten Arbeitsgänge an. [**Hompel 2011**, S.275]
Schwerkraft-Rollenförderer	Der Vortrieb einer Transporteinheit wird nicht durch motorischen Antrieb, sondern durch die Hangabtriebskraft eines geneigten Rollenförderers (typische Neigung 2 bis 3 Grad) erreicht. [**Hompel 2011**, S.276]
Schwingförderer	Ist ein Stetigförderer für Schüttgut oder kleinteiliges Stückgut (z. B. Schrauben). Zumeist besteht er aus einer Rinne, die in schnelle mechanische Schwingung mit kleiner Amplitude versetzt wird. Es gibt die Ausführung als Schwingrinne und als Schüttelrutsche. Bei der Schwingrinne kommt es durch die vertikale Beschleunigung des auf der Rinne liegenden Gutes zu einem sog. Mikrowurf. [**Hompel 2011**, S.276f]
sehr giftige Stoffe	[Stoffe], wenn sie in sehr geringer Menge bei Einatmen, Verschlucken oder Aufnahme über die Haut zum Tod führen oder akute oder chronische Gesundheitsschäden verursachen können [**GefStoffV vom 26. November 2010**, Stand 2015, §3 Gefährlichkeitsmerkmale]

selbstmeldender Fehler	→ Fehler, selbstmeldender
Selbstüberwachung	Sicherheitsfunktion, die sicherstellt, dass eine Sicherheitsmaßnahme ausgelöst wird, wenn ein Bauteil oder Element seine Funktion nicht mehr voll ausüben kann, oder wenn der Vorgang unter derart veränderten Bedingungen abläuft, dass dadurch Gefährdungen entstehen. [**DIN EN 693**:2011-11]
Selektives Lasersintern, SL	→ Lasersintern, Selektives
Semantik	Bedeutung der sprachlichen Zeichen; Relation sprachliches Zeichen <-> Welt (geistig/physikalisch); Steuerung der syntaktischen Strukturen nach den unterschiedlichen Bedeutungen der sprachlichen Zeichen [**Brandt 2006**, S.23]
sensibilisierende Stoffe	[Stoffe], wenn sie bei Einatmen oder Aufnahme über die Haut Überempfindlichkeitsreaktionen hervorrufen können, so dass bei künftiger Exposition gegenüber dem Stoff oder der Zubereitung charakteristische Störungen auftreten [**GefStoffV vom 26. November 2010**, Stand 2015, §3 Gefährlichkeitsmerkmale]
Sensitive Schutzeinrichtung, SPE	→ Schutzeinrichtung, sensitive
Sensor	Ein Sensor ist eine in sich abgeschlossene Komponente in einem technischen System, die an ihrem Eingang durch einen geeigneten Messfühler mit der Messgröße in Verbindung steht und diese in ein elektrisches Signal umformt. [**Heinrich 2015**, S.366]
	Gerät dient der Erfassung von Prozess-Zustandsgrößen. Beispiele für eingesetzte Sensoren sind z. B. Grenzwertschalter, Endschalter, Positionsschalter.
Sensorik	Ist in der Technik ein Teilgebiet der Messtechnik. Es ist die wissenschaftliche Disziplin, die sich mit der Entwicklung und Anwendung von Sensoren zur Erfassung und Messung von Veränderungen in technischen Systemen beschäftigt. [**Heinrich 2015**, S.366]
Service	Durchführung der in der Serviceanleitung des Herstellers beschriebenen Verfahren oder Einstellungen, die einen beliebigen Aspekt der Produktleistung betreffen können. BEISPIEL Fehlerdiagnose, die Zerlegung und die Reparatur. [**DIN EN ISO 11553-1**:2009-03]
	Die Wartung des Produktes gehört, falls nicht anders vereinbart, nicht zum Service.
Service-Abdeckung	Zugangsklappe, die beim Service entfernt oder verschoben wird [**DIN EN 60825-1**:2015-07]

Service-anleitung	Enthält alle Informationen, die ein Servicetechniker für die sichere Ausführung der vorgesehenen Servicetätigkeiten benötigt (z. B. Sicherheitshinweise, Voraussetzungen, Beschreibung der Tätigkeiten, Prüfwerte). [**Hennig Tjarks-Sobhani 1998**, S.208f]
sicherer Ausfall	→ Ausfall, sicherer
sicherer Fehler	→ Fehler, sicherer
sicherer Halt	→ Halt, sicherer
sicherer Stillstand	→ Stillstand, sicherer
sicherer Zustand	→ Zustand, sicherer
sicheres Produkt	→ Produkt, sicheres
sicheres Stillsetzen	→ Stillsetzen, sicheres
Sicherheit	Immaterielle Eigenschaft des Produkts, die bewirkt, dass innerhalb vorgesehener Lebensdauer und festgelegter Betriebsbedingungen vom Produkt keine Gefährdungen und damit Rechtsgutverletzungen für Mensch und Umwelt bzw. nur akzeptierte Restrisiken ausgehen. Sicherheit als dynamische Wahrscheinlichkeitsgröße unterliegt zeit- und belastungsbedingten Schwankungen. Sie ist daher nur eine relative Aussage zu einem Zustand einer sehr geringen Schadenswahrscheinlichkeit, bezogen auf vorherigen Zustand oder vorheriges Niveau. Sicherheit und Gefahrdung sind binäre, sich gegenseitig ausschließende Zustände. [**Neudörfer 2011**, S.542]
	Freiheit von unvertretbaren Risiken [**DIN EN 61511-1**:2012-10]
	Sachlage, bei der das Risiko kleiner als das Grenzrisiko ist. [**VDI 4006 Blatt 1**:2015-03]
	Sicherheit im technischen Sinne ist die Freiheit, bzw. das nicht Vorhandensein, von nicht akzeptierbarem bzw. nicht vertretbaren Risiken. Das heißt auch, dass von einem sicheren technischen System erst dann gesprochen werden kann, wenn selbst bei dem Auftreten eines Fehlers das System nicht in einen kritischen Zustand gerät. Das konstruktive Ziel muss sein, dass keinerlei Risiken vorhanden sind. Für dieses Ziel ist es deswegen auch wichtig, dass alle sicherheitsbezogenen Zuverlässigkeitsanforderungen erfüllt werden.

Sicherheit, aktive	Vermindern der Eintrittswahrscheinlichkeit einer Betriebsstörung. [**VDI 4006 Blatt 1**:2015-03] Technischen Maßnahmen, welche das Ziel haben, die Eintrittswahrscheinlichkeit von Betriebsstörungen zu verringern werden nach VDI 4006 als aktive Sicherheit bezeichnet. Die Maßnahme kann auch darauf abzielen, dass die Wahrscheinlichkeit des Eintritts eines Störfalls im Allgemeinen verringert wird.
Sicherheit, funktionale	[Funktionale Sicherheit ist] Teil der Sicherheit der Maschine und des Maschinen-Steuerungssystems, der von der korrekten Funktion des SRECS [sicherheitsbezogenes elektrisches Steuerungssystem], sicherheitsbezogener Systeme anderer Technologie und externer Einrichtungen zur Risikominderung abhängt. [**DIN EN 62061**:2013-09] Sicherheit, funktionale ist der Teil der Gesamtsicherheit eines Systems, der von der korrekten Funktion sicherheitsbezogener Steuerungssysteme und externer Einrichtungen abhängt. Sie bewirkt, dass die Sicherheitsfunktionen zuverlässig erfüllt werden. Nicht zur funktionalen Sicherheit gehören u. a. elektrische Sicherheit, Brand- und Explosionsschutz, Strahlenschutz usw. [**Neudörfer 2011**, S.542] [Die Funktionale Sicherheit] umfasst im Sinne einer sicherheitsbezogenen Zuverlässigkeit alle Aspekte, bei denen die Sicherheit von der korrekten Funktion des sicherheitsbezogenen elektrischen Steuerungssystems, der sicherheitsbezogenen Systeme anderer Technologien und der externen Einrichtungen zur Risikominderung abhängt. [**Neudörfer 2011**, S.534]
Sicherheit, inhärente	Sicherheit, inhärente wohnt in einem System inne, wenn deterministische Gefährdungen konstruktiv vermieden werden und stochastische Gefährdungen z. B. durch Fail-Safe-Verhalten, das ohne Hilfsmittel aktiviert wird, beherrscht werden. [**Neudörfer 2011**, S.542]
Sicherheit, passive	Vermindern der Schädigungswahrscheinlichkeit nach Eintritt einer Betriebsstörung. [**VDI 4006 Blatt 1**:2015-03] Maßnahmen, welche zum Ziel haben, die Wahrscheinlichkeit, dass ein Schaden nach dem Eintritt einer Betriebsstörungen entsteht, zu verringern, werden nach VDI 4006 als passive Sicherheit bezeichnet.
Sicherheitsabstand	Mindestabstand, der erforderlich ist, eine schützende Konstruktion vor einem Gefährdungsbereich anzubringen [**DIN EN ISO 13857**:2008-06] Sicherheitsabstand ist der zur Vermeidung von Gefährdungen notwendige Mindestabstand zwischen einer verriegelten trennenden Schutzeinrichtung, einer berührungslos wirkenden Schutzeinrichtung oder einer Zweihandschaltung und der nächstliegenden Gefahrstelle. Er muss unter Berücksichtigung der Nachlaufzeit und

	der Greif- bzw. Zutrittgeschwindigkeit so bemessen sein, dass die gefahrbringende Bewegung zum Stillstand kommt, bevor sich der Sicherheitsabstand durch die gefährdete Person überwinden lässt. [Vgl. **Neudörfer 2011**, S.542]
Sicherheits-analyse	Seine Sicherheitsanalyse ist eine Sicherheitsuntersuchung bestimmter genehmigungsbedürftiger Anlagen nach Störfall-Verordnung. [**Bender 2013**, S.591]
	Sicherheitsanalysen dienen der Identifikation von Gefährdungen für Mensch, Maschine und Umwelt, die durch den Betrieb des Produktes entstehen. Nach der Gefahrenidentifizierung erfolgt die Erarbeitung der notwendigen Schutzmaßnahmen. Da die Anwendung der Sicherheitsanalyse bereits im Entwicklungsstadium beginnt, handelt es sich um einen iterativen Prozess, der auf endgültig definierten Systemeigenschaften beruht. Die Beurteilung der möglichen Risiken hängt von dem Erfahrungswert des zuständigen Ingenieurs ab. [**VDI 4003**: 2007-03]
Sicherheits-bauteil	Ein Sicherheitsbauteil ist ein Bauteil, a) das zur Gewährleistung einer Sicherheitsfunktion dient, b) das gesondert auf dem Markt bereitgestellt wird, c) dessen Ausfall oder Fehlfunktion die Sicherheit von Personen gefährdet und d) das für das Funktionieren der Maschine nicht erforderlich ist oder durch für das Funktionieren der Maschine übliche Bauteile ersetzt werden kann. Eine nicht erschöpfende Liste von Sicherheitsbauteilen findet sich in Anhang V der Richtlinie 2006/42/EG. [**9. ProdSV** vom 15.12.2011]
Sicherheits-bewertet	Gekennzeichnet durch vorgegebene Sicherheitsfunktion mit einer bestimmten sicherheitsbezogenen Leistungsfähigkeit. [**DIN EN ISO 10218-1**:2012-01]
sicherheitsbewertete überwachte Geschwindigkeit	→ Geschwindigkeit, sicher-heitsbewertete überwachte
sicherheitsbezogene Information	→ Information, sicherheitsbezogene
sicherheitsbezogenes elektrisches Steuerungssystem	→ Steuerungssystem, sicherheitsbezogenes elektrisches, SRECS
sicherheits-bezogenes Teil einer Steuerung	Teil einer Steuerung, das auf sicherheitsbezogene Eingangssignale reagiert und sicherheitsbezogene Ausgangssignale erzeugt ANMERKUNG Die Kombination sicherheitsbezogener Teile einer Steuerung beginnt an dem Punkt, an dem sicherheitsbezogene Signale erzeugt werden (einschließlich z. B. Betätiger und Rolle eines Positionsschalters) und endet an den Ausgängen der Leistungssteuerungselemente (einschließlich z. B. Hauptkontakte eines Schützes). [**DIN EN ISO 13849-1**:2008-12]

Von der Zuverlässigkeit des sicherheitsbezogenen Teiles einer Steuerung hängt die zuverlässige Erfüllung der an dem Produkt zu erfüllenden Sicherheitsfunktion ab. Überwachungssysteme welche zur Diagnose verwendet werden, werden wie sicherheitsbezogene Teile von Steuerungen behandelt.

Sicherheitsdatenblatt	Dokument, aufgeteilt in 16 Kapitel in Übereinstimmung mit der Richtlinie 67/548/EWG, in dem alle Eigenschaften eines chemischen Produktes beschrieben sind, um die möglichen Risiken bei der Verwendung einschätzen zu können. [**DIN EN 12921-1**:2011-02] Produktinformation beim Inverkehrbringen von eingestuften Stoffen und Gemischen nach Anhang II der REACH-Verordnung. [Vgl. **Bender 2013**, S.591]
Sicherheitseingang am Elektromotor	Eingang einer Motorsteuereinheit zur Unterbrechung der Energieversorgung des Elektromotors. [**DIN EN 201**:2010-02]
Sicherheitseinrichtungen	Einrichtung, die selbsttätig ein Überschreiten relevanter kritischer Parameter, wie z. B. Druck oder Temperatur verhindert [**DIN EN 1829-1**:2010-05]
Sicherheitsfarbe	Farbe mit speziellen Eigenschaften, der eine Sicherheitsaussage zugeschrieben ist [**DIN ISO 3864-1**:2012-06] ROT = Gefahr, Verbot; GELB = mögliche Gefahr, Warnung, Achtung, Vorsicht; GRÜN = normaler Betriebszustand, Gefahrlosigkeit; WEISS = allgemeine Information; BLAU = Gebot, Anweisung [**Schmidtke 2013**, S.737]
Sicherheitsfunktion	Funktion einer Maschine, wobei ein Ausfall dieser Funktion zur unmittelbaren Erhöhung des Risikos (der Risiken) führen kann. [**DIN EN ISO 12100**:2011-03] Die Anforderung einer Sicherheitsfunktion führt bei einem sicherheitsbezogenem System zur Ausführung einer Aktion mit dem Ziel der Risikoreduzierung. Durch die von der Sicherheitsfunktion ausgeführte Aktion wird die Einrichtung bzw. der Prozess in einen sicheren Zustand gebracht oder der sichere Zustand wird durch diese Aktion aufrechterhalten.
Sicherheitshalt	Art der Unterbrechung des Arbeitsablaufs zu sicherheitstechnischen Zwecken, bei der die Programmdaten erhalten bleiben und die Fortsetzung des Programms an der unterbrochenen Stelle möglich ist. [**DIN EN ISO 10218-1**:2012-01]
Sicherheitshandbuch	Information, die die sichere Anwendung eines Gerätes, Teilsystems oder Systems beschreibt. Anmerkung [..] Das Sicherheitshandbuch kann Inhalte des Herstellers und des Nutzers enthalten. [...] Dies kann ein (allgemeines) einzelnes Schriftstück sein oder eine Sammlung von Schriftstücken. [**DIN EN 61511-1**:2012-10]

Das Sicherheitshandbuch beschreibt die Anwendung eines Gerätes, Teilsystems oder Systems; hierzu können gehören: Bedienungshandbücher, Programmierhandbücher, eigenständige und normative Dokumente aber auch Dokumentationen, welche die Anwendungsgrenzen beschreiben.

Sicherheits-hinweis	[Sicherheitshinweise sind] sicherheitsbezogene Informationen, die nach einem sinnvoll organisierten System in einem Dokument oder Abschnitt eines Dokuments gesammelt oder gruppiert sind, um Sicherheitsmaßnahmen zu erklären, Sicherheitsbewusstsein zu wecken und eine Grundlage zur sicherheitsbezogenen Schulung der Nutzer zu schaffen [**DIN EN 82079-1**:2013-06] „Sicherheitshinweis": Textaussage, die eine (oder mehrere) empfohlene Maßnahme(n) beschreibt, um schädliche Wirkungen aufgrund der Exposition gegenüber einem gefährlichen Stoff oder Gemisch bei seiner Verwendung oder Beseitigung zu begrenzen oder zu vermeiden [**CLP-Verordnung (EG) Nr. 1272**/2008]
Sicherheits-hinweise, grundlegende	Mit der neuen Norm DIN EN 82079-1:2013: Erstellung von Gebrauchsanleitungen gibt es einen veränderten Wortgebrauch bei den Sicherheitsinformationen. Der Oberbegriff lautet ~ sicherheitsbezogene Informationen und unterscheidet drei Arten: ~ Sicherheitshinweis, ~ Warnhinweis und ~ Sicherheitszeichen. Dabei entsprechen die „grundlegenden Sicherheitshinweise" den „Sicherheitshinweisen". Im Sinne einer stärkeren Standardisierung und Einheitlichkeit sollte der veraltete Begriff daher nur noch in beschreibender Funktion, aber nicht mehr als Typ-Bezeichnung verwendet werden. In Gebrauchsanleitungen werden die Sicherheitshinweise in einem eigenen Sicherheitskapitel am Anfang der Anleitung und/oder des Kapitels zusammengefasst. [**Schlagowski 2015**, S.699]
Sicherheits-hinweise, Kapitel	Sicherheitshinweise müssen sinnvoll aufgebaut und dargestellt werden. Sie müssen am Anfang der Gebrauchsanleitung in einem gesonderten Abschnitt oder Teil angegeben werden. Dieser Abschnitt oder Teil muss eindeutig identifizierbar sein und muss eine Überschrift haben, die die Bedeutung der Inhalte herausstellt. [**DIN EN 82079-1**:2013-06] Sicherheitshinweise sollen typografisch hervorgehoben und ggf. mit Symbolen versehen werden. Dementsprechend sollte an dieser Stelle beschrieben werden, woran man einen Sicherheitshinweis erkennt und was die verschiedenen Warnsymbole bedeuten. Die Sicherheitshinweise werden üblicherweise mit bestimmten Signalworten eingeleitet, anhand derer der Nutzer die Intensität der Gefährdung einschätzen kann. [**Kothes 2011**, S.70f]
Sicherheitshinweise, handlungsbezogene	→ Warnhinweis

Sicherheits-integrität	Wahrscheinlichkeit, dass ein SRECS [sicherheitsbezogenes Elektrisches Steuerungssystem] oder sein Teilsystem die erforderlichen sicherheitsbezogenen Steuerungsfunktionen unter allen festgelegten Bedingungen zufrieden stellend ausführt. ANMERKUNG 1 Je höher der Sicherheits-Integritätslevel der Betrachtungseinheit ist, desto geringer ist die Wahrscheinlichkeit, dass die Betrachtungseinheit die erforderliche sicherheitsbezogene Steuerungsfunktion nicht ausführen kann. ANMERKUNG 2 Sicherheitsintegrität umfasst Sicherheitsintegrität der Hardware und systematische Sicherheitsintegrität [**DIN EN 62061**:2013-09]
Sicherheits-Integritätslevel, SIL	Diskrete Stufe (eine von vier möglichen) zur Spezifizierung der Sicherheitsintegrität der Sicherheitsfunktionen, die dem E/E/PE [elektrischen, elektronischen und programmierbaren elektronischen] –sicherheitsbezogenen System zugeordnet werden, wobei der Sicherheits-Integritätslevel 4 die höchste Stufe und der Sicherheits-Integritätslevel 1 die niedrigste ist. [**DIN EN ISO 13849-1**:2008-12]
Sicherheits-maßnahmen	Sicherheitsmaßnahmen sind Maßnahmen an einem Produkt, welche die Sicherheit vor Gefahren erhöhen. Dabei gibt es sowohl Sicherheitsmaßnahmen, die der Konstrukteur in der Konstruktionsphase des Produktes anwendet (z. B. das Anbringen von Not-Halt-Befehlsgeräten), um die konstruktive Sicherheit zu erhöhen; als auch Sicherheitsmaßnahmen, die der Benutzer treffen muss (z. B. das Tragen von persönlicher Schutzausrüstung).
Sicherheits-schalter	Sicherheitsschalter (Positionsschalter mit Sicherheitsfunktion) sind Grenztaster, welche Ruhelagen, Wege und Winkel sicherheitsrelevanter Teile, z. B. trennender Schutzeinrichtungen, überwachen und in Steuersignale umwandeln. [**Neudörfer 2011**, S.543]
Sicherheits-technik	Das Teilgebiet der Ingenieurwissenschaft, das sich mit derartigen Auslegungsalternativen von Systemkomponenten und Prozessen befasst, die optimale Sicherheit für Menschen und Anlagen gewährleisten. [**Schmidtke 2013**, S.737]
Sicherheits- und Gesundheits-schutzanforderungen, grundlegende	→ grundlegende Sicherheits- und Gesundheitsschutzanforderungen
Sicherheits-verriegelung	Vorrichtung, die entweder den Zugang zu einem Gefahrenbereich so lange verhindert, bis die Gefahr beseitigt ist, oder die den Gefahrenzustand selbsttätig beseitigt, sobald Zugang erlangt wird [**DIN EN 60950-1**:2014-08]
Sicherheits-verriegelung, ausfallsichere	Verriegelung, deren beabsichtigte Wirkung im Fehlerfall der Verriegelung nicht aufgehoben wird Anmerkung […]: Zum Beispiel eine Verriegelung, die zwangsläufig in die AUS-Stellung geht, sobald eine klappbare Abdeckung sich zu

öffnen beginnt oder bevor eine abnehmbare Abdeckung entfernt worden ist, und die zwangsläufig in der AUS-Stellung gehalten wird, bis die klappbare Abdeckung geschlossen oder die abnehmbare Abdeckung in der geschlossenen Stellung verriegelt ist. [**DIN EN 60825-1**:2015-07]

Sicherheitszeichen	Zeichen, das durch Kombination einer spezifischen Farbe mit einer geometrischen Form eine allgemeine und durch Zufügen eines graphischen Symbols eine spezielle Sicherheitsaussage ermöglicht [**DIN EN ISO 7010**:2012-10]

Dies sind Verbotszeichen, Warnzeichen, Gebotszeichen, Rettungszeichen, Hinweiszeichen, Zusatzzeichen, Bildzeichen. [**Schlagowski 2015**, S.716]

Sicherheitszwecke	Zwecke im Hinblick auf den Schutz des menschlichen Lebens oder von Gütern [**RICHTLINIE 2014/30/EU**]
Sichtkopie	Dokumentenkopie zum Betrachten, Kommentieren und Produzieren von Ausdrucken [**DIN EN ISO 11442**:2006-06]
Signal	Eine Information, die mittels physikalischer Größen (z. B. über elektromagnetische, mechanische oder akustische Einrichtungen) übertragen wird und für deren Werte bestimmte Bedeutungen vereinbart wurden. [**Schmidtke 2013**, S.737]
Signalempfangsbereich	Bereich, in dem das Signal wahrgenommen und darauf reagiert wird. [**DIN EN 842**:2009-01]
Signalwort	[Ist] ein Wort, das das Ausmaß der Gefahr angibt, um den Leser auf eine potenzielle Gefahr hinzuweisen; dabei wird zwischen folgenden zwei Gefahrenausmaßstufen unterschieden: [Achtung und Gefahr.] [**CLP-Verordnung (EG) Nr. 1272**/2008]

[Ein Signalwort ist nach DIN ISO 3864-2 ein] Wort, das die Aufmerksamkeit auf ein Produktsicherheitsschild lenkt und die Risikokategorie bezeichnet. [**DIN ISO 3864-2**:2008-07]

Die DIN ISO 3864-2 unterscheidet drei Signalwörter: „Vorsicht", „Warnung" und „Gefahr". Für die Technische Dokumentation ist die dreistufige Unterscheidung der Signalwörter aus DIN ISO 3864-2 als verbindlich anzusehen. Andere Stufungen, wie die zweistufige der CLP-Verordnung oder die vierstufige aus ANSI Z535.6 sind beim Verfassen von Betriebsanleitungen für Maschinen und Montageanleitungen für unvollständige Maschinen nicht üblich. Ergänzt wird die Stufung der Signalwörter aus DIN ISO 3864-2 meistens durch den „Hinweis". Ein „Hinweis" kann in der Technischen Dokumentation aber nur dann eingesetzt werden, wenn bei Nichtbeachtung keinerlei Gefährdung verursacht werden kann.

Signalwort, Achtung	„Achtung": Signalwort für die mit weniger schwerwiegenden Gefarenkategorien [**CLP-Verordnung (EG) Nr. 1272**/2008]

Signalwort, Gefahr	Signalwort, das verwendet wird, um eine unmittelbar gefährliche Situation anzuzeigen, die, wenn sie nicht vermieden wird, eine schwere Verletzung oder den Tod zur Folge hat. [**DIN ISO 3864-2**:2008-07] „Gefahr": Signalwort für die schwerwiegenden Gefahrenkategorien [**CLP-Verordnung (EG) Nr. 1272**/2008]
Signalwort, Hinweis	→ Hinweis
Signalwort, Vorsicht	Signalwort, das verwendet wird, um eine potentiell gefährliche Situation anzuzeigen, die, wenn sie nicht vermieden wird, eine geringfügige oder mäßige Verletzung zur Folge haben könnte. [**DIN ISO 3864-2**:2008-07]
Signalwort, Warnung	Signalwort, das verwendet wird, um eine potentiell gefährliche Situation anzuzeigen, die, wenn sie nicht vermieden wird, den Tod oder eine schwere Verletzung zur Folge haben könnte. [**DIN ISO 3864-2**:2008-07]
signifikante Gefährdung	→ Gefährdung, signifikante
SIL	→ Sicherheits-Integritätslevel, SIL
simultane Bewegung	Gleichzeitige Bewegung von zwei oder mehr Robotern, die mit einer einzelnen Bedienstation gesteuert wird. Die Bewegung kann koordiniert ablaufen oder synchron nach mathematischer Korrelation. BEISPIEL 1 Ein Programmierhandgerät ist ein Beispiel für eine einzelne Bedienstation. BEISPIEL 2 Die Koordination kann im Master/Slave-Prinzip erfolgen. [**DIN EN ISO 10218-1**:2012-01]
Six Sigma	Bezeichnet eine Qualitätsmanagement-Methodik. Der Name leitet sich aus dem Anspruch ab, dass die Toleranzgrenzen eines normalverteilten (Produktions-)Prozesses mindestens 6 Standardabweichungen vom Optimum entfernt sind. Hieraus ergibt sich eine Fehlerquote von höchsten 3,4 defekten Teilen pro 1 Mio. Teile. Six Sigma steht auch für eine Fülle statistisch basierter Vorgehensmodelle zur Qualitätssicherung. [**Hompel 2011**, S.285]
Skizze	Ist eine Zeichnung, die entweder freihändig oder mittels eines CAD-System erstellt wurde und nicht unbedingt maßstabsgetreu ist. [Vgl. **ISO 29845**:2011-09]
SL	→ Lasersintern, Selektives
sofortige korrektive Instandhaltung	→ Instandhaltung, sofortige korrektive

Software-dokumentation	Softwaredokumentation wird zumindest rechtlich der Technischen Dokumentation zugeordnet, denn demnach handelt es sich bei einer Software um ein Produkt, für das alle Aspekte von Verbraucherschutz, Haftung und Gewährleistung u. a. zum Tragen kommen und für das eine entsprechende Dokumentation zu erstellen ist. [**Reiss 2014**, S.415]
Software-Endschalter	→ Endschalter, Software-
Sollwert	Wert eines quantitativen Merkmals, von dem die Istwerte dieses Merkmals so wenig wie möglich abweichen sollen. [**Schmidtke 2013**, S.738]
Sonderbetrieb	Betriebsart, bei der die Möglichkeit sowohl für manuelle Eingriffe in den Bearbeitungsvorgang als auch für einen begrenzten Automatikbetrieb (festgelegter Ablauf von Einzelschritten in Folge), der durch die Bedienperson eingeleitet wird, besteht. [**DIN EN 13218**:2010-09]
Sonderzeichen	Schriftzeichen, das nicht in den Buchstaben von A-Z, a-z, Ziffern und Interpunktionssymbolen enthalten ist [**DIN ISO 16792**:2008-12]
Sorgfaltspflicht	Allgemeiner unbestimmter Rechtsbegriff, der die Pflicht juristischer und natürlicher Personen bezeichnet, die im allgemeinen Umfang notwendige und angemessene (erforderliche) Sorgfalt beim Durchführen von Arbeiten oder der Organisation von Tätigkeiten einhalten, damit eine Gefährdung unbeteiligter anderer, auch Dritter, nicht mehr als unvermeidbar eintreten kann. Die Sorgfaltspflicht trifft Hersteller, ihre Mitarbeiter, Händler und Anwender, die nach dem Stand der Technik möglichen Maßnahmen zur Gefahrenabwehr einzuhalten. Ihr Einhalten wird stets unter den besonderen Bedingungen des Einzelfalles durch das Gericht ermittelt und bewertet. [**VDI 4500 Blatt 1**:2006-06]
Speicherprogrammierbare Steuerung, SPS	[Ist eine] rechnergestützte programmierte Steuerung, deren logischer Ablauf über eine Programmiereinrichtung, zum Beispiel ein Bedienfeld, einen Hilfsrechner oder ein tragbares Terminal, veränderbar ist [**Heinrich 2015**, S.366]
Speicherungs-/Nutzungsphase	Stufe, in der die aktuellen Produktdokumente gespeichert werden [**DIN EN ISO 11442**:2006-06]
Spannvorrichtung	Ist ein mechanisches Spannmittel zum exakten Festhalten von Bauteilen in einer Maschine. Ziel dabei ist, das Bauteil mit hoher wiederholbarer Genauigkeit bearbeiten zu können. Dafür wird das Bauteil von der Spannvorrichtung in einer genau fixierten Position festgehalten.
SPE	→ Schutzeinrichtung, sensitive

Spezifikation	Ist ein Dokument, welches Anforderungen für ein Bauteil oder für eine Gruppe von Bauteilen mit denselben Merkmalen festlegt. [Vgl. **ISO 29845**:2011-09]
Spezifikation der Anforderungen	Zusammenfassung von Anforderungen in Bezug auf Markt, Behörden (z. B. Gesetze, Verordnungen, Vorschriften) und Firma [**DIN EN ISO 11442**:2006-06]
Spezifikation, Kunden-	→ Lastenheft
Spezifikation, technische	→ technische Spezifikation
Spritzgießmaschine	Maschine für die diskontinuierliche Herstellung von Formteilen aus Kunststoff und/oder Kautschuk. Die plastifizierte Formmasse wird durch eine Düse in ein Werkzeug mit einem oder mehreren Hohlräumen eingespritzt und erhält dort ihre endgültige Gestalt als Formteil. Eine Spritzgießmaschine besteht im Wesentlichen aus einer oder mehreren Schließeinheiten, einer oder mehreren Plastifizier- und/oder Spritzeinheiten, Antrieben und Steuerungen [**DIN EN 201**:2010-02]
SPS	→ Speicherprogrammierbare Steuerung, SPS
SRECS	→ Steuerungssystem, sicherheitsbezogenes elektrisches, SRECS
SRP/CS	→ sicherheitsbezogenes Teil einer Steuerung
Stabilität	Stabilität ist nach der DIN IEC 60050 eine Systemeigenschaft, die besagt, dass die Zustandsgrößen eines Systems bei einer kleinen Störung oder kleinen Anfangsauslenkungen auf Dauer im Bereich der Ruhelage verbleiben. [**Heinrich 2015**, S.367]
Stabliste	Bauteilgruppen-Zeichnung, in der Längen, Abmessungen, Biegemaße und die Kennung von Bewehrungsstäben angegeben sind [**DIN EN ISO 10209**:2012-11]
Stammdaten	Sind statische, über einen längeren Zeitraum unveränderte Daten. Sie enthalten Informationen über grundlegende Eigenschaften eines Artikels, Produktes usw. oder über ein Werkstück (zugeordnet zu einem Bearbeitungsprozess). [Vgl. **Hompel 2011**, S.291]
Stand der Technik	Ist das Fachleuten verfügbare Fachwissen, wissenschaftlich begründet, praktisch erprobt und ausreichend bewährt. Dieses Fachwissen braucht noch nicht in Regeln kodifiziert und von der Mehrheit der Fachleute anerkannt zu sein. Es kommt auf das konkrete Wissen der Einzelnen an, als Unternehmen wie als Person. Der Stand der Technik geht über die Allgemein Anerkannten Regeln der Technik zeitabhängig in unterschiedlichem Umfang hinaus und verlangt unternehmensspezifische Vorsorge und

	Organisation. Der Stand der Technik ist im Streitfall durch Gutachten, Vergleiche und andere Verfahren und Belege zu ermitteln und nachzuweisen. [**VDI 4500 Blatt 1**:2006-06]
	Stand der Technik ist der Entwicklungsstand fortschrittlicher Verfahren, Einrichtungen und Betriebsweisen, der nach herrschender Auffassung führender Fachleute das Erreichen des gesetzlich vorgegebenen Zieles gesichert erscheinen lässt. Verfahren, Einrichtungen und Betriebsweisen oder vergleichbare Verfahren, Einrichtungen und Betriebsweisen müssen sich in der Praxis bewährt haben oder sollten – wenn dies noch nicht der Fall ist – möglichst im Betrieb mit Erfolg erprobt worden sein. [**Bundesanzeiger Nr.160a**/2008-09 (ISSN 0720-6100), Rn.256]
Stand von Wissenschaft und Technik	Umschreibt das höchste Anforderungsniveau und wird daher in Fällen mit sehr hohem Gefährdungspotenzial verwendet. Stand von Wissenschaft und Technik ist der Entwicklungsstand fortschrittlichster Verfahren, Einrichtungen und Betriebsweisen, die nach Auffassung führender Fachleute aus Wissenschaft und Technik auf der Grundlage neuester wissenschaftlich vertretbarer Erkenntnisse im Hinblick auf das gesetzlich vorgegebene Ziel für erforderlich gehalten werden und das Erreichen dieses Ziels gesichert erscheinen lassen. [**Bundesanzeiger Nr.160a**/2008-09 (ISSN 0720-6100), Rn.257]
	Nach dem Produkthaftungsgesetz ist eine notwendige Anforderung für ein sicheres Produkt, dass das Produkt bei seinem Inverkehrbringen dem Stand der Wissenschaft und Technik entspricht. Dies betrifft vor allem das Thema Sicherheit, aber genauso z. B. auch das Thema der Technischen Dokumentation. Im Streitfall muss der Hersteller seine Bemühungen zur Einhaltung des Standes von Wissenschaft und Technik den Behörden gegenüber nachweisen können.
Standardabweichung	Eine Maßeinheit zur standardisierten Beschreibung der Abweichung von Einzelwerten einer Stichprobe von deren Durchschnittswert. [**Schmidtke 2013**, S.740]
Start (automatisch oder manuell)	Sicherheitsschaltgeräte (z. B. Sicherheitsrelais) können manuell oder automatisch aktiviert werden. Beim manuellen Start wird, nachdem ein sicherer Zustand festgestellt wurde, durch das Betätigen der Starttaste ein Freigabesignal erzeugt. Die Funktion wir auch als statischer Betrieb bezeichnet. Er ist für Not-Halt-Einrichtungen obligatorisch (EN 60204-1). Beim automatischen Start wird, nachdem ein sicherer Zustand festgestellt wurde, ohne manuelle Zustimmung das Freigabesignal erzeugt. Diese Funktion wird auch als dynamischer Betrieb bezeichnet. Er ist für Not-Halt-Einrichtungen unzulässig. [**Neudörfer 2011**, S.543]
Station	Bezeichnung für die festen Positionen innerhalb der Maschine, an denen sich während der Teilbearbeitungen im Arbeitszyklus der Maschine Werkstücke befinden. Stationen werden üblicherweise durch fortlaufende Nummerierung gekennzeichnet, z. B. Station 1 –

Ladestation; Station 2 – Bearbeitungsstation; Station 3 – Messstation; Station 4 – Leerstation; Station XX – Entladestation. Die Bezeichnung „Station" umfasst auch Spanneinrichtungen, Einheiten, Spindelköpfe und andere in der betreffenden Station mit dem Prozess im Zusammenhang stehende Einrichtungen. [**DIN EN 14070**:2009-07]

Statische Prüfung	→ Prüfung, Statische
Stellaufgabe	Eine Tätigkeit, bei der ein Stellteil angewendet wird, um das Ziel einer Aufgabe zu erreichen. [**DIN EN 894-3**:2010-01]
Stelle, benannte	→ Benannte Stelle
Stelle, notifizierte	[Ist] eine Konformitätsbewertungsstelle, a) der die Befugnis erteilende Behörde die Befugnis erteilt hat, Konformitätsbewertungsaufgaben [...] wahrzunehmen, und die von der Befugnis erteilenden Behörde der Europäischen Kommission und den übrigen Mitgliedstaaten notifiziert worden ist oder b) die der Europäischen Kommission und den übrigen Mitgliedstaaten von einem Mitgliedstaat der Europäischen Union [...] als notifizierte Stelle mitgeteilt worden ist [**ProdSG** vom 08.11.2011]
Stellenbeschreibung	Dokument, welches die Aufgabe der Stelle, die Befugnisse und Verantwortung des Stelleninhabers sowie die organisatorische Einordnung der Stelle festlegt. [**Weber 2006**, S.378]
Stellglied	→ Aktor
Stellgröße	Die Stellgröße y ist die Ausgangsgröße der Steuer oder Regeleinrichtung und zugleich Eingangsgröße der Strecke. Sie überträgt die steuernde Wirkung der Einrichtung auf die Strecke. Der Wertebereich, innerhalb dessen die Stellgröße einstellbar ist, heißt Stellbereich. [**DIN IEC 60050-351**:2014-09]
Stellteil	Mechanisches Element innerhalb einer Steuereinrichtung (z. B. ein Stößel, der Kontakte öffnet).
Stetigförderer	Fördermaschine bei welcher Fördergut (Schütt- oder Stückgut) in stetigem Fluss von einer oder mehreren Aufgabestellen zu einer oder mehreren Abgabestellen transportiert wird. Beispiele für Stetigförderer sind Gurtförderer, Rollenförderer, Kettenförderer und Kreisförderer. Kennzeichnende Merkmale der Stetigförderer sind ein kontinuierlicher oder diskret-kontinuierlicher Fördergutstrom, Zentralantrieb im Dauerbetrieb, Be- und Entladung im Betrieb, stets aufnahme-/ abgabebereit und Stetigförderer sind ortsfeste Fördermaschinen. Die kontinuierliche Arbeitsweise ermöglicht, im Vergleich zu Unstetigförderern, den Transport relativ großer Mengen in kurzer Zeit. Bei der Unterart der Stückgutförderer berechnet sich der Durchsatz der Fördermaschine als Quotient aus Fördergeschwindigkeit und mittlerem Stückgutabstand. [Vgl. **Hompel 2011**,

S.296]

Steuerbarkeit	Der Benutzer hat Einfluss auf den Prozessablauf und auf die dafür benötigten Arbeitsmittel. [**Schmidtke 2013**, S.741]
Steuertafel	Eine abgegrenzte Oberfläche, auf der Gruppen von Anzeigeeinrichtungen und Stellteilen befestigt sind; Steuertafeln können auf dem Arbeitsplatz zur Prozessführung oder an Wänden befestigt sein. [**DIN EN ISO 11064-3**:2000-09]
Steuerung	Die Steuerung ist der Ausrüstungsteil eines automatisierten Fertigungssystems, in dem Steuerungs- und Regelungsvorgänge stattfinden. Die elektrische, pneumatische und hydraulische Steuerung schließt die Eingangssignale und den Leistungsteil mit ein [**VDI 2854**:1991-06]
Steuerung, adaptive	Begriff der Steuerungstechnik. Bezeichnet ein Regelungssystem zur automatischen Anpassung von Bearbeitungsvorgaben an ein vorgegebenes Optimum (z. B. optimale Werkzeugnutzung). [Vgl. **Kief 2013**, S.590]
Steuerung, asynchrone	Steuerung, welche ohne Taktsignal arbeitet, und bei welcher Änderungen der Ausgangsgrößen nur durch Änderungen der Eingangsgrößen ausgelöst werden [Vgl. **Heinrich 2015**, S.360]
Steuerung, Handeingabe-	→ Handeingabe-Steuerung
Steuerung, lokale	Zustand des Systems oder von Teilen des Systems, in dem die Bedienung nur vom Steuerpult oder dem Handbediengerät der einzelnen Maschinen aus erfolgt. [**DIN EN ISO 10218-1**:2012-01]
Steuerungseinrichtung mit selbsttätiger Rückstellung	Steuerungseinrichtung, die die Ausführung von Maschinenfunktionen nur so lange in Gang setzt und aufrechterhält, wie das Stellteil (das Bedienteil) betätigt wird. [**DIN EN ISO 12100**:2011-03] Die Steuerungseinrichtung mit selbsttätiger Rückstellung ist nach DIN EN ISO 12100 eine Unterart einer nichttrennenden Schutzeinrichtung.
Steuerungsfunktion	Funktion, die Eingangsinformationen oder Signale auswertet und Ausgangsinformationen oder Aktivitäten erzeugt. [**DIN EN 62061**:2013-09]
Steuerung, sicherheitsbezogenes Teil einer	→ sicherheitsbezogenes Teil einer Steuerung
Steuerung, Speicherprogrammierbare	→ Speicherprogrammierbare Steuerung, SPS

Steuerungs-programm	Inhärenter Satz von Befehlen, der die Fähigkeiten, Aktionen und Reaktionen eines Robotersystems definiert. ANMERKUNG Dieses Programm ist festgelegt und wird normalerweise vom Anwender nicht verändert. [**DIN EN ISO 10218-1**:2012-01]
Steuerungssystem, sicherheitsbezogenes elektrisches, SRECS	[Ist ein] elektrisches Steuerungssystem einer Maschine, dessen Ausfall zu einer unmittelbaren Erhöhung des Risikos (der Risiken) führt ANMERKUNG Ein SRECS [sicherheitsbezogenes elektrisches Steuerungssystem] schließt alle Teile eines elektrischen Steuerungssystems ein, deren Ausfall zu einer Reduzierung oder einem Verlust der funktionalen Sicherheit führen kann. Dies kann sowohl Schaltungsteile zur elektrischen Stromversorgung als auch Steuerkreise einschließen. [**DIN EN 62061**:2013-09] Ein sicherheitsbezogenes elektrisches Steuerungssystem wird mit „SRECS" abgekürzt.
Steuerungssystems, sicherheitsbezogener Teil eines	→ sicherheitsbezogenes Teil einer Steuerung
Steuerung, Wirkungsbereich	Vorgegebener Abschnitt des Fertigungssystems, das unter der Kontrolle eines bestimmten Steuerungselementes steht. [Vgl. **DIN EN ISO 11161**:2010-10]
Stichprobe	Entnahme von mindestens einem Element aus einer gegebenen Gesamtheit. [**VDI 4001 Blatt 2**:2006-07] Teilmenge einer Grundgesamtheit, die aus einer oder mehreren Auswahleinheiten besteht. [**DIN ISO 3534-1**:2009-10]
Stichprobenahme	Der Vorgang des Ziehens oder Zusammenstellens einer Stichprobe [**DIN ISO 3534-2**:2013-12]
Stichprobenprüfung, Mehrfach-	Annahmestichprobenprüfung für Stichproben mit m>3. Die Annahme des Prüfloses, kann je nach Ausgang, bereits nach dem ersten Versuch oder einem weiteren angenommen werden, jedoch spätestens nach der m-ten Stichprobe. [**Börcsök 2009**, S.82]
Stichprobenverfahren	Auswahl von Teilnehmern für ein Forschungsvorhaben, die eine repräsentative Stichprobe der Zielpopulation bilden [**Schmidtke 2013**, S.741]
Stilllegung	Endgültiges, dauerhaftes Abstellen, Entleeren und Reinigen der Anlage in Vorbereitung einer möglichen Demontage [**Weber 2006**, S.378]
Stillsetzen	Abbremsen einer Bewegung eines Maschinenteils mit einer elektrischen Achse bis der Stillstand erreicht ist [**DIN EN 201**:2010-02]

Stillsetzen einer Maschinenbewegung, gesteuertes	Bewirkt das Stillsetzen der Maschinen-Antriebselemente durch Zurücksetzen des elektrischen Befehlsignals auf Null, sobald die Steuerung das Stopp-Signal erkannt hat. Die elektrische Energie zu den Antriebselementen bleibt während des Stillsetzungsvorgangs erhalten. [**Neudörfer 2011**, S.543]
Stillsetzen einer Maschinenbewegung, ungesteuertes	Bewirkt das Stillsetzen der Maschinen-Antriebselemente durch Unterbrechen des Energieflusses zu den Antriebselementen, Betätigen aller Bremsen und /oder anderer mechanischer Stillsetzungselementen, sofern vorhanden. [**Neudörfer 2011**, S.543]
Stillsetzen im Notfall	Funktion, die aufkommende Gefährdungen für Personen, Schäden an der Maschine oder zu laufenden Arbeiten abwenden oder bereits bestehende mindern soll, und durch eine einzige Handlung einer Person auszulösen ist. [**DIN EN ISO 12100**:2011-03] Jede Maschine muss mit einem oder mehreren NOT-HALT-Befehlsgeräten ausgerüstet sein, durch die eine unmittelbar drohende oder eintretende Gefahr vermieden werden kann. Hiervon ausgenommen sind - Maschinen, bei denen durch das NOT-HALT-Befehlsgerät das Risiko nicht gemindert werden kann, da das NOT-HALT-Befehlsgerät entweder die Zeit des Stillsetzens nicht verkürzt oder es nicht ermöglicht, besondere, wegen des Risikos erforderliche Maßnahmen zu ergreifen; - handgehaltene und/oder handgeführte Maschinen. [**MRL 2006/42/EG** vom 17. Mai 2006, Anhang I]
Stillsetzen, sicheres	Stillsetzen, bei dem zusätzliche Maßnahmen ergriffen sind, um gefährlichen Nachlauf zu verhindern [**DIN EN 201**:2010-02]
Stillsetzung	Für Instandhaltung und andere Zwecke zeitlich vorausgeplante Unterbrechung der Funktionserfüllung. [**DIN 31051**:2012-09]
Stillstand	Zustand, bei dem es keine Bewegung eines Maschinenteils mit einer elektrischen Achse gibt [**DIN EN 201**:2010-02]
Stillstand, sicherer	Stillstand, bei dem zusätzliche Maßnahmen ergriffen sind, um unerwarteten Wiederanlauf zu verhindern. [**DIN EN 201**:2010-02]
Stoff	Chemisches Element und seine Verbindungen in natürlicher Form oder gewonnen durch ein Herstellungsverfahren, einschließlich der zur Wahrung seiner Stabilität notwendigen Zusatzstoffe und der durch das angewandte Verfahren bedingten Verunreinigungen, aber mit Ausnahme von Lösungsmitteln, die von dem Stoff ohne Beeinträchtigung seiner Stabilität und ohne Änderung seiner Zusammensetzung abgetrennt werden können [**CLP-Verordnung (EG) Nr. 1272**/2008]

stofflicher Anschlusspunkt	→ Anschlusspunkt, stofflicher
Stoffrichtlinie	→ CLP-Verordnung
Stopp-Funktion	Dient der Aufhebung zugehöriger Startfunktionen: das Bedienteil zur Auslösung der Stopp-Funktion darf nicht als Not-Halt markiert/beschriftet sein. Stopp-Kategorie 0: Das Stillsetzen erfolgt durch sofortige Energieabschaltung zu den Maschinenantriebselementen. Stopp-Kategorie 1: Das Stillsetzen durch gesteuertes Unterbrechen der Energiezufuhr, wenn der Stillstand erreicht wurde. Stopp-Kategorie 2: Gesteuertes Stillsetzen, bei dem im Stillstand die Energiezufuhr erhalten bleibt. [**Börcsök 2009**, S.142]
Störfall	Ereignisablauf, bei dessen Eintreten der Betrieb der Anlage oder die Tätigkeit aus sicherheitstechnischen Gründen nicht fortgeführt werden kann [**KTA 3502**:2012-11] Störung des bestimmungsgemäßen Betriebes, durch die ein Stoff nach Anhang II zur Störfall-Verordnung frei wird, entsteht, in Brand gerät oder explodiert und eine Gemeingefahr hervorgerufen wird. [**Weber 2006**, S.378]
Störfestigkeit	[Ist] die Fähigkeit eines Betriebsmittels, unter Einfluss einer elektromagnetischen Störung ohne Funktionsbeeinträchtigung zu arbeiten [**EMVG** vom 26.02.2008]
Störgröße	Störgrößen sind unerwünschte Eingangsgrößen in das Steuerungs- oder Regelungssystem, die unabhängig und meist unvorhersehbar sind. [**Heinrich 2015**, S.367]
Störimpuls	Ein Störimpuls ist ein durch äußere und/oder innere Einwirkungen erzeugter Impuls, der ungewollt zu Fehlern in der Steuerung fuhren kann, z. B. bei elektrischen Steuerungen durch kapazitive, induktive oder galvanische Kopplung. [**VDI 2854**:1991-06]
Störung	Eine Einheit kann die geforderte Funktion nur ungenügend, teilweise, fehlerhaft oder gar nicht erfüllen. [**VDI/VDE 3698**:1995-07] Unter Störung kann sowohl die vorübergehende Beeinträchtigung einer Funktion aufgrund von vorübergehenden Einflüssen wie elektromagnetische Beeinträchtigungen als auch die unvollständige, fehlende oder fehlerhafte Ausführung einer geforderten Funktion verstanden werden.
Störung, elektromagnetische	→ elektromagnetische Störung
Störungsbeseitigung	→ Fehlersuche

Störungs-meldung	Meldung einer Funktionsbeeinträchtigung oder eines Zusammenbruches einer technischen Einrichtung. [**DIN 19235**:1985-03]
Störverhalten	Das Störverhalten eines Regelkreises beschreibt das Verhalten der Regelgröße x in Bezug auf die Störgröße z. Führungsgrößen werden dabei nicht berücksichtigt. [**Heinrich 2015**, S.367]
Stoß	Schnelle Übertragung eines physikalischen Moments von einem Objekt auf ein anderes innerhalb eines mechanischen Systems. [**Schmidtke 2013**, S.741]
Strahlenschutz-verordnung	Die Verordnung über den Schutz vor Schaden durch ionisierende Strahlen regelt den Umgang mit radioaktiven Stoffen, die Verwendung von Kernbrennstoffen und die Errichtung und den Betrieb von Anlagen zur Erzeugung ionisierender Strahlen. [**Schmidtke 2013**, S.742]
Strichkodeleser	Strichkode bezeichnet eine optoelektronisch lesbare Schrift, die aus verschieden breiten, parallelen Strichen und Lucken besteht. Diese werden per Laser in ein Auswertegerät (Computer) geleitet. [**Schmidtke 2013**, S.742]
Style-Guides	Gestaltungsrichtlinien für zu erstellende Dokumente. Sie sind ein wichtiger Bestandteil des Redaktionshandbuches.
Stückliste	Liste der Bestandteile eines Produktes oder einer Produktstruktur mit der Möglichkeit, den Grad an Zerlegung an die entsprechende Anforderung anzupassen [Vgl. **ISO 29845**:2011-09]
Symbol, graphisches	Visuell wahrnehmbares Bild, das angewendet wird, um Informationen sprachunabhängig zu vermitteln Anmerkung 1 Das graphische Symbol kann Gegenstände von Interesse wie Produkte, Funktionen oder Anforderungen an die Fertigung, Qualitätskontrolle usw. darstellen. Anmerkung 2 Graphische Symbole dürfen nicht mit vereinfachten Darstellungen von Produkten, die üblicherweise maßstäblich gezeichnet werden und gegebenenfalls Ähnlichkeit mit graphischen Symbolen haben, verwechselt werden. [**DIN EN ISO 81714-1**:2010-11]
Symbol-beschreibung	Texthafte Beschreibung der Bedeutung eines graphischen Symbols [**DIN EN 81714-2**:2007-08]
Synchronmotor	Elektromotor für 3-Phasen-Drehstrom, dessen Rotor lastunabhängig immer synchron mit dem im Stator erzeugten Drehfeld läuft. Die Statorwicklung ist identisch mit der des Asynchronmotors. Der Rotor ist mit Permanentmagneten oder fremderregten Magneten bestückt, je nach Auslegung mit 1 bis mehreren Polpaaren. Synchronmotoren können am Netz nicht direkt durch Einschalten des Drehstroms hochgefahren werden, sie benötigen dazu eine „Anlaufhilfe" bis zur Nenndrehzahl, meistens in Form eines Kurz-

schlusskäfigs. Die Drehzahlregelung erfolgt durch Änderung der Speise-Spannung und –Frequenz über einen Frequenzumrichter. Der Drehzahl-Regelbereich reicht von Stillstand (mit Stillstandsmoment) bis zur max. zugelassenen Drehzahl. Diese ist motorabhängig und liegt bei 2.000 bis > 9.000 1/min. [...] Heutige Synchron-Servomotoren sind Spezialausführungen, die einen großen Regelbereich und ein dynamisches Drehzahlverhalten ermöglichen. [**Kief 2013**, S.626]

Syntax Relation der sprachlichen Zeichen zueinander (z. B. Morpheme, Wörter, Phrasen, Sätze) [**Brandt 2006**, S.23]

System Menge miteinander in Beziehung stehender Objekte, die in einem bestimmten Zusammenhang als Ganzes gesehen und als von ihrer Umgebung abgegrenzt betrachtet werden
ANMERKUNG 1 Ein System ist im Allgemeinen im Hinblick auf die Erfüllung einer gegebenen Aufgabe, z. B. die Durchführung einer bestimmten Funktion, definiert.
ANMERKUNG 2 Elemente eines Systems können natürliche oder künstliche materielle Objekte sein, sowie Weltanschauungen und deren Resultate (z. B. Organisationsformen, mathematische Methoden, Programmiersprachen).
ANMERKUNG 3 Das System wird betrachtet, als sei es durch eine imaginäre Hülle von der Umgebung und von anderen externen Systemen getrennt, wobei die Hülle die Verbindungen zwischen ihnen und dem System trennt.
ANMERKUNG 4 Der Begriff „System" sollte qualifiziert werden, wenn es nicht aus dem Zusammenhang ersichtlich ist, worauf er sich bezieht; Beispiele für ein System: Steuerungssystem, farbmetrisches System, Einheitensystem, Sendesystem.
ANMERKUNG 5 Ist ein System Bestandteil eines anderen Systems, kann es als Objekt im Sinne dieser Internationalen Norm betrachtet werden. [**DIN EN ISO 10209**:2012-11]

systematischer Ausfall → Ausfall, systematischer

systematischer Fehler → Fehler, systematischer

Systembewertung Methodisches Vorgehen zur Analyse der Systemwirksamkeit und -benutzbarkeit mit Schwerpunkt auf interpersonelle und kognitive Prozesse. [**Schmidtke 2013**, S.743]

Systeminformation Jegliche vom System präsentierte Nachricht die dem Ziele dient, das Wissen des Operators zu steigern, die über visuelle oder akustische Anzeigen dargeboten wird. [**Schmidtke 2013**, S.743]

tabellarische Bemaßung → Bemaßung, tabellarische

Tabellenschrift Schrift mit einer konstanten Breite aller Zeichenkörper [**DIN EN 81714-2**:2007-08]

Taktgeber	Eine Einrichtung, die einen direkten Einfluss darauf nimmt, in welcher zeitlichen Abfolge ein Prozess abläuft oder wie groß die Zykluszeit ist. [**Schmidtke 2013**, S.744]
taktmäßiges Eingreifen	→ Eingreifen, taktmäßiges
Taktzeit	Die bei fließender Fertigung zur Verfügung stehende Zeit zur Aufgabenerfüllung. [**Schmidtke 2013**, S.744]
Tastatur	Eine Eingabeeinheit für Computer oder ein Tastenfeld für Schreibmaschinen bestehend aus einem Tastaturgehäuse mit alphanumerischen, grammatikalischen und funktionalen Tasten für die Eingabe von Informationen oder Daten. [**Schmidtke 2013**]
Tastenfeld	Zusammenfassung mehrerer Tasten (z. B. Funktionstasten) zu einer Baueinheit. [**Schmidtke 2013**, S.744]
Taster	Stellteil zum Öffnen und Schließen eines Stromkreises mit zwei Raststellungen oder für die Dauer der Tasterbetätigung. [**Schmidtke 2013**, S.744]
Tauchverfahren	Ein Verfahren, bei dem sich das zu reinigende Werkstück in einem mit einer Reinigungsflüssigkeit gefüllten Tank befindet und die Oberfläche des Werkstückes vollständig mit der Reinigungsflüssigkeit in Kontakt kommt, um so die gewünschte Reinigung durch Verteilung der Verschmutzungen in der Reinigungsflüssigkeit zu erzielen. [**DIN EN 12921-1**:2011-02]
TBU	→ Beschaffungsunterlagen, technische
Teachen	Deutsch: Lernverfahren. Programmierung durch schrittweise Positionsaufnahme. Vorwiegend für Roboter benutzt, wobei der Roboterarm im Einrichtbetrieb nacheinander in die gewünschten Positionen gebracht wird und [...] diese Werte per Tastendruck abspeichert [werden]. Anschließend automatisches Anfahren der einzelnen Positionen [**Kief 2013**, S.626]

Programmierung der Aufgabe ausgeführt durch: a) manuelle Führung am Endeffektor des Roboters oder b) manuelle Führung eines mechanischen Simulators oder c) Benutzung eines Programmierhandgeräts, um den Roboter schrittweise durch die gewünschten Positionen zu führen. [**DIN EN ISO 10218-1**:2012-01] |
Teach-in	→ Teachen
technische Aussagefähigkeit	→ Aussagefähigkeit, technische
technische Beschaffungsunterlagen	→ Beschaffungsunterlagen, technische

Technische Dokumentation	Sammelbegriff für alle Dokumente über technische Produkte, Prozesse und deren Einsatz und Verwendung. Die Technische Dokumentation muss in übersichtlicher und logischer Form sachlich richtig alle Informationen bereitstellen, die zweckentsprechend von ihr erwartet werden, z. B. für Akquisition, Verkauf, Projektierung, Montage, Betrieb, Instandhaltung, Entsorgung. Dies geschieht in Form von Lasten- und Pflichtenheften, Werbeschriften, Produktbeschreibungen, Gebrauchs- und Betriebsanleitungen, Wartungshandbüchern, Teilekatalogen, Programmieranleitungen usw. [**VDI 4500 Blatt 1**:2006-06]
	Wird unterschieden in eine interne und eine externe Dokumentation. Die interne Dokumentation umfasst alle begleitenden Unterlagen, von der Entwicklung und Konformitätsbewertung beginnend bis zur Produktion und Montage der Maschine. Zur externen Dokumentation gehören vor allem Benutzerinformationen (Betriebsanleitungen, Sicherheitsvorgaben usw.). [**Neudörfer 2011**, S.532]
Technische Dokumentation, Externe	→ Externe Technische Dokumentation
Technische Dokumentation, Interne	→ Interne Technische Dokumentation
technische Gewährleistung	→ Gewährleistung, technische
technische IKT-Spezifikation	[Eine] technische Spezifikation im Bereich der Informations- und Kommunikationstechnologien [**VERORDNUNG (EU) Nr. 1025/2012** vom 25. Oktober 2012]
technische Lüftung	→ Lüftung, technische
technische Produktdokumentation	→ Produktdokumentation, technische
technische Produktspezifikation	→ Produktspezifikation, technische, TPS
Technischer Redakteur	Ist eine Berufsbezeichnung. Die Hauptaufgaben des Technischen Redakteurs sind das Vorbereiten (Recherchieren), Erstellen, Zusammenstellen, Archivieren und Aktualisieren von Technischen Dokumentationen. Andere gebräuchliche Ausdrücke für diesen Beruf sind auch der Technische Autor oder, vornehmlich im Schweizer Bereich, der Technikredaktor, oder wenn hauptsächlich englischsprachig Dokumentation erstellt wird, der Technical Writer. Die Bundesagentur für Arbeit hat zusammen mit dem Berufsverband „tekom" die Bezeichnung „Technischer Redakteur" als Standardbezeichnung für diesen Beruf vereinbart. Nach wie vor ergreifen viele Quereinsteiger diesen Beruf, denn der Bedarf an Arbeitskräften im Bereich technischer Redaktion ist nach wie vor groß. Die Anzahl der Studiengänge in welchen der Beruf von der Pike auf gelernt wird ist traditionell zu gering um den Bedarf der

Industrie abzudecken. Beispiele für Universitäten, Hochschulen und Fachhochschulen die den Beruf anbieten sind: RWTH Aachen, TU Chemnitz, Universität Rostock, Fachhochschule Flensburg, TH Mittelhessen, Hochschule Hannover. Für Quereinsteiger ist das tekom-Zertifikat „Technischer Redakteur" das wichtigste Hilfsmittel zum Einstieg in den Beruf.

Technische Schutzmaßnahme	→ Schutzmaßnahme, technische
technisches Dokument	→ Dokument, technisches
technische Spezifikation	[Ist nach der Verordnung Europäische Normung] ein Schriftstück, in dem die technischen Anforderungen dargelegt sind, die ein Produkt, ein Verfahren, eine Dienstleistung oder ein System zu erfüllen hat, und das einen oder mehrere der folgenden Punkte enthält: a) die Eigenschaften, die ein Produkt erfüllen muss, wie Qualitätsstufen, Leistung, Interoperabilität, Umweltverträglichkeit, Gesundheit, Sicherheit oder Abmessungen, einschließlich der Anforderungen an die Verkaufsbezeichnung, Terminologie, Symbole, Prüfungen und Prüfverfahren, Verpackung, Kennzeichnung oder Beschriftung des Produkts sowie die Konformitätsbewertungsverfahren; b) die Herstellungsmethoden und –verfahren für die landwirtschaftlichen Erzeugnisse […], die zur menschlichen und tierischen Ernährung bestimmt sind, und Arzneimittel sowie die Herstellungsmethoden und –verfahren für andere Produkte, sofern sie die Eigenschaften dieser Erzeugnisse beeinflussen; c) die Eigenschaften, die eine Dienstleistung erfüllen muss, wie Qualitätsstufen, Leistung, Interoperabilität, Umweltverträglichkeit, Gesundheit oder Sicherheit […]; d) die Verfahren und Kriterien zur Bewertung der Leistung von Bauprodukten […] zur Festlegung harmonisierter Bedingungen für die Vermarktung von Bauprodukten [..] in Bezug auf ihre wesentlichen Eigenschaften [**VERORDNUNG (EU) Nr. 1025/2012** vom 25. Oktober 2012]
Technische Unterlagen für Maschinen	Die technischen Unterlagen umfassen [nach der Maschinenrichtlinie]: a) eine technische Dokumentation mit folgenden Angaben bzw. Unterlagen: - eine allgemeine Beschreibung der Maschine, - eine Übersichtszeichnung der Maschine und die Schaltpläne der Steuerkreise sowie Beschreibungen und Erläuterungen, die zum Verständnis der Funktionsweise der Maschine erforderlich sind, - vollständige Detailzeichnungen, eventuell mit Berechnungen, Versuchsergebnissen, Bescheinigungen usw., die für die Überprüfung der Übereinstimmung der Maschine mit den grundlegenden Sicherheits- und Gesundheitsschutzanforderungen erforderlich sind, - die Unterlagen über die Risikobeurteilung, aus denen hervorgeht, welches Verfahren angewandt wurde; dies schließt ein: i) eine Liste der grundlegenden Sicherheits- und Gesundheitsschutzanforderungen, die für die Maschine gelten, ii) eine Be-

schreibung der zur Abwendung ermittelter Gefährdungen oder zur Risikominderung ergriffenen Schutzmaßnahmen und gegebenenfalls eine Angabe der von der Maschine ausgehenden Restrisiken, - die angewandten Normen und sonstigen technischen Spezifikationen unter Angabe der von diesen Normen erfassten grundlegenden Sicherheits- und Gesundheitsschutzanforderungen, - alle technischen Berichte mit den Ergebnissen der Prüfungen, die vom Hersteller selbst oder von einer Stelle nach Wahl des Herstellers oder seines Bevollmächtigten durchgeführt wurden, - ein Exemplar der Betriebsanleitung der Maschine, - gegebenenfalls die Einbauerklärung für unvollständige Maschinen und die Montageanleitung für solche unvollständigen Maschinen, - gegebenenfalls eine Kopie der EG-Konformitätserklärung für in die Maschine eingebaute andere Maschinen oder Produkte, - eine Kopie der EG-Konformitätserklärung;
b) bei Serienfertigung eine Aufstellung der intern getroffenen Maßnahmen zur Gewährleistung der Übereinstimmung aller gefertigten Maschinen mit den Bestimmungen dieser Richtlinie. Der Hersteller muss an den Bau- und Zubehörteilen der Maschine oder an der vollständigen Maschine die Prüfungen und Versuche durchführen, die notwendig sind, um festzustellen, ob die Maschine aufgrund ihrer Konzeption oder Bauart sicher zusammengebaut und in Betrieb genommen werden kann. Die diesbezüglichen Berichte und Ergebnisse werden zu den technischen Unterlagen genommen. [**MRL 2006/42/EG**, Anhang II]

Teilanlage — Teil einer verfahrenstechnischen Anlage, der zumindest zeitweise selbstständig betrieben werden kann [**DIN EN ISO 10209**:2012-11]

Teileliste — Liste der Elemente eines Objekts [**DIN EN ISO 10209**:2012-11]

Teilenummer — → Identnummer

Teilezeichnung — Zeichnung, die ein Einzelteil abbildet (das nicht weiter demontiert werden kann) und die alle zur Definition des Teils erforderlichen Angaben enthält [**DIN EN ISO 10209**:2012-11]

Teilschnitt — Darstellung, bei der nur ein Teil des Gegenstandes als Schnitt gezeichnet ist [**DIN EN ISO 10209**:2012-11]

Teilsystem, automatisiertes — → automatisiertes Teilsystem

Temperaturregler — Zyklisch auf Temperatur ansprechende Regel- oder Steuervorrichtung, die dazu vorgesehen ist, die Temperatur bei bestimmungsgemäßem Betrieb zwischen zwei bestimmten Werten zu halten. Für den Benutzer kann eine Einstellmöglichkeit vorgesehen sein. [**DIN EN 60950-1**:2014-08]

Temperaturwächter	Auf Temperatur ansprechende Regel- oder Steuervorrichtung, die dazu vorgesehen ist, eine Temperatur bei bestimmungsgemäßem Betrieb unter oder über einem bestimmten Wert zu halten. Für den Benutzer kann eine Einstellmöglichkeit vorgesehen sein. ANMERKUNG Ein Temperaturwächter darf selbst wiedereinschaltend oder von Hand wiedereinschaltbar sein. **[DIN EN 60950-1:2014-08]**
Temperatur, zulässige minimale/maximale	[Zulässige minimale/maximale Temperatur (TS) ist] die vom Hersteller angegebene minimale/maximale Temperatur, für die das Gerät ausgelegt ist **[RICHTLINIE 2014/68/EU]**
Tippbetrieb	Tippbetrieb ermöglicht (gefahrbringende) Maschinenbewegungen nur während der Betätigung der zugehörigen Befehlseinrichtung (Taster ohne Selbsthaltung, Tipptaster) und setzt sie nach dem Loslassen der Befehlseinrichtung unverzüglich still. **[Neudörfer 2011, S.544]**
Tippschaltung	Eine Tippschaltung ist eine Schaltung, die nur während der Betätigung der zugehörigen Befehlseinrichtung gefahrbringende Zustände ermöglicht und die gefahrbringende Zustände beim Loslassen der Befehlseinrichtung unverzüglich stillsetzt. **[VDI 2854:1991-06]**
Tipptaster	Ist ein Schalter ohne Selbsthaltung mit selbsttätiger Ruckstellung. Er setzt Bewegungen von Maschinen(-teilen) in Gang und halt sie nur so lange aufrecht, wie er betätigt ist. Wird er losgelassen, geht er selbsttätig in die Ruheposition zurück, die Bewegungen werden sofort unterbrochen. **[Neudörfer 2011, S.544]**
Toleranz, festgelegte	Differenz zwischen Höchstwert und Mindestwert. **[DIN ISO 3534-2:2013-12]**
tolerierbares Risiko	→ Risiko, vertretbares
Torquemotor	Torquemotoren (torque (engl.) = Drehmoment) sind getriebelose Direktantriebe mit sehr hohem Drehmoment (über 8.000 Nm) und relativ kleiner Drehzahl. Sie werden für schnelle und präzise Verfahr- und Positionieraufgaben genutzt. Aufgrund ihrer kompakten Bauweise und der geringen Anzahl an Bauteilen benötigen sie nur wenig Platz. Sie sind geeignet für den Einsatz in Drehtischen, Schwenk- und Rundachsen, Spindelmaschinen, dynamischen Werkzeugmagazinen und Drehspindeln in Fräsmaschinen. Torquemotoren sind mit Innen- oder Außenläufer herstellbar. Als Außenläufer haben sie ein höheres Drehmoment bei gleichen Außenabmessungen. **[Kief 2013, S.627]**

Total Quality Management, TQM	Bezeichnet alle Bereiche eines Unternehmens umfassende Maßnahmen zur Sicherung der Qualität von Produkten und Dienstleistungen. Total Quality Management wurde ursprünglich in der japanischen Automobilindustrie entwickelt (Toyota). Neben der Einbindung der Mitarbeiter ist die verlässliche Ermittlung von Kennzahlen zur Feststellung der Kundenzufriedenheit ein wichtiger Bestandteil des TQM-Verfahrens und dient ebenso zur Erfolgskontrolle wie auch als Indikator zur Bestimmung neuer, notwendiger Maßnahmen. So ist z. B. eine Kundenbefragung auch verpflichtender Bestandteil für die Zertifizierung nach ISO 9000ff. [**Hompel 2011**, S.308]
Totmanschalter	Ein innerhalb einer Zeitspanne wiederholt manuell zu betätigender Signalgeber (Schalter ohne Selbsthaltung) zur Überprüfung der körperlichen und geistigen Präsenz des Maschinenbenutzers. Die Steuerung hält die Maschinenfunktion nur aufrecht, solange der Signalgeber nach obigen Muster betätigt wird. [**Neudörfer 2011**, S.544]
Toxisch	Ist eine Stoffeigenschaft und bedeutet giftig. Bei toxischen Stoffen besteht die Gefahr von Vergiftungen. Diese Stoffe sind somit gefährlich und müssen als solche, entsprechend gültiger Gesetze und Normen gekennzeichnet werden.
TPD	→ Produktdokumentation, technische
TPS	→ Produktspezifikation, technische, TPS
TQM	→ Total Quality Management, TQM
Tragbares Betriebsmittel	→ Betriebsmittel, tragbares
Tragfähigkeit	Ist eine wichtige Kenngröße für die Leistungsfähigkeit bei logistischen Mitteln und Anlagen, z. B. bei Flurförderzeugen, Krananlagen, Förderbahnen, Vertikalförderern usw.[…] Ein Überschreiten der Tragfähigkeit kann zu erheblichen Störungen und Unfällen führen. [**Hompel 2011**, S.309]
transportable Einrichtung	→ Einrichtung, transportable
Transportkette	Ist die Folge von technisch und organisatorisch miteinander verknüpften Vorgängen, bei denen Personen oder Güter oder Daten von einer Quelle zu einem Ziel bewegt werden. [**DIN 30781-1**:1989-05]
trennende Schutzeinrichtung	→ Schutzeinrichtung, trennende
trennende Schutzeinrichtung, bewegliche	→ Schutzeinrichtung, bewegliche trennende

trennende Schutzeinrichtung, einstellbare	→ Schutzeinrichtung, einstellbare trennende
trennende Schutzeinrichtung, feststehende	→ Schutzeinrichtung, feststehende trennende
trennende Schutzeinrichtung mit Startfunktion	Besondere Ausführung einer verriegelten trennenden Schutzeinrichtung, die bei Erreichen ihrer Schließstellung einen Befehl zum Auslösen der gefährdenden Maschinenfunktion(en) ohne Anwendung einer gesonderten Anlaufsteuerung gibt. [**DIN EN ISO 12100**:2011-03]
trennende Schutzeinrichtung, verriegelte	→ Schutzeinrichtung, verriegelte trennende
Trennungsabstand	→ Sicherheitsabstand
trimetrische Projektion	→ Projektion, trimetrische
TS	→ Temperatur, zulässige minimale/maximale
Typ-A-Normen	Auch Sicherheitsgrundnormen genannt, sie berücksichtigen Grundbegriffe, Gestaltungsleitsätze sowie allgemeine Aspekte, die bei Maschinen angewandt werden können. [**Börcsök 2009**, S.149]
Typ-B-Normen	Dabei handelt es sich um die Sicherheitsfachgrundnormen, die Sicherheitsaspekte bzw. Arten von Schutzeinrichtungen berücksichtigen, die für eine ganze Reihe an Maschinen eingesetzt werden können. Diese Grundnormen werden noch nach Typ-B1 für Sicherheitsaspekte und Typ-B2 für Schutzeinrichtungen unterschieden. Zu den Sicherheitsaspekten zählen bspw. Sicherheitsabstände oder Oberflächentemperaturen. Zu den Schutzeinrichtungen zählen bspw. Zweihandschaltungen oder trennende Schutzeinrichtungen. [**Börcsök 2009**, S.149]
Typ-C-Normen	Diese Normen umfassen Aspekte der Maschinensicherheitsnormen, in denen detaillierte Sicherheitsanforderungen für bestimmte Maschinen oder Maschinengruppe behandelt werden. [**Börcsök 2009**, S.149]
Typenschild	Bezeichnet das Kennzeichnungsschild, welches der Hersteller am Produkt anbringt, bzw. anschlägt. Es enthält produktidentifizierende, produktbeschreibende und produktklassifizierende Daten, z. B. Baujahr, Identifikationsnummer, Herstelleridentifikation, Bemessungsdaten, CE-Kennzeichnung, Gewicht etc.; entsprechend der gesetzlicher Vorschriften. Die Angaben müssen nach Maschinenrichtlinie deutlich erkennbar, lesbar und dauerhaft auf dem Produkt angebracht werden.

Übersetzung der Originalbetriebsanleitung	Begriff aus der Maschinenrichtlinie. Diese verlangt, dass mit der Maschine eine Betriebsanleitung ausgeliefert werden muss, die den Vermerk „Originalbetriebsanleitung" trägt. Ist keine Originalbetriebsanleitung in der Amtssprache des Verwendungslandes vorhanden, muss eine Übersetzung in diese Sprache geliefert werden. Diese Übersetzung ist mit dem Vermerk „Übersetzung der Originalbetriebsanleitung" zu kennzeichnen [...]. In diesem Falle sind zwei Betriebsanleitungen zu liefern. [**Schlagowski 2015**, S.720f]
Übersichtsdiagramm	Die Gesamtheit eines darzustellenden Gegenstandes oder Produktes mit nur wenigen Details oder Einzelheiten wird in einem Diagramm dargestellt. [Vgl. **ISO 15519-1**:2010-03]
Übersichtsplan	Zeichnung der Lage bebauter Flächen, Bauten, Gebäude, Räume, Bauelemente, Baugruppen oder Einzelteile [**DIN EN ISO 10209**:2012-11]
Übersichtsschema	Relativ einfaches, häufig in einpoliger Darstellung ausgeführtes Schema, das die wichtigsten Verbindungen oder Beziehungen zwischen den Betriebsmitteln innerhalb eines Systems, Untersystems, einer Installation, eines Teiles, einer Ausrüstung oder einer Software zeigt [**DIN EN ISO 10209**:2012-11]
Übertemperatur-Abschaltung	Sicherheitseinrichtung, die das Heizsystem oder jede andere Heizquelle zur Vermeidung einer Übertemperatur abschaltet. [**DIN EN 12921-1**:2011-02]
Überwachung	→ Verriegelungseinrichtung
überwachungsbedürftige Anlagen	→ Anlage, überwachungsbedürftige

Überwachungseinrichtung	→ Betriebs- und Überwachungseinrichtung
UEG	→ Explosionsgrenze, untere
Umgebung, elektromagnetische	→ elektromagnetische Umgebung
Umrüstung	Anpassung der Maschinenleistung unter Verwendung alternativer Komponenten (z. B. Wechselsätze, andere Düsen). [**DIN EN 1829-1**:2010-05]
Umsetzer	Elektronische Geräte zur Umsetzung von Daten von einer in eine andere Form. [**Kief 2013**, S.628]
umweltgefährlich Stoffe	[Stoffe], wenn sie selbst oder ihre Umwandlungsprodukte geeignet sind, die Beschaffenheit des Naturhaushalts, von Wasser, Boden oder Luft, Klima, Tieren, Pflanzen oder Mikroorganismen derart zu verändern, dass dadurch sofort oder später Gefahren für die Umwelt herbeigeführt werden können. [**GefStoffV vom 26. November 2010**, Stand 2015, §3 Gefährlichkeitsmerkmale]
Umweltprüfung	Bei der ersten Untersuchung werden die Standorttätigkeiten sowie die damit verbundenen Auswirkungen auf die Umwelt und ökologische Fragestellungen betrachtet. Es werden sowohl die zukünftigen als auch bereits vorhandenen Aspekte der Leistung und Organisation des betrieblichen Umweltschutzes berücksichtigt. [**VDI 4060 Blatt 1**:2005-06]
Umweltverträglichkeitsprüfung	Unselbstständiger Teil verwaltungsbehördlicher Verfahren, die der Entscheidung über die Zulässigkeit von Vorhaben dienen. Die Umweltverträglichkeitsprüfung umfasst die Ermittlung, Beschreibung und Bewertung der Auswirkungen des Vorhabens auf 1. Mensch, Tiere und Pflanzen, Boden, Wasser, Luft, Klima und Landschaft einschließlich der jeweiligen Wechselwirkungen, 2. Kultur- und sonstige Sachgüter. Sie wird unter Einbeziehung der Öffentlichkeit durchgeführt. [**Weber 2006**, S.379]
unbeabsichtigter Anlauf	→ Anlauf, unerwarteter
unerwarteter Anlauf	→ Anlauf, unerwarteter
Unfall	[Ist] ein unfreiwilliges, ungeplantes und unkontrolliertes Freiwerden desktruktiver Energien in Anwesenheit von Opfern. Versicherungstechnisch ist er ein plötzlich auftretendes, von außen einwirkendes körperschädigendes Ereignis. [**Neudörfer 2011**, S.544]

Unfall, sekundärer	Ist ein Unfall, der als Folge z. B. von Schreckreaktionen aufgrund vorerst nicht gefährlicher Handlungen oder eines vorerst nicht gefährlichen Geschehens zustande kommt. [**Neudörfer 2011**, S.544]
Unfallfolgen	Reversible [Unfallfolgen], sind Folgen eines Unfalls, die weitgehend rückgängig gemacht werden können (z. B. Quetschungen, Knochenbrüche). Bei irreversiblen Folgen ist das nicht der Fall. Von besonderer rechtlicher Bedeutung sind irreversible Körperschäden (z. B. Amputationen, Lähmungen, Versteifungen) und Tod. [**Neudörfer 2011**, S.544]
Unfallmerkblätter	Informationsblätter gefährlicher Güter beim Transport, die die wesentlichen Gefahren und Maßnahmen nach Unfällen beschreiben. [**Bender 2013**, S.593]
ungestörter Betrieb	→ Betrieb, ungestörter
untere Explosionsgrenze	→ Explosionsgrenze, untere
Unstetigförderer	Sind Fördermaschinen, die im sogenannten Aussetzbetrieb arbeiten. Der Transport erfolgt in mehreren, zeitlich hintereinander, teilweise auch gleichzeitig ablaufenden Einzelbewegungen (z. B. Anfahren, Senken, Heben der Last). Beispiele für Unstetigförderer sind Stapler, Krane, Fahrerlose Transportfahrzeuge. Kennzeichnende Merkmale der Unstetigförderer sind unterbrochener Fördergutstrom, Antriebe im Aussetz-/Kurzzeitbetrieb, Be- und Entladung im Stillstand, teilweise sind Unstetigförderer frei verfahrbar. [Vgl. **Hompel 2011**, S.320f]
Unterschriftsdokument	Kopie des originalen Dokumentes mit dem Zusatz der vom Auftraggeber oder einer Behörde geforderten Genehmigung, das Grundlage für bestimmte Genehmigungsstufen bildet [**DIN EN ISO 11442**:2006-06]
Unterweisung	Informations- und Wissensvermittlung für die Erledigung einer definierten Aufgabe. [**Schmidtke 2013**, S.747]
	Arbeitsplatz- und tätigkeitsbezogene mündliche Informationen über Gefahrstoffe, Unterrichtungen über Schutzmaßnahmen sowie Belehrungen über das richtige Verhalten und den sicheren Umgang mit Gefahrstoffen. [**Weber 2006**, S.379]
unterwiesene Person	→ Person, unterwiesene
unvollständige Maschine	→ Maschine, unvollständige

Ursprung	Schnittpunkt der Koordinatenachsen [**DIN EN ISO 10209**:2012-11]
USB-Stick	Transportabler Halbleiterspeicher, meist Flash-ROMs. Anders als der Arbeitsspeicher eines PCs behalten diese Speicherchips ihren Inhalt auch ohne Betriebsspannung. USB ist dafür die optimale Anschlusstechnik, weil sie mittlerweile weit verbreitet ist, gleich die nötige Stromversorgung mitbringt und ausdrücklich das Stecken und Entfernen wahrend des Betriebes unterstützt. [**Kief 2013**, S.628]
UV-Strahlung	Teil der elektromagnetischen Strahlung zwischen dem kurzwelligen Teil des sichtbaren Lichtes (< 380 nm) und dem Beginn der ionisierenden Strahlung (≤ ca. 10 nm). [**Schmidtke 2013**, S.747]
Vermutungsprinzip	→ Beweisvermutung
Validierung	Nachweis, dass die betrachtete Einheit in jeder Hinsicht die spezifizierten Vorgaben erfüllt und alle Sicherheitsstandards eingehalten werden. Bestätigung durch Untersuchungen (z. B. Tests, Analysen), dass das jeweils betrachtete System die Sicherheitsanforderungen der spezifischen Anwendung erfüllt, jeweilig anzuwendende Normen und Standards angewandt worden und das betrachtete System seine vorgesehene Funktion den gemachten Angaben entsprechend erfüllt.
VDE	Verband der Elektrotechnik Elektronik Informationstechnik e.V. Ein technisch-wissenschaftlicher Verband in Deutschland, welcher sich für ein besseres Innovationsklima, Sicherheitsstandards und für eine moderne Ingenieurausbildung engagiert.
VDI	Verein Deutscher Ingenieure, Vereinigung von deutschen Ingenieuren und Naturwissenschaftlern. Die Abkürzung VDI wird hauptsächlich mit dem VDI e. V. assoziiert.
Veränderungsmanagement	Das Veränderungsmanagement beschreibt betriebliche Veränderungsprozesse im Unternehmen bzw. im Projektumfeld. [**Reiss 2014**, S.416]
Veränderung, wesentliche	Wenn eine Maschine, die bereits in Betrieb ist, umgebaut werden soll, ist zu prüfen, ob die Voraussetzungen für die volle Anwendung der Maschinenrichtlinie gegeben sind. Dies ist dann der Fall, wenn eine "wesentliche Veränderung" vorgenommen wird. Dann ist die Maschine wie eine neu in Verkehr zu bringende Maschine anzusehen. Unerheblich ist, ob die Veränderung durch den Betreiber durchgeführt oder ob der ursprüngliche Hersteller damit beauftragt oder ob die veränderte Maschine weiter verkauft wird. Wenn eine veränderte Gebrauchtmaschine Teil einer komplexen Anlage ist, dann ist zu prüfen, ob die gesamte Anlage wie eine neue Maschine zu behandeln ist.

Mit dem Bund-Länder-Interpretationspapier von 2015 liegt eine wichtige Orientierungshilfe zur praktischen Anwendung vor. Danach handelt es sich nur dann um eine "wesentliche Veränderung", wenn bestimmte Kriterien erfüllt sind: Nur dann, wenn die Veränderung der Maschine bzw. Maschinenanlage neue Gefährdungen bzw. eine Risikoerhöhung verursachen und die vorhandenen sicherheitstechnischen Maßnahmen hierfür nicht ausreichend sind, und auch durch einfache Schutzeinrichtungen keine Sicherheit hergestellt werden kann, ist die Maschinenanlage als neue Maschine zu betrachten. Wenn ermittelt wurde, dass keine "wesentliche Änderung" vorliegt, dann muss trotzdem der veränderte Bereich der Maschine so gestaltet sein bzw. werden, dass er den sicherheitstechnischen Anforderungen entspricht. Eine umfassende Neukonzeption der Sicherheitstechnik der Maschine ist dann aber nicht erforderlich. Unabhängig davon muss immer überprüft werden, ob an den Schnittstellen Gefährdungen bestehen. Diese Gefahren müssen dann beseitigt werden bzw. muss davor gewarnt werden. Und unabhängig davon, ob eine "wesentliche Veränderung" vorliegt oder nicht, muss der Betreiber einer Maschine bzw. der Arbeitgeber immer die Arbeitsschutzvorschriften einhalten. Insbesondere darf er nach der Betriebssicherheitsverordnung den Beschäftigten nur sichere Arbeitsmittel zur Benutzung zur Verfügung stellen. Quelle: Nach Interpretationspapier BMAS und Länder "Wesentliche Veränderung von Maschinen" (2015) [**Schlagowski 2015**, S.725]

Verbindungen, dauerhafte	Verbindungen, die nur durch zerstörende Verfahren getrennt werden können [**RICHTLINIE 2014/68/EU**]
Verbindungslinie	Graphisches Symbol, welches eine funktionelle Verbindung darstellt. Dies kann z. B. eine mechanische Verbindung, eine Rohrleitung, ein Kanal oder eine elektrische Verbindung sein. [Vgl. **ISO 14617-1**:2005-07]
Verbindungsplan	→ Verbindungsschema
Verbindungsschema	Ist ein Schema, das die Verbindungen zwischen verschiedenen Baueinheiten aufzeigt [Vgl. **ISO 3511-3**:1984-07]
Verbotszeichen	Sicherheitszeichen, das ein bestimmtes Verhalten untersagt. [**DIN ISO 3864-1**:2012-06]
Verbraucherprodukt	[Sind] neue, gebrauchte oder wiederaufgearbeitete Produkte, die für Verbraucher bestimmt sind oder unter Bedingungen, die nach vernünftigem Ermessen vorhersehbar sind, von Verbrauchern benutzt werden könnten, selbst wenn sie nicht für diese bestimmt sind; als Verbraucherprodukte gelten auch Produkte, die dem Verbraucher im Rahmen einer Dienstleistung zur Verfügung gestellt werden [**ProdSG** vom 08.11.2011]

Einige Themen der Technischen Dokumentation von Verbraucherprodukten sind deutlich einfacher als bei komplexen Maschinen oder Anlagen und können deswegen auch kürzer und einfacher behandelt werden. So sind meist Inbetriebnahme und Installation bei Verbraucherprodukten nicht allzu kompliziert und vielschrittig. Entsprechend kurz sind auch die Kapitel in der zum Verbraucherprodukt zugehörigen Anleitung. Unter Umständen kann bei einigen Verbraucherprodukten mittels guter und übersichtlicher bildlicher Darstellung der nötigen Schritte nahezu ganz auf Text verzichtet werden.

Verbrauchs-materialien	[Ist] jedes Teil oder Material, das für die regelmäßige Nutzung oder Instandhaltung des Produkts notwendig ist. [**DIN EN 82079-1**:2013-06]
Verfahren	Festgelegte Art und Weise, eine Tätigkeit oder einen Prozess auszuführen. [**DIN EN ISO/IEC 17000**:2005-03]
	Ablauf von chemischen, physikalischen oder biologischen Vorgängen zur Gewinnung, zum Transport oder zur Lagerung von Stoffen oder Energie. [**DIN EN ISO 10209**:2012-11]
	Der Ablauf bzw. die Art und Weise der Ausführung von Vorgängen zur Gewinnung, Herstellung oder Beseitigung von Produkten. [**Kief 2013**, S.629]
Verfahrens-abschnitt	Teil eines Verfahrens, der in sich überwiegend geschlossen ist; er umfasst eine oder mehrere Grundoperationen [**DIN EN ISO 10209**:2012-11]
Verfahrens-anweisung	Verbindliche Spezifikation, die ein Verfahren enthält. ANMERKUNG In einer Verfahrensanweisung sind üblicherweise Anwendungsbereich und Zweck der Tätigkeit oder des Prozesses enthalten. Außerdem ist häufig in der Verfahrensanweisung festgelegt, was, durch wen, wann und wo getan werden muss. Weiterhin können die zu benutzenden Einrichtungen, Materialien und Hilfsmittel sowie die Überwachungs- und Dokumentationsmethoden festgelegt sein. [**DIN 55350-11**:2008-05]
Verfahrens-beschreibung	Verfahrensbeschreibungen definieren, wie ein Prozess operativ auszuführen ist. Im Gegensatz dazu stellen Prozessbeschreibungen den Prozessablauf strukturiert dar und beschreiben die Aktivitäten, die zur Umwandlung einer Eingabe in ein Ergebnis notwendig sind. [**Reiss 2014**, S.416]
Verfahrens-spezifikation	Ist ein Dokument, welches die Art und die Reihenfolge der Schritte eines Verfahrens zur Fertigung eines Teils festlegt [Vgl. **ISO 29845**:2011-09]
verfahrenstechnische Anlage	→ Anlage, verfahrenstechnische
vergleichende Emissionsdaten	→ Emissionsdaten, vergleichende

Verfügbarkeit	Beschreibt die Fähigkeit eines technischen Systems, sich in einem Zustand zu befinden, in dem es zu einem vorgegebenen Zeitpunkt oder während eines vorgegebenen Zeitintervalls eine geforderte Funktion unter vorgegebenen Bedingungen erfüllen kann, sofern die erforderlichen Mittel bereitgestellt sind. [**Schmidtke 2013**, S.748]
Vergrößerungsmaßstab	Maßstab, bei dem das Verhältnis größer als 1:1 ist [**DIN ISO 5455**:1979-12]
Verhältnismäßigkeit	Der Grundsatz der Verhältnismäßigkeit sieht vor, dass bestimmte Maßnamen geeignet, erforderlich und angemessen sein müssen. [**Neudörfer 2011**, S.544]
verkettete Anlage	→ Anlage, verkettete
Verkleidung	Verkleidung ist eine Schutzeinrichtung, die unmittelbar vor Gefahrstellen angebracht ist und allein oder zusammen mit anderen Teilen das Erreichen der Gefahrstellen allseitig verhindert. [**VDI 2854**:1991-06]
Verkleinerungsmaßstab	Maßstab, bei dem das Verhältnis kleiner als 1:1 ist [**DIN ISO 5455**:1979-12]
Verlässlichkeit	Lässt sich durch den Grad des Vertrauens beschreiben, der sich aus der geringen Versagenswahrscheinlichkeit bzw. hohen Korrektheitswahrscheinlichkeit oder der geringen Ausfallrate ergibt.
Vermessungslaser	Laser-Einrichtung, die zu einem der folgenden Zwecke konstruiert, hergestellt, vorgesehen oder in diesem Sinne vorgeschlagen wird: a) Bestimmen oder Zeichnen der Form, der Ausdehnung oder Lage eines Punktes, eines Körpers oder einer Fläche durch Winkelmessungen, b) Positionieren oder Justieren von Teilen in richtiger Beziehung zueinander, c) Festlegen einer Ebene, eines Niveaus, einer Höhe oder einer geraden Linie [**DIN EN 60825-1**:2003-10]
vernünftigerweise vorhersehbare Fehlanwendung	→ Fehlanwendung, vernünftigerweise vorhersehbare
Verordnung	Vom Gesetzgeber erlassene Vorschrift auf Basis der Ermächtigung in einem Gesetz. [**Bender 2013**, S.593]
verriegelte trennende Schutzeinrichtung	→ Schutzeinrichtung, verriegelte trennende
Verriegelung	→ Verriegelungseinrichtung

Verriegelung mit Zuhaltung	Ein Sperrmechanismus blockiert das Öffnen der beweglichen trennenden Schutzeinrichtung so lange, bis die gefahrbringende Situation zum Stillstand gekommen ist. Start der gefahrbringenden Situation ist nur im zugehaltenem Zustand der Schutzeinrichtung möglich. [**Neudörfer 2011**, S.545]
Verriegelung ohne Zuhaltung	Sobald die trennende Schutzeinrichtung geöffnet wird, löst die Steuerung eine Maßnahme aus zur sofortigen Stillsetzung der gefahrbringenden Situation. Start der gefahrbringenden Situation ist nur im geschlossenen Zustand der Schutzeinrichtung möglich. [**Neudörfer 2011**, S.545]
verriegelte trennende Schutzeinrichtung mit Zuhaltung	→ Schutzeinrichtung mit Zuhaltung, verriegelte trennende
Verriegelungseinrichtung	Mechanische, elektrische oder sonstige Art einer Einrichtung, die den Zweck hat, die Ausführung von gefährdenden Maschinenfunktionen unter festgelegten Bedingungen zu verhindern (im Allgemeinen so lange, wie die trennende Schutzeinrichtung nicht geschlossen ist). [**DIN EN ISO 12100**:2011-03] Die Verriegelungseinrichtung ist nach DIN EN 12100 eine Unterart einer nichttrennenden Schutzeinrichtung.
Verriegelungssignal	Signal, das die Übertragung eines Signals, das Wirksamwerden eines Elements oder die Ausführung eines Befehls blockiert. [**Heinrich 2015**, S.368]
Verriegelungszustand	Zustand, ausgelöst durch einen Fehler, der den bestimmungsgemäßen Betrieb der berührungslos wirkenden Schutzeinrichtung (BWS) verhindert. Alle Ausgangsschaltelemente [..] und, wo zutreffend, alle Sekundärschaltelemente [..] werden veranlasst, in den AUS-Zustand zu wechseln. [**DIN EN 61496-1**:2014-05]
Versagen, technisches	Ist eine Störung bei regulärem/ zugelassenem Einsatz, bei der die Ursache in der Einheit selbst liegt. [**VDI/VDE 3698**:1995-07]
Versagen, menschliches	[Beabsichtigte] oder unbeabsichtigte Handlung oder Unterlassung eines Menschen, die zu einem ungünstigen Ergebnis führt [...] Der Begriff schließt die Gefährdungen von Personen ein, die innerhalb einer kurzen Zeitspanne entstehen (zum Beispiel durch Feuer und Explosion) und auch die, die einen Langzeiteffekt auf die Gesundheit einer Person haben (zum Beispiel durch Freisetzung einer giftigen Substanz). [**DIN EN 61511-1**:2012-10] Ist eine auf den körperlich-geistigen Zustand des Betroffenen zurückzuführende Handlung oder Unterlassung, die zu einem unerwünschten Ereignis führte. Systemtechnisch betrachtet, offenbart dieses Verhalten tieferliegende Fehler im Arbeitssystem (z. B. Konstruktionsfehler, Nichtbeachtung ergonomischer Gesetzmäßigkeiten, mangelnde Qualitätskontrolle, mangelnde Wartung, Personenauswahl), die nicht die unmittelbar betroffene (und mit

	diesem Begriff vorverurteilte) Person verursacht hat. [**Neudörfer 2011**, S.545]
Versandart	Ist der dem Produkt und Lieferort entsprechende Weg des Transportguts vom Lager zum Kunden bzgl. Transportträger (z. B. Straße, Schiene, Wasser oder Luft) oder Transportorganisation (Paketdienst, Spedition usw.). [**Hompel 2011**, S.330]
Versandeinheit	Als Versandeinheit wird die kleinste Einheit von Gütern (Gütermenge) bezeichnet, die mit anderen nicht fest verbunden ist und in der Transportkette vom Versender/ Verlader bis zum Empfänger als geschlossener Umfang einzeln behandelt wird oder werden kann. Was eine Versandeinheit ist, bestimmt der Versender/Verlader in Abhängigkeit von den zugrunde liegenden Anforderungen des Transportes, des Umschlags, durch die Art der Verpackung oder Sicherung der Einheiten. Versandeinheiten können Kisten, Paletten, Container [..] sein, aber auch mehrere physisch nicht verbundene Packstücke, die entsprechend der Vorgabe des Versenders/ Verladers als geschlossener Umfang zu transportieren sind. [**VDA Empfehlung 5002**:1997-12]
Verschleißteil	Ersatzteil, das regelmäßig ausgetauscht werden muss, weil es sich abnutzt oder verbraucht. [**VDI 4500 Blatt 3**:2006-06]
Vertrag	Rechtlich verbindliche Vereinbarung über Warenlieferungen, Ausführung von Arbeiten oder Bereitstellung von Leistungen [**DIN EN ISO 10209**:2012-11]
Verträglichkeit, elektromagnetische	→ elektromagnetische Verträglichkeit
vertretbares Risiko	→ Risiko, vertretbares
Verwendung, bestimmungsgemäße	→ bestimmungsgemäße Verwendung
Verwendung, identifizierte	Verwendung eines Stoffes als solchem oder in einem Gemisch oder Verwendung eines Gemischs, die ein Akteur der Lieferkette, auch zur eigenen Verwendung, beabsichtigt oder die ihm schriftlich von einem unmittelbar nachgeschalteten Anwender mitgeteilt wird. [**Bender 2013**, S.585]
verwendungsfertige Produkte	→ Produkte, verwendungsfertige
Verwendung, vorhersehbare	→ vorhersehbare Verwendung
vorausbestimmte Instandhaltung	→ Instandhaltung, vorausbestimmte
voraussagende Instandhaltung	→ Instandhaltung, voraussagende
vorbeugende Instandhaltung	→ Wartung

vorhersehbare Verwendung	[Ist nach Produktsicherheitsgesetz] die Verwendung eines Produkts in einer Weise, die von derjenigen Person, die es in den Verkehr bringt, nicht vorgesehen, jedoch nach vernünftigem Ermessen vorhersehbar ist [**ProdSG** vom 08.11.2011]
Vorsicht	→ Signalwort, Vorsicht
Vorwarnung	Diskreter Zustand, der sich nach Verletzen von Toleranzgrenzen einstellt und vermuten lässt, dass sich der Zustand „Warnung" anbahnt. [**Schmidtke 2013**, S.750]
Wahrnehmungsbereich	Wahrnehmungsbereich ist der bewusst räumlich und funktionell gestaltete Bereich der Maschine, aus dem Arbeitspersonen Informationen über den Zustand der Maschine oder des Prozesses entnehmen. [**Neudörfer 2011**, S.545]
Warnhinweis	Sicherheitsbezogene Information, die Nutzer vor Gefährdungen warnt und anleitet, wie sie zu vermeiden sind Anmerkung [...]: Warnhinweise sind üblicherweise in den Gebrauchsanleitungen dort gegeben, wo Aufgaben beschrieben sind, bei denen Gefährdungen auftreten können. [**DIN EN 82079-1**:2013-06] Desweiteren, bzw. zusätzlich sind die sicherheitsbezogenen Warnhinweise in einem gesonderten Sicherheitskapitel gesammelt aufzuführen.
Warnmeldung	Eine Meldung, die den Benutzer eines technischen Systems oder einer Computersoftware darauf aufmerksam macht, dass sich das System oder der Dialog einem kritischen Zustand annähert. [**Schmidtke 2013**, S.751]
Warnpflicht	Rechtlich verbindliche Pflicht desjenigen, der Gefahrenquellen schafft, erkennt oder hätte erkennen müssen, vor von den Gefahrenquellen ausgehenden Gefahren für die vorgesehenen Zielgruppen ausreichend zu warnen, soweit diese Gefahren nicht konstruktiv oder durch Schutzmaßnahmen beseitigt werden können. Die Warnpflicht ist erst dann ausreichend erfüllt, wenn die Adressaten in voller Bedeutung mit allen Konsequenzen und mit Begründungen die Warnung verstanden haben. Warnpflicht ist in zahlreichen Gesetzen in unterschiedlichem Umfang vorgegeben (Produkthaftungsgesetz und Rechtsprechung des BGH zur Produkthaftung und in einer Vielzahl harmonisierter Normen). Der Inhalt der Warnpflicht ist abhängig vom Vorwissen der Adressaten. Vor Gefahren, die die Zielgruppe kennt, braucht nicht erneut gewarnt zu werden. Nachweispflicht für den, der für die Warnpflicht verantwortlich ist. [**VDI 4500 Blatt 1**:2006-06]
Warnsignal	Akustisches oder optisches Signal, das auf eine über die allgemeine Betriebsgefahr hinausgehende Gefahrenlage (Beginn, Dauer, Ende) aufmerksam macht [**DIN 33404-3**:1982-05]

Warnsignal, akustisches	Signal, das die Möglichkeit oder das tatsächliche Vorhandensein einer gefährlichen Situation anzeigt, bei der geeignete Maßnahmen für die Beseitigung oder Eindämmung der Gefahr erforderlich sind [**DIN EN ISO 7731**:2008-12]
Warnsignal, optisches	[Optisches] Signal, das den nahe bevorstehenden Beginn einer Gefahrenlage anzeigt, die geeignete Maßnahmen zur Beseitigung oder Kontrolle der Gefahr erfordern [**DIN EN 842**:2009-01]
Warnung	→ Signalwort, Warnung
Warnzeichen	Zeichen, das vor einer bestimmten Gefahr warnt [**DIN ISO 3864-1**:2012-06]
Warnzeichen, Allgemeines	Sicherheitszeichen, das verwendet wird, um eine allgemeine Gefährdung anzuzeigen [**DIN ISO 3864-2**:2008-07]
Warten-Operator	Person, die sich üblicherweise an einem Arbeitsplatz zur Prozessführung aufhält und deren primäre Aufgaben sich auf die Ausführung von Überwachungs- und Steuerungsfunktionen beziehen, entweder selbstständig oder in Verbindung mit weiterem Personal, das sich innerhalb oder außerhalb des Wartenraums aufhält. [**DIN EN ISO 11064-5**:2008-10]
Wartung	Maßnahmen zur Verzögerung des Abbaus des vorhandenen Abnutzungsvorrats. ANMERKUNG 1 Diese Maßnahmen können beinhalten: Auftrag, Auftragsdokumentation und Analyse des Auftragsinhaltes; Erstellen eines Wartungsplanes, der auf die spezifischen Belange des jeweiligen Betriebes oder der Einheit abgestellt ist und hierfür verbindlich gilt; Dieser Plan sollte u. a. Angaben über Ort, Termin, Maßnahmen und zu beachtende Merkmalswerte enthalten. Vorbereitung der Durchführung; Vorwegmaßnahmen wie Arbeitsplatzausrüstung, Schutz- und Sicherheitseinrichtungen usw.; Überprüfung der Vorbereitung und der Vorwegmaßnahmen einschließlich der Freigabe zur Durchführung; Durchführung; Funktionsprüfung; Rückmeldung. ANMERKUNG 2 Wartung ist ein Teilaspekt der präventiven Instandhaltung nach DIN EN 13306:2010-12. [**DIN 31051**:2012-09] [Wartung einer Einheit, bzw. eines Produktes, kann beschrieben werden als] Instandhaltung in festgelegten Abständen oder nach vorgeschriebenen Kriterien mit der Absicht, die Ausfallwahrscheinlichkeit oder die Funktionsminderung einer Einheit [, bzw. eines Produktes,] zu reduzieren. [**Graebig 2010**, S.179] Das Durchführen von Maßnahmen, die dazu dienen den Sollzustandes eines Produktes zu bewahren, wird „Wartung" genannt. Die dazugehörenden Wartsmaßnahmen mit zugehörigen Wartungsintervallen stellt der Technische Redakteur üblicherweise in einer Wartungstabelle zusammen. Die Technischen Details hierzu werden entweder anderen Dokumenten, wie z. B. Lieferantendo-

	kumenten, entnommen oder aber in Absprache mit dem Konstrukteur und anderen beteiligten Personen nach dem Stand der Technik bestimmt.
Wartungsanleitung	Dokument, das eine Pflegeanleitung sowie Wartungsanforderungen eines Bauteiles enthält [**DIN EN ISO 10209**:2012-11]
	Enthält alle Informationen, die für die sichere Durchführung von Wartungstätigkeiten notwendig sind (z. B. Handlungsanweisungen, Sicherheitshinweise und vorgeschriebene Wartungsintervalle). [**Hennig Tjarks-Sobhani 1998**, S.261]
Wartungsfreundlichkeit	Möglichkeit, eine Maschine in einem Zustand zu erhalten oder in einen Zustand zurückzuversetzen, in dem sie ihre Funktion unter den Bedingungen der bestimmungsgemäßen Verwendung erfüllen kann, wobei die notwendigen Tätigkeiten (Instandhaltung) nach festgelegten Verfahren und unter Anwendung festgelegter Mittel ausgeführt werden. [**DIN EN ISO 12100**:2011-03]
Wartungshandbuch	→ Wartungsanleitung
Wartungsintervalle	Zeitlich vom Hersteller vorgegebene Intervalle, in welchen der Betreiber eines Produktes verantwortlich für die Wartung des Produktes ist. Eine übliche Variante für die Technische Dokumentation ist, die Tätigkeiten und Zeitintervalle der Wartung in einer Tabelle als Wartungsplan zu versammeln.
Wartungsplan	Dokument oder Teil eines Dokumentes in welchem alle Maßnahmen zusammengestellt werden, die nötig sind, damit das Produkt sicher und funktionsfähig seine bestimmungsgemäße Verwendung zu erfüllen in der Lage bleibt.
	Diese Maßnahmenauflistung, welche u. a. solche Tätigkeiten beinhalten kann, wie Reinigen, Schmieren, Konservieren, Auswechseln (Ersetzen von Hilfsstoffen und Kleinteilen) sowie Nachstellen von Stellteilen. Die Belange der jeweiligen Hersteller-Firma, teilweise auch Vorgaben der Kunden-Firma und produktspezifische Belange sind bei der Erstellung des Wartungsplanes zu berücksichtigen. Ordnungskriterien für die Gliederung des Wartungsplans sind die Gliederung der Baugruppen, die auszuführenden Tätigkeiten und die Wartungsintervalle (Häufigkeiten). Bei komplexeren Tätigkeiten sind diese mit Handlungsschritten in eigenen Kapiteln getrennt vom Wartungsplan zu beschreiben. In dem Wartungsplan wird dann auf diese beschreibenden Kapitel der Anleitung jeweils nur verwiesen.
Wartungsposition	Position auf dem Gerät oder außerhalb des Gerätes zur Durchführung von sicheren Wartungs- und Reparaturarbeiten [**DIN EN 528**:2009-02]

Wassergefähr-dungsklasse, WGK	Einteilung von Stoffen, die aufgrund ihrer wassergefährdenden Eigenschaft das Wasser gefährden. [**Bender 2013**, S.593]
Wegmess-system	Messgerät mit elektrisch auswertbarem Signal zur Erfassung von Strecken und/oder Bewegungen. Hierfür gibt es unterschiedliche Messsysteme und Messverfahren. [Vgl. **Kief 2013**, S.630]
Werkstoff-zulassung, europäische	[Nach Druckgeräterichtlinie] ein technisches Dokument, in dem die Merkmale von Werkstoffen festgelegt sind, die für eine wiederholte Verwendung zur Herstellung von Druckgeräten bestimmt sind und nicht in einer harmonisierten Norm geregelt werden [**RICHTLINIE 2014/68/EU**]
Werkstück	Ein Gegenstand, der bearbeitet werden soll.
Werkstückbe- und –entlade-einrichtung	Einrichtung, die der Maschine Werkstücke zuführt oder diese abführt. [**DIN EN 14070**:2009-07]
Werkstück-wechsel	Der programmierbare und automatisch ablaufende Wechselvor-gang, um in einer [..]Maschine [oder Anlage] mittels Palette oder Roboter ein fertig bearbeitetes gegen ein unbearbeitetes Werkstück auszutauschen. [**Kief 2013**, S.630]
Werkzeug-maschine	Maschinen zur spanenden oder spanlosen Bearbeitung von Werkstücken aus Metall, Holz, Kunststoff oder anderen Werkstoffen mit Werkzeugen. Beispiele: Dreh-, Fräs-, Hobel-, Bohr-, Funkene-rosions-, Schleifmaschinen, Scheren, Stanzen, Pressen, Walzen, Maschinenhammer. Neuere Werkzeugmaschinen-Typen sind Wasserstrahlschneidmaschinen und Laserstrahlmaschinen zum Schweißen, Trennen, Abtragen oder Formen (Stereo-Lithographie). Werkzeugmaschinen werden entweder manuell oder automatisch betrieben, wobei letztere wesentlich schneller und präziser arbei-ten. Bei Werkzeugmaschinen mit numerischer Steuerung läuft eine frei programmierbare Folge von Bearbeitungsvorgängen ab, sodass auch unterschiedliche Werkstücke in beliebiger Reihenfolge automatisch bearbeitet werden können. Man unterscheidet Einfach- oder Produktionsmaschinen für einen oder mehrere Arbeitsgänge und Universal- Werkzeugmaschinen für verschiedenartige Arbeits-gänge und Folgebearbeitungen. In der Serienproduktion werden oft mehrere Bearbeitungseinheiten oder Werkzeugmaschinen in Gruppen zusammengefasst und so miteinander verbunden, dass unterschiedliche Bearbeitungen nacheinander erfolgen (Rund-schalt- oder Transfer-Automaten, Taktstraßen, flexible Fertigungs-systeme). Roboter, Lackiermaschinen, Messmaschinen, Schweiß-geräte und viele andere Fertigungseinrichtungen zählen nicht zu den Werkzeugmaschinen. [**Kief 2013**, S.631]

Werkzeugüberwachungseinrichtung	Einrichtung, die das Werkzeug vor Beschädigung schützt und den Hub unterbricht oder seine Auslösung verhindert. [**DIN EN 693**:2011-11]
Werkzeugwechsler	Mechanische Einrichtung an Maschinen zum automatischen Wechseln von Werkzeugen. [Vgl. **Kief 2013**, S.631]
wesentliche Veränderung	→ Veränderung, wesentliche
WGK	→ Wassergefährdungsklasse, WGK
Wiederanlaufsperre	Einrichtung zur Verhinderung eines automatischen Wiederanlaufs einer Maschine nach einem Ansprechen des Sensorteiles während eines gefährdenden Teils des Maschinenbetriebszyklus, nach einer Änderung der Betriebsart der Maschine und nach einem Wechsel der Einrichtung zur Steuerung des Anlaufs der Maschine Anmerkung […]: Betriebsarten schließen Tippen, Einzelhub, Automatik ein. Einrichtungen zur Steuerung des Anlaufs schließen Fußschalter, Zweihandschaltung und Eintakt- oder Zweitaktauslösung durch den Sensorteil der berührungslos wirkenden Schutzeinrichtung (BWS) ein. [**DIN EN 61496-1**:2014-05]
Wiedereinschalten nach dem Not-Halt	Oft sollte das Produkt, nachdem der Not-Halt gedrückt wurde, nicht einfach wiedereingeschaltet werden. Hier können z. B. bestimmte Prüfungen oder andere Maßnahmen erforderlich sein. Insbesondere muss sichergestellt werden, dass die Ursache für den Not-Halt eliminiert wurde. Die dafür vorgesehenen Handlungen sollten ebenfalls in der Anleitung stehen. [**Kothes 2011**, S.111]
Wiederinbetriebnahme	Überführung der Anlage aus dem Ruhestand nach Abstellung (Stillstand) in den Dauerbetriebszustand. [**Weber 2008**, S.311]
Winkelmaß	Angabe des Winkels zwischen zwei Elementen oder der Winkel eines kantigen Maßelementes. [Vgl. **ISO 129-1**:2004-09]
Wirkbereich	Wirkbereich ist der räumliche und funktionelle Teil der Maschine, in dem die Arbeitsabläufe zur Be- und Verarbeitung oder Herstellung von Werkstücken, Werkstoffen und dergleichen ablaufen. [**Neudörfer 2011**, S.545]
Wirkstoff	Chemischer Bestandteil eines Mittels, der für die Wirkung verantwortlich ist. [**Bender 2013**, S.593]
Wirkungsbereich der Steuerung	→ Steuerung, Wirkungsbereich
Wirtschaftsakteure	[Der] Montagebetrieb, der Hersteller, der Bevollmächtigte, der Einführer und der Händler [**RICHTLINIE 2014/33/EU**]

Zeichnung, technische	Normalerweise maßstäblich nach vereinbarten Regeln graphisch dargestellte technische Information zu einem Bauteil, einer Baugruppe oder einem Produkt. [Vgl. **ISO 15519-1**:2010-03]
Zentralprojektion	Projektionsmethode mit dem Projektionszentrum in endlicher Entfernung von der Projektionsebene, in dem alle Projektionslinien konvergieren [**DIN EN ISO 10209**:2012-11]
Zentralprojektionslinie	Horizontale Projektionslinie, die durch das Projektionszentrum geht und die vertikale Projektionsebene im rechten Winkel zum Hauptpunkt schneidet [**DIN EN ISO 10209**:2012-11]
Zertifizierung	Bestätigung durch eine dritte Seite bezogen auf Produkte, Prozesse, Systeme oder Personen. […] Zertifizierung ist auf alle Gegenstände der Konformitätsbewertung anwendbar mit Ausnahme von Konformitätsbewertungsstellen [..] selbst, für die die Akkreditierung [..] gilt. [**DIN EN ISO/IEC 17000**:2005-03]
	Der Begriff Zertifizierung […] bedeutet eine amtliche, schriftliche Bestätigung (Beglaubigung), dass ein geprüftes Erzeugnis den vorgeschriebenen Anforderungen entspricht. Unter Zertifizierung der Konformität gemäß der Europäischen Norm EN 45020 versteht man die Überprüfung durch einen unparteiischen Dritten, die aufzeigt, dass ein ordnungsgemäß bezeichnetes Erzeugnis, Verfahren oder auch eine Dienstleistung in Übereinstimmung mit einer bestimmten Norm ist. Im Zusammenhang mit der Rechtsharmonisierung dient die Ausstellung eines Zertifikats als Nachweis dafür, dass das Produkt bestimmten Rechtsvorschriften oder sonstigen technischen Spezifikationen bzw. Kriterien entspricht, also mit diesen übereinstimmt (konform ist). Ein Zertifikat wird entweder vom Hersteller selbst oder durch eine vom Hersteller unabhängige Zertifizierungsstelle ausgestellt. [**Schneider 2008**, S.209]
Zertifizierungsaudit	Findet bei dem Hersteller selber statt, bei dem das Managementsystem geprüft (zertifiziert) wird. Die Grundlage der Prüfung bildet die Managementsystem Dokumentation und die maßgeblichen Anforderungen der zugrunde liegenden Norm. Der Hersteller muss den praktischen Teil sowohl anhand der Dokumentation, als auch in seinem Prozess demonstrieren. Es ist dabei möglich, dass der praktische Teil mehrfach durchgeführt wird. Nach abschließender Klärung und Identifizierung offener Punkte erfolgt die Zusammenfassung in einem Audit-Report. [Vgl. **Börcsök 2009**, S.167f]
Zertifizierungsmodule	Es gibt selbstständige, unteilbare und sich ergänzende Module. Die insgesamt acht Module werden mit den Buchstaben A bis H bezeichnet Die Module A, G und H gelten sowohl für die Entwicklungs- als auch für die Herstellungsphase. Das Modul B ist ein Kombinationsmodul. Es kann mit den Modulen C, D, E und F kombiniert werden. Außer dem Modul B führen alle Module zur CE-Kennzeichnung. Das Modul B führt nur in Verbindung mit den Modulen C, D, E und F zur CE-Kennzeichnung. Die Kosten und der

	Aufwand für das Konformitätsbewertungsverfahren werden entscheidend von der Wahl des Moduls bestimmt. Beim Modul A ist der Aufwand am geringsten, beim Modul H am höchsten. [**Schneider 2008**, S.210]
Zertifizierungsstelle	Zertifizierung von Managementsystemen […], ist eine Konformitätsbewertungstätigkeit durch eine dritte Seite. Stellen, die diese Tätigkeit anbieten, sind daher Konformitätsbewertungsstellen und werden […] verkürzt als „Zertifizierungsstellen" bezeichnet. [**DIN EN ISO/IEC 17021**:2006-12]
Zielgröße	Ist eine von der betreffenden Regelung oder Steuerung nicht beeinflusste Größe, die dem Regelkreis oder der Steuerkette von außen vorgegeben wird und der die Aufgabengröße q in vorgegebener Abhängigkeit folgen soll. [**DIN IEC 60050-351**:2014-09]
Zollbehörden	[Sind] die für die Kontrolle der Außengrenzen zuständigen Behörden [**ProdSG** vom 08.11.2011]
Zufallsstichprobe	Stichprobe, die per Zufallsauswahl ausgewählt worden ist. [**DIN ISO 3534-1**:2009-10]
	Stichprobe, die nach mehreren Kriterien so zusammengestellt wird, dass sichergestellt ist, dass jeder Einzelne in der Bevölkerung die gleiche Chance hat, ausgewählt zu werden. [**DIN EN ISO 15535**:2013-01]
Zufallsverteilung	Eine Stichprobe, in der jedes Objekt oder jedes Individuum die gleiche Chance hat, aus einer Grundgesamtheit ausgewählt zu werden. [**Schmidtke 2013**, S.753]
Zugänglichkeit	Ausdruck für die Leichtigkeit, mit der ein Ort erreicht, bestiegen oder gesehen werden kann. [**Schmidtke 2013**, S.753]
Zuhaltung	Mechanische Einrichtung, die die Schutztür einer verriegelten trennenden Schutzeinrichtung in der geschlossenen und zugehaltenen Position hält, bis die durch die Gefahr bringenden Maschinenfunktionen verursachte Verletzungsgefahr vorüber ist. [**DIN EN 693**:2011-11]
	Eine Zuhaltung ist eine Einrichtung, die eine bewegliche Schutzeinrichtung so lange zwangsläufig in ihrer Schutzstellung hält, bis die gefahrbringenden Zustände beendet bzw. abgebaut sind. [**VDI 2854**:1991-06]
Zulassung	Erlaubnis, ein Produkt oder einen Prozess zum angegebenen Zweck oder unter angegebenen Bedingungen auf den Markt zu bringen oder zu nutzen.[**DIN EN ISO/IEC 17000**:2005-03]
Zulieferer	→ Lieferant

Zuliefer-dokumente	Die gesamte Zulieferdokumentation grundsätzlich am Ende der gesamten Betriebsanleitung (Gesamtanleitung) anzuhängen, ist die falsche Strategie. In welchem Umfang der Hersteller die Zulieferdokumentation in seine Gesamtanleitung integrieren muss, hängt von der Qualifikation der Zielgruppen für die jeweiligen Arbeitsaufgaben ab. Je qualifizierter die Fachkräfte sind, desto eher ist ihnen zuzumuten, die für sie jeweils relevanten Informationen über gezielte Verweise in den Anhängen zu finden. Je weniger qualifiziert Bediener sind, desto notwendiger ist die Integration der Zulieferdokumentation in die Gesamtanleitung. Eine kompetente Entscheidung ist daher nur möglich auf der Basis einer professionellen Zielgruppenanalyse. [**Thiele 2011**, S.181]
Zusammenbau-Anweisung	Dokument, das Informationen zum Zusammenbau eines Endproduktes bereitstellt. In dem Dokument wird angegeben wie und in welcher Reihenfolge die verschiedenen Bestandteile des Endproduktes zusammengebaut werden müssen. [Vgl. **ISO 29845**:2011-09]
Zusammen-baumodell	Modell, in dem das beschriebene Produkt ein Zusammenbau von zwei oder mehr Teilen ist [**DIN ISO 16792**:2008-12]
Zusammenbau-zeichnung	Zeichnung, die die relative Position und/oder Form einer komplexen Gruppe zusammengesetzter Teile zeigt [**DIN EN ISO 10209**:2012-11]
zusammengesetztes Dokument	→ Dokument, zusammengesetztes
Zusatzeinrichtung	Einrichtung, die mit der das Werkstück bearbeitenden Maschine zusammenwirkt, z. B. Handhabungsgerät, Roboter, Werkzeugwechseleinrichtung, Werkzeugspanneinrichtung oder Fördereinrichtung. [Vgl. **DIN EN 201**:2010-02]
	Geräte, die automatisch Verfahrensschritte zusätzlich zu denen der das Werkstück bearbeitenden Maschine ausführen, z. B. Zufuhr des Rohstoffes, Entnahme der Werkstücke, Säubern der Werkstücke durch besprühen, automatisches Säubern von Maschinenteilen. [Vgl. **DIN EN 869**:2009-12]
Zusatzzeichen	Zeichen, das zusätzlich zu einem Sicherheitszeichen angewendet wird und dessen Hauptaufgabe darin liegt, weitere Hinweise zu geben. [**DIN EN ISO 7010**:2012-10]
Zustand, gefahrbringender	Gefahrbringender Zustand ist ein Zustand, der zu Verletzungen von Personen führen kann. Gefahrbringende Zustände werden z. B. verursacht durch - gefahrbringende Bewegungen - Strahlung - gesundheitsgefährliche Stoffe - Hitze - elektrischen Strom [**VDI 2854**:1991-06]

Zuständigkeiten	Die Vergabe klarer Zuständigkeiten schafft die Grundlage dafür, den geplanten Dokumentationsprozess ohne unnötige Verzögerungen einzuhalten. In einer Zuständigkeitsmatrix sollte festgelegt werden, welcher der einzelnen Projektbeteiligten für welche Aufgaben zuständig ist. [**Kothes 2011**, S.48]
Zustandsanzeige	Anzeige der möglichen diskreten Zustände eines Objekts (z. B. eines Aggregates) durch alternative Darstellungen [**Schmidtke 2013**, S.754]
Zustand, sicherer	Während der Beendigung einer gefahrbringenden Maschinenfunktion ist der sichere Zustand dann erreicht, wenn die Gefährdungsparameter auf ein Niveau reduziert wurden, die keine physische Verletzung oder eine Beeinträchtigung der Gesundheit oder keine Beschädigung verursachen können.
zustandsorientierte Instandhaltung	→ Instandhaltung, zustandsorientierte
Zustandsüberwachung	Manuell oder automatisch ausgeführte Tätigkeit zur Messung der Merkmale und Parameter des Ist-Zustands einer Einheit in bestimmten Zeitabständen ANMERKUNG 1 Die Überwachung unterscheidet sich von der Konformitätsprüfung dadurch, dass sie zur Bestimmung jedweder Veränderungen der Parameter der Einheit über die Zeit dient. ANMERKUNG 2 Die Überwachung kann kontinuierlich, in regelmäßigen Zeitabständen oder nach einer festgelegten Anzahl von Betriebseinsätzen erfolgen. ANMERKUNG 3 Die Überwachung wird üblicherweise während des Betriebs durchgeführt. [**DIN EN 13306**:2010-12]
Zustimmschalter	→ Zustimmungsschalter
Zustimmtaster	→ Zustimmungsschalter
Zustimmungseinrichtung	[Ist eine] zusätzliche handbetätigte Einrichtung, die in Verbindung mit einer Anlaufsteuerung benutzt wird, und die bei ständiger Betätigung die Funktion der Maschine zulässt [**DIN EN ISO 12100**:2011-03] Die Zustimmungseinrichtung ist nach DIN EN ISO 12100 eine Unterart einer nichttrennenden Schutzeinrichtung.

Zustimmungs-schalter	Ein Zustimmungsschalter ist eine Schalteinrichtung, die ständig betätigt sein muss, damit Befehle für gefahrbringende Zustände wirksam werden können. [**VDI 2854**:1991-06]
Zustimmschalter ist ein üblicherweise manuell zu betätigender Signalgeber, der die Schutzwirkung einer Schutzeinrichtung bei Betätigung des Signalgebers aufhebt. Zum Ingangsetzen oder Weiterrücken der Maschine ist ein bewusster Startbefehl notwendig, z. B. durch Drücken des Zustimmtasters. Die Bewegung muss stoppen, sobald der Taster losgelassen wird. [**Neudörfer 2011**, S.546]
Zuverlässigkeit	Fähigkeit einer Maschine oder von deren Teilen oder Ausrüstung, eine geforderte Funktion unter festgelegten Bedingungen und für einen vorgegebenen Zeitraum ohne Ausfall zu erfüllen [**DIN EN ISO 12100**:2011-03]
[Zuverlässigkeit ist] eine Wahrscheinlichkeitsaussage, dass innerhalb der vorgesehenen Betriebsdauer und unter festgelegten Betriebs- und Umgebungsbedingungen die vorgesehenen Eigenschaften eines Produktes vorhanden sind und die zugedachten Funktionen innerhalb vereinbarter Toleranzen erfüllt werden (Qualität auf Zeit). Im Sinne der Sicherheitstechnik ist es die Eigenschaft, keine Gefahren zu erzeugen oder zulassen, aus denen Schaden (auch ohne Rechtsgutverletzung) entstehen können. [**Neudörfer 2011**, S.546]
Ein Produkt ist zuverlässig, wenn es unter den in der zugehörigen Anleitung angegebenen Bedingungen über einen betrachteten Zeitraum fehlerfrei funktioniert.
Zuverlässigkeit ist auch ein Qualitätsmerkmal der Technischen Dokumentation. Zuverlässigkeit heißt hier, dass der Inhalt der produktzugehörigen Anleitung sowohl technisch richtig, als auch technisch vollständig und alle sicherheitsrelevanten Themen umfänglich und verständlich beschrieben sind, entsprechend den Vorgaben der Maschinenrichtlinie.

Zweihand-schaltung	Steuerungseinrichtung, die mindestens die gleichzeitige Betätigung durch beide Hände erfordert, um gefährdende Maschinenfunktionen in Gang zu setzen und aufrechtzuerhalten, und so eine Schutzmaßnahme nur für die Person bietet, die die Steuerungseinrichtung betätigt. [**DIN EN ISO 12100**:2011-03]
	Ein Gerät mit einer Zweihandschaltung führt seine Arbeit nur aus, wenn der Bediener wie vorgesehen mit beiden Händen gleichzeitig die Maschine bedient. Die Funktion der Maschine wird in dem Moment eingestellt, sobald nur einer der beiden Schalter losgelassen wird. Solch eine Bedienung findet meist dann ihren Einsatz, wenn eine unsachgemäße Handhabung durch den Benutzer dazu führen könnte, dass dessen Gesundheit gefährdet wird. Sie dient also dem Personenschutz. [**Börcsök 2009**, S.171]
	Die Zweihandschaltung ist nach DIN EN ISO 12100 eine Unterart einer nichttrennenden Schutzeinrichtung.
Zwischen-abnahme-Bescheinigung	Dokument zur Autorisierung einer Zahlung für bis zu einem bestimmten Zeitpunkt erbrachte Leistungen oder geliefertes Material. [**DIN EN ISO 10209**:2012-11]
Zyklus	Fester Ablauf von mehreren Einzelschritten, die in der Steuerung hinterlegt sind und abgerufen werden können. Zyklen werden zur Anpassung an gegebene Aufgabe mit spezifischen Parameterwerten erstellt. Bei Programmen mit Zyklen ist das Einrichten von Variationen deutlich einfacher, als bei solchen ohne Zyklen. Beispiele: Zyklen für Gewindebohren, Tiefbohren, Werkzeugwechsel, Palettenwechsel, Messvorgänge. [Vgl. **Kief 2013**, S.632]
Zyklus, Arbeits-	→ Arbeitszyklus
Zykluszeit	Zeit zwischen dem Moment, in dem ein Operator mit einem Arbeitszyklus beginnt und dem Augenblick, in dem er den gleichen Zyklus wieder beginnt (in Sekunden). [**DIN EN 1005-5**:2007-05]

2 Anhang

2.1 Abkürzungen

Abkürzung	Bedeutung
Allg.	Allgemein
Bsp.	Beispiel
BWS	Berührungslos wirkende Schutzeinrichtung
bzw.	beziehungsweise
CAD/CAM	Rechnerunterstützte Konstruktion und Fertigung
CE	Communautés Européennes (Europäische Gemein-
CMS	Content Management System
DIN	Deutsche Industrie Norm
DM	Dokumentenmanagement
DTP	Desktop-Publishing
E/E/PE	Elektrische, Elektronische und Programmierbare Elektronische Steuerungssysteme
ggf.	gegebenenfalls
IMS	Integriertes Fertigungssystem
LA	Lastaufnahmemittel
MRL	Maschinenrichtlinie
NC	Numerische Steuerung
PL	Performance Level
PSA	Schutzausrüstung, Persönliche
SPS	Speicherprogrammierbare Steuerung
SRECS	sicherheitsbezogenes Elektrisches Steuerungssystem
TMS	Translation Memory System
u. a.	unter anderem
Vgl.	Vergleich
z. B.	zum Beispiel

2.2 Literaturverzeichnis

verwendetes Kürzel	Literatur
Bender 2013	Herbert F. Bender: Das Gefahrstoffbuch. Sicherer Umgang mit Gefahrstoffen nach REACH und GHS. Vierte, vollständig überarbeitete Auflage. Weinheim: Wiley-VCH Verlag 2013
Böcher Thiele 2012	Kornelius R. Böcher, Prof. Dr.-Ing. Ulrich Thiele: Pocketguide für die Technik-Redaktion. Über 400 aktuelle Fachbegriffe kompakt erläutert. 1. Auflage. Kissing: WEKA MEDIA GmbH & Co. KG 2012
Börcsök 2009	Josef Börcsök: HIMA Lexikon Sicherheitstechnik. 1. Auflage. Heidelberg: Hüthig Verlag 2009
Brandt 2006	Patrick Brandt, Rolf-Albert Dietrich, Georg Schön: Sprachwissenschaft. Ein roter Faden für das Studium der deutschen Sprache. 2. überarbeitete und aktualisierte Auflage. Köln: Böhlau Verlag GmbH & Cie 2006
Charwat 1992	H. J. Charwat: Lexikon der Mensch-Maschine-Kommunikation. München 1992
Galbierz Pichler 2014	Martin Galbierz, Wolfram W. Pichler, Stephan Schneider, Martin Tillmann: Gebrauchsanleitungen nach DIN EN 82079-1. 1. Auflage. Berlin: Beuth Verlag GmbH 2014
Graebig 2010	Klaus Graebig: Wörterbuch Qualitätsmanagement: Normgerechte Definitionen Deutsch - Englisch, Englisch - Deutsch. 2. Auflage. Berlin: Beuth Verlag GmbH 2014
Hahn 1996	Hans Peter Hahn: Technische Dokumentation leichtgemacht. München: Carl Hanser Verlag 1996
Hammer 1996	W. Hammer: Terminologie und Fachwörterbuch der Arbeitswissenschaft. Dortmund: GfA 1996
Heinrich 2015	Berthold Heinrich, Petra Linke, Michael Glöckler: Grundlagen Automatisierung. Sensorik, Regelung, Steuerung. Wiesbaden: Springer Vieweg 2015

Hennemann 2012	Michael Hennemann: Digitale Fotografie. Das große Handbuch. 1.Auflage. München: Addison-Wesley Verlag 2012
Hennig Tjarks-Sobhani 1998	Jörg Hennig (Hrg.), Marita Tjarks-Sobhani (Hrg.): Wörterbuch zur technischen Kommunikation und Dokumentation. 1.Auflage. Lübeck: Schmidt-Römhild 1998
Hompel 2011	Michael ten Hompel (Hrsg.), Volker Heidenblut: Taschenlexikon Logistik. Abkürzungen, Definitionen und Erläuterungen der wichtigsten Begriffe aus Materialfluss und Logistik. 3. Auflage. Berlin: Springer-Verlag 2011
Kief 2013	Hans B. Kief, Helmut A. Roschiwal: CNC-Handbuch 2013/2014. 1.Auflage. München: Carl Hanser Verlag 2013
Kothes 2011	Lars Kothes: Grundlagen der Technischen Dokumentation. Anleitungen verständlich und normgerecht erstellen. 1.Auflage. Berlin: Springer-Verlag 2011
Neudörfer 2011	Alfred Neudörfer: Konstruieren sicherheitsgerechter Produkte. Methoden und systematische Lösungssammlungen zur EG-Maschinenrichtlinie. 4. Auflage. Berlin: Springer-Verlag 2011
Quentmeier 2012	Helma Quentmeier: Praxishandbuch Compliance - Grundlagen Ziele Praxistipps für Nicht-Juristen. 1. Auflage. Wiesbaden: Gabler Verlag, Springer Fachmedien Wiesbaden GmbH 2012
Reiss 2014	Manuela Reiss, Georg Reiss: Praxisbuch IT-Dokumentation. Betriebshandbuch, Systemdokumentation und Notfallhandbuch im Griff. 1. Auflage. München: Carl Hanser Verlag 2014
Schlagowski 2015	Heinz Schlagowski: Technische Dokumentation im Maschinen- und Anlagenbau. Anforderungen. 2. Auflage. Berlin: Beuth Verlag GmbH 2015

Schmidtke 2013	Heinz Schmidtke, Iwona Jastrzebska-Fraczek: Ergonomie. Daten zur Systemgestaltung und Begriffsbestimmungen. 1. Auflage. München: Carl Hanser Verlag 2013
Schneider 2008	André Schneider: Zertifizierung im Rahmen der CE-Kennzeichnung. 2. Auflage. Heidelberg: Hüthig Verlag 2008
Thiele 2011	Ulrich Thiele. Tech Dok light. Der schnelle Einstieg in die Technische Dokumentation. 1. Auflage. Kissing: WEKA MEDIA GmbH & Co. KG 2011
Weber 2006	Klaus H. Weber: Inbetriebnahme verfahrenstechnischer Anlagen. Praxishandbuch mit Checklisten und Beispielen. 3. Auflage. Berlin: Springer-Verlag 2006
Weber 2008	Klaus H. Weber: Dokumentation verfahrenstechnischer Anlagen. Praxishandbuch mit Checklisten und Beispielen. 1. Auflage. Berlin: Springer-Verlag 2008

2.3 Gesetze, Richtlinien, Verordnungen

Gesetze	
ProdSG	Produktsicherheitsgesetz
ProdHaftG	Produkthaftungsgesetz
GPSG	Geräte- und Produktsicherheitsgesetz
BGB	Bürgerliches Gesetzbuch
EMVG	Gesetz über die elektromagnetische Verträglichkeit von Betriebsmitteln
ArbSchG	Arbeitsschutzgesetz

Richtlinien	
MRL 2006/42/EG	Maschinenrichtlinie
Richtlinie 2001/95/EG	Produktsicherheitsrichtlinie
Richtlinie 2014/30/EU	EMV-Richtlinie
Richtlinie 2014/33/EU	Aufzugsrichtlinie
Richtlinie 2014/34/EU	ATEX-Herstellerrichtlinie
Richtlinie 2014/68/EU	Druckgeräterichtlinie
Richtlinie 85/374/EWG	Produkthaftungsrichtlinie

Verordnungen	
9. ProdSV vom 15.12.2011	Maschinenverordnung
11. ProdSV vom 12.12.1996	Explosionsschutzverordnung
CLP-Verordnung (EG) Nr. 1272/2008	Verordnung über Einstufung, Kennzeichnung und Verpackung von Stoffen und Gemischen
Verordnung (EU) Nr. 1025/2012	Europäische Normungsverordnung
AEUV	Vertrag über die Arbeitsweise der europäischen Union
GefStoffV vom 26. November 2010	Verordnung zum Schutz vor Gefahrstoffen (Gefahrstoffverordnung – GefStoffV)

Impressum

ISBN: 9781093879230

E-Mail: ronald.baer @outlook.com

Add.: Gartenstr. 24, 96528 Schalkau

Telefon: +49 173/79 89 636

© 2019 Lothar Ronald Bär, Schalkau

Diese Zusammenstellung (Sammelwerk) einschliesslich aller seiner Teile ist urheberrechtlich geschützt. Jede Verwertung ausserhalb der engen Grenzen des Urheberrechtsgesetzes ist ohne vorherige Zustimmung der Urheber unzulässig und strafbar. Dies gilt insbesondere für Vervielfältigungen, Übersetzungen, Mikroverfilmungen und die Einspeicherung und Verarbeitung in elektronischen Systemen.

Zitate im Buch sind im Anschluss an das Zitat mit einer Quellenangabe versehen. Die ausführliche Angabe der Quellendaten erfolgt im Kapitel Anhang. Einfügungen in Zitate sind mittels eckiger Klammern gekennzeichnet. Bezeichnungen von im Buch genannten Erzeugnissen, die zugleich eingetragene Warenzeichen sind, wurden im Allgemeinen nicht besonders kenntlich gemacht. Es kann also aus dem Fehlen der Markierung ™ oder ® nicht geschlossen werden, dass die Bezeichnung ein freier Warenname ist. Ebenso wenig ist zu entnehmen, ob Patente oder Gebrauchsmusterschutz vorliegen.

Alle in diesem Buch enthaltenen Angaben, Daten usw. wurden vom Verfasser, Herausgeber und sonstigen Beteiligten nach bestem Wissen erstellt und mit grösstmöglicher Sorgfalt überprüft. Dennoch sind inhaltliche Fehler nicht völlig auszuschliessen. Daher erfolgen die Angaben usw. ohne jegliche Verpflichtung oder Garantie des Verfassers, Herausgebers oder der sonstigen Beteiligten. Sie übernehmen deshalb keinerlei Verantwortung und Haftung für etwa vorhandene inhaltliche Unrichtigkeiten.

www.ingramcontent.com/pod-product-compliance
Lightning Source LLC
Chambersburg PA
CBHW072134170526
45158CB00004BA/1374